中级注册安全工程师职业资格考试辅导教材

安全生产技术基础

全国安全工程师考试研究组　编

黄河水利出版社

图书在版编目(CIP)数据

安全生产技术基础/全国安全工程师考试研究组编.—郑州:黄河水利出版社,2019.3(2023.1 修订重印)

中级注册安全工程师职业资格考试辅导教材

ISBN 978-7-5509-2301-0

Ⅰ.①安… Ⅱ.①全… Ⅲ.①安全生产-资格考试-教材 Ⅳ.①X93

中国版本图书馆 CIP 数据核字(2019)第 048257 号

出 版 社:黄河水利出版社

地　　址:郑州市金水区顺河路黄委会综合楼 14 层

邮　　编:450003

发行单位:黄河水利出版社

发行电话:0371-56623217　66026940

承印单位:河南承创印务有限公司

开　　本:16K

印　　张:17

字　　数:413 千字

版　　次:2019 年 3 月第 1 版

印　　次:2023 年 1 月第 5 次印刷

定　　价:72.00 元

前 言

为贯彻落实习近平新时代中国特色社会主义思想，适应我国经济社会安全发展需要，提高安全生产专业技术人员素质，客观评价中级安全生产专业技术人员的知识水平和业务能力，同时根据《注册安全工程师分类管理办法》规定，要求相关企业必须配备相应数量和级别的安全工程师。为满足国家对安全工程师的需求，国务院人力资源社会保障和应急管理部门共同组织实施中级注册安全工程师职业资格考试，考试合格者，可取得中华人民共和国注册安全工程师职业资格证书（中级）。由此可知，注册安全工程师的地位进一步得到提升，重视安全生产已成为政府和社会各领域的基本共识。

全国注册安全工程师职业资格考试实行全国统一大纲、统一命题的考试制度，原则上每年举行一次。

为了帮助考生顺利通过全国注册安全工程师职业资格考试，安全工程师考试研究组在深入研究考试大纲的基础上，剖析大纲要求，紧抓考试重点、难点，精心编写了本套教材。教材包括：三门公共课《安全生产法律法规》《安全生产管理》《安全生产技术基础》和七门专业课《煤矿安全技术》《金属非金属矿山安全技术》《化工安全技术》《金属冶炼安全技术》《建筑施工安全技术》《道路运输安全技术》《其他安全技术（不包括消防安全）》。

本书具有以下特点：

一、紧贴大纲，内容全面，有利于考生掌握考点

本书包含了考试大纲要求的重难知识点和考点，内容翔实，层次分明。本书分为五章，每章由知识框架、考点精讲、跟踪训练和参考答案及解析四部分组成，有利于考生掌握考试内容，把握重点，全面复习。

二、考点明确，语言简洁，具有很强的实用性

本书对大纲要求的重要知识点进行精简汇编，考点以表格形式呈现，有利于考生理清学习重点，高效掌握知识的重难点，从而提升学习效率，备考更得力，达到最佳的学习效果。

三、添加知识框架，章节思维脉络清晰，方便考生理清思路

本书每一章前面都添加有知识框架。知识框架是对章节考试要点的提炼，能帮助考生快速掌握考试要点，理清自己的学习思路，从而达到快速备考、科学备考的目的。

四、添加跟踪训练，方便考生检验学习成果

本书在每章的最后添加了跟踪训练练习部分，并且题后有详细的参考答案及解析，方便考生快速检验对知识点的掌握程度和学习效果。

由于时间和编者水平有限，本书难臻完善，不足之处，敬请广大考生予以指正。同时希望本书能够帮助各位考生顺利通过考试！

编　者

目 录

第一章　机械安全技术

知识框架

- 机械安全技术
  - 机械行业安全概要
    - 机械的定义
    - 机械产品主要类别
    - 机械设备的危险部位
    - 机械伤害类型及预防对策
    - 机械安全设计与机器安全装置
    - 机械制造场所安全技术
  - 传动机构安全技术
    - 齿轮传动的安全防护
    - 皮带传动的安全防护
    - 联轴器的安全防护
  - 金属切削机床及砂轮机安全技术
    - 金属切削机床的危险因素
    - 金属切削机床的安全技术措施
    - 砂轮机的安全技术要求
  - 冲压（剪）机械安全技术
    - 冲压作业的危险因素
    - 冲压作业安全技术措施
    - 剪板机安全技术措施
  - 木工机械安全技术
    - 木工机械危险有害因素
    - 木工机械安全技术措施
    - 典型木工机械安全装置
  - 铸造安全技术
    - 铸造及铸造设备概述
    - 铸造作业危险有害因素
    - 铸造作业安全技术措施

- 机械安全技术
  - 锻造安全技术
    - 锻造及锻造车间概述
    - 锻造的危险有害因素
    - 锻造的安全技术措施
  - 人的特性
    - 人体特性参数
    - 人的感知特征
    - 人的心理特征
    - 劳动强度与疲劳
  - 机械的特性
    - 机械安全的定义及特性
    - 机械故障诊断技术
  - 人机作业环境
    - 光环境
    - 色彩环境
    - 微气候环境
  - 安全人机工程基本知识
    - 定义与研究内容
    - 人机功能分配
    - 人机系统可靠性设计基本原则

考点精讲

第一节　机械行业安全概要

考点1　机械的定义

项目	具体内容
机械的定义	机械是由若干相互联系的零部件按一定规律装配起来，能够完成一定功能的装置。机械包括：单台的机械；实现完整功能的机组或大型成套设备；可更换设备

考点2　机械产品主要类别

项目	具体内容
机械分类	按照机械的使用用途，可以将机械大致分为10类。 (1)动力机械：机器中常用的电动机、内燃机、蒸汽机以及在无电源的地方使用的联合动力装置。 (2)金属切削机械：根据其工作原理、结构性能特点和加工范围的不同，又分为车床、

续表

项目	具体内容
机械分类	钻床、镗床、磨床、齿轮加工机床、螺纹加工机床、铣床、刨(插)床、拉床、电加工机床、锯床和其他机床 12 类。 (3)金属成型机械:锻压机械、铸造机械等。 (4)交通运输机械:汽车、火车、船舶和飞机等交通工具。 (5)起重运输机械:各种起重机、运输机、升降机、卷扬机等。 (6)工程机械:挖掘机、铲运机、工程起重机、压实机、打桩机、钢筋切割机、混凝土搅拌机、路面机、凿岩机、线路工程机械以及其他专用工程机械等。 (7)农业机械:拖拉机、林业机械、牧业机械、渔业机械等。 (8)通用机械:泵、风机、压缩机、阀门、真空设备、分离机械、减(变)速机、干燥设备、气体净化设备等。 (9)轻工机械:纺织机械、食品加工机械、印刷机械、制药机械、造纸机械等。 (10)专用机械:冶金机械、采煤机械、化工机械、石油机械等

考点 3　机械设备的危险部位

项目	具体内容
机械设备的危险部位	(1)对向旋转部件的咬合处,如齿轮、混合辊等。混合辊属于轧辊咬合,轧辊工艺工业中最常见的就是轧钢机。 (2)旋转部件和成切线运动部件间的咬合处,如动力传输皮带和皮带轮、链条和链轮、齿条和齿轮等。 (3)旋转部件和固定部件的咬合处,如辐条手轮或飞轮和机床床身、旋转搅拌机和无防护开口外壳搅拌装置等。 (4)旋转的轴,包括连接器、心轴(汽车轴)、卡盘、丝杠和杆等。 (5)旋转的凸块和孔处,含有凸块或空洞的旋转部件是很危险的,如风扇叶、凸轮、飞轮等。 (6)接近类型,如锻锤的锤体、动力压力机的滑枕等。 (7)通过类型,如金属刨床的工作台及其床身、剪切机的刀刃等。 (8)单向滑动部件,如带锯边缘的齿、砂带磨光机的研磨颗粒、凸式运动带等。 (9)旋转部件与滑动之间,如某些平板印刷机面上的机构、纺织机床等

考点 4　机械伤害类型及预防对策

项目	具体内容
机械伤害类型	(1)物体打击,指物体在重力或其他外力的作用下产生运动,打击人体而造成人身伤

续表

项目	具体内容
机械伤害类型	亡事故。不包括主体机械设备、车辆、起重机械、坍塌等引发的物体打击。 (2)车辆伤害,指企业机动车辆在行驶中引起的人体坠落和物体倒塌、飞落、挤压等伤亡事故。不包括起重提升、牵引车辆和车辆停驶时发生的事故。 (3)机械伤害,指机械设备运动或静止部件、工具、加工件直接与人体接触引起的挤压、碰撞、冲击、剪切、卷入、绞绕、甩出、切割、切断、刺扎等伤害,不包括车辆、起重机械引起的伤害。 (4)起重伤害,指各种起重作业(包括起重机械安装、检修、试验)中发生的挤压、坠落、物体(吊具、吊重物)打击等。 (5)触电,包括各种设备、设施的触电,电工作业时触电,雷击等。 (6)灼烫,指火焰烧伤、高温物体烫伤、化学灼伤(酸、碱、盐、有机物引起的体内外的灼伤)、物理灼伤(光、放射性物质引起的体内外的灼伤)。不包括电灼伤和火灾引起的烧伤。 (7)火灾,包括火灾引起的烧伤和死亡。 (8)高处坠落,指在高处作业中发生坠落造成的伤害事故。不包括触电坠落事故。 (9)坍塌,是指物体在外力或重力作用下,超过自身的强度极限或因结构稳定性破坏而造成的事故。如挖沟时的土石塌方、脚手架坍塌、堆置物倒塌、建筑物坍塌等。不适用于矿山冒顶片帮和车辆、起重机械、爆破引起的坍塌。 (10)火药爆炸,指火药、炸药及其制品在生产、加工、运输、储存中发生的爆炸事故。 (11)化学性爆炸,指可燃性气体、粉尘等与空气混合形成爆炸混合物,接触引爆源发生的爆炸事故(包括气体分解、喷雾爆炸等)。 (12)物理性爆炸,包括锅炉爆炸、容器超压爆炸等。 (13)中毒和窒息,包括中毒、缺氧窒息、中毒性窒息。 (14)其他伤害,指除上述以外的伤害,如摔、扭、挫、擦等伤害
机械伤害预防对策措施	1. 实现机械本质安全 (1)消除产生危险的原因。 (2)减少或消除接触机器的危险部件的次数。 (3)使人们难以接近机器的危险部位(或提供安全装置,使得接近这些部位不会导致伤害)。 (4)提供保护装置或者个人防护装备。 2. 保护操作者和有关人员安全 (1)通过培训,提高人们辨别危险的能力。 (2)通过对机器的重新设计,使危险部位更加醒目,或者使用警示标志。 (3)通过培训,提高避免伤害的能力。 (4)采取必要的行动增强避免伤害的自觉性

续表

项目	具体内容
通用机械安全设施的技术要求	1. 安全设施设计要素 设计安全装置时，应把安全人机学的因素考虑在内。疲劳是导致事故的一个重要因素，设计者应考虑下列几个因素，使人的疲劳降低到最小的程度，使操作人员健康舒适地进行劳动： (1)合理布置各种控制操作装置。 (2)正确选择工作平台的位置及高度。 (3)提供座椅。 (4)出入作业地点应方便。 在无法用设计来做到本质安全时，为了消除危险，应使用安全装置。设置安全装置，应考虑的因素主要有： (1)强度、刚度、稳定性和耐久性。 (2)对机器可靠性的影响，例如固定的安全装置有可能使机器过热。 (3)可视性(从操作及安全的角度来看，需要机器的危险部位有良好的可见性)。 (4)对其他危险的控制，例如选择特殊的材料来控制噪声的强度。 2. 机械安全防护装置的一般要求 (1)安全防护装置应结构简单、布局合理，不得有锐利的边缘和突缘。 (2)安全防护装置应具有足够的可靠性，在规定的寿命期限内有足够的强度、刚度、稳定性、耐腐蚀性、抗疲劳性，以确保安全。 (3)安全防护装置应与设备运转联锁，保证安全防护装置未起作用之前，设备不能运转。 (4)光电式、感应式等安全防护装置应设置自身出现故障的报警装置。 (5)紧急停车开关应保证瞬时动作时，能终止设备的一切运动；对有惯性运动的设备，紧急停车开关应与制动器或离合器联锁，以保证迅速终止运行；紧急停车开关的形状应区别于一般开关，颜色为红色；紧急停车开关的布置应保证操作人员易于触及，不发生危险；设备由紧急停车开关停止运行后，必须按启动顺序重新启动才能重新运转。 3. 机械设备安全防护罩的技术要求 (1)只要操作人员可能触及的传动部件，在防护罩没闭合前，传动部件就不能运转。 (2)采用固定防护罩时，操作人员触及不到运转中的活动部件。 (3)防护罩与活动部件有足够的间隙，避免防护罩和活动部件之间的任何接触。 (4)防护罩应牢固地固定在设备或基础上，拆卸、调节时必须使用工具。 (5)开启式防护罩打开时或一部分失灵时，应使活动部件不能运转或运转中的部件停止运动。 (6)使用的防护罩不允许给生产场所带来新的危险。 (7)不影响操作，在正常操作或维护保养时不需拆卸防护罩。 (8)防护罩必须坚固可靠，以避免与活动部件接触造成损坏和工件飞脱造成的伤害

续表

项目	具体内容
通用机械安全设施的技术要求	(9)防护罩一般不准脚踏和站立,必须做平台或阶梯时,平台或阶梯应能承受1 500 N的垂直力,并采取防滑措施。 4. 机械设备安全防护网的技术要求 防护罩应尽量采用封闭结构;防护装置的开口要求,参见表1-1

表1-1 规则开口通过的安全距离 单位:mm

肢体部位	开口 e/mm	安全距离 S_r/mm		
		槽型	方形	圆形
手指尖	$4 < e \leq 6$	10	5	5
手指	$6 < e \leq 10$	≥80	≥25	≥20
手掌	$10 < e \leq 30$	≥850	≥120	≥120
上肢(手臂)	$30 < e \leq 120$	≥850	≥850	≥850
脚	$35 < e \leq 80$	≥650	≥180	
小腿	$80 < e \leq 95$	≥1 100	≥650	
胯以下腿部	$180 < e < 240$	不允许	≥1 100	

考点5 机械安全设计与机器安全装置

项目	具体内容
本质安全	(1)采用本质安全设计措施。 (2)限制机械应力。 (3)提交材料和物质的安全性。 (4)履行安全人机工程学原则。 (5)设计控制系统的安全原则。 (6)防止气动和液压系统的危险。 (7)预防电气危害
失效安全	设计者应该保证当机器发生故障时不出危险。相关装置包括操作限制开关、限制不应该发生的冲击及运动的预设制动装置、设置把手和预防下落的装置、失效安全的紧急开关等
定位安全	把机器的部件安置到不可能触及的地点,通过定位达到安全。但设计者必须考虑到在正常情况下不会触及的危险部件,而在某些情况下可以接触到的可能,例如,登上梯子维修机器等情况

续表

项目	具体内容
机器布置	车间合理的机器布局可以使事故明显减少。布局应考虑以下因素： (1)空间。便于操作、管理、维护、调试和清洁。 (2)照明。包括工作场所的通用照明(自然光及人工照明,但应防止炫目)和为操作机器而特需的照明。 (3)管、线布置。不应妨碍在机器附近的安全出入,避免磕绊,有足够的上部空间。 (4)维护时的出入安全
机器安全防护装置	(1)固定安全防护装置。固定安全防护装置是防止操作人员接触机器危险部件的固定的安全装置。 (2)联锁安全装置。联锁安全装置的基本原理:只有安全装置关合时,机器才能运转;而只有机器的危险部件停止运动时,安全装置才能开启。 (3)控制安全装置。为使机器能迅速地停止运动,可以使用控制装置。 (4)自动安全装置。自动安全装置的机制是把暴露在危险中的人体从危险区域中移开,仅限于在低速运动的机器上采用。 (5)隔离安全装置。隔离安全装置是一种阻止身体的任何部分靠近危险区域的设施,例如固定的栅栏等。 (6)可调安全装置。在无法实现对危险区域进行隔离的情况下,可以使用部分可调的安全装置。 (7)自动调节安全装置。自动调节装置由于工件的运动而自动开启,当操作完毕后又回到关闭的状态。 (8)跳闸安全装置。跳闸安全装置的作用,是在操作到危险点之前,自动使机器停止或反向运动。 (9)双手控制安全装置。这种装置迫使操纵者应用两只手来操纵控制器,它仅能对操作者提供保护

考点6　机械制造场所安全技术

项目	具体内容
采光	生产场所一般白天依赖自然采光,在阴天及夜间则由人工照明采光补充和代替。 对厂房一般照明的光窗设置要求:厂房跨度大于 12 m 时,单跨厂房的两边应有采光侧窗,窗户的宽度不应小于开间长度的一半。多跨厂房相连,相连各跨应有天窗,跨与跨之间不得有墙封死。车间通道照明灯应覆盖所有通道,覆盖长度应大于90%的车间安全通道长度
通道	通道包括厂区主干道和车间安全通道。厂区主干道是指汽车通行的道路,是保证厂内车辆行驶、人员流动以及消防灭火、救灾的主要通道

续表

项目	具体内容
通道	(1)合理组织人流和物流。运输线路的布置,应避免运输繁忙的货流与人流交叉、铁路与道路平面交叉等。 (2)主要生产区、仓库区、动力区的道路,应环形布置。道路上部管架和栈桥等,在干道上的净高不得小于5 m。 (3)车间通道一般分为纵向主要通道、横向主要通道和机床之间的次要通道。车间横向主要通道根据需要设置,其宽度不应小于2.0 m;机床之间的次要通道宽度一般不应小于1.0 m。人行道、车行道的布置和间隔距离,都不应妨碍人员工作和造成危害
设备布局	各设备之间、管线之间,以及设备、管线与厂房、建(构)筑物的墙壁之间的距离应符合有关设计和建筑规范要求。机床间的最小距离及机床至墙壁和柱之间的最小距离不应小于以下规定。 机床设备分为特大型、大型、中型、小型四类。设备间距和操作空间的要求如下: (1)机床操作面间距:小型机床≥1.1 m,中型机床≥1.3 m,大型机床≥1.5 m,特大型机床≥1.8 m。 (2)机床后面、侧面离墙柱间距:小型机床≥0.8 m,中型机床≥1.0 m,大型机床≥1.0 m,特大型机床≥1.0 m。 (3)机床操作面离墙柱间距:小型机床≥1.3 m,中型机床≥1.5 m,大型机床≥1.8 m,特大型机床≥2.0 m。 作业现场生产设备应布局合理,各种安全防护装置及设施齐全,符合有关设备安全卫生规程要求
物料堆放	生产物料、产品和剩余物料的堆放、布置和间隔距离,都不应妨碍人员工作和造成危害。 (1)生产物料、半成品及成品应严格按指定区域归类堆放,排列有序;工位器具、工具、模具、夹具应放在指定的部位,安全稳妥,应分类存放上架或装盘;生产过程中的余料和生产过程产生的废品、废料等物料,按规定堆放在划定区域内;推车等简易搬运工具应明确规定放置地点。 (2)易燃、易爆物质的库房,应按消防规范的有关要求,配置足够的消防设施和消防器材,单独储存在专用仓库、专用场地或专用储存室(柜)内,并设专人管理。物料、半成品及成品间有互相影响或本身产生有毒有害物质,应隔离堆放,并设有相关的防护措施。 (3)合理地做好毛坯、原材料、辅助材料和工艺装备的投产批次和数量,限量存储。白班存放为每班加工量的1.5倍,夜班存放为加工量的2.5倍,大件不得超过当班定额。高处作业区堆放生产物料和工具,应严格控制数量。 (4)各类物资的堆放应安全牢固,做到按类存放,重不压轻,大不压小,使货堆保持最大的稳定性。针对性地采取不同措施加以支撑、楔顶、垫稳、归类摆放,不得混码、互相

续表

项目	具体内容
物料堆放	挤压、悬空摆放，防止滚落、侧倒、塌垛。不得挤压电气线路和其他管线，不得阻塞通道。 (5)成垛堆放生产物料、产品和剩余物料应堆垛稳固。当直接存放在地面上时，堆垛高度不应超过1.4 m，且高与底边长之比不应大于3，垛的基础要牢固，不得产生下沉歪斜或倾塌，垛之间的距离应便于搬移或机械化装卸作业
地面状态	(1)作业场地应地面平整、坚固、无坑凹，且能承受工作时规定的荷重。 (2)地面应经常保持清洁。在工作地周围地面上，不允许存放与生产无关的物料。垃圾或废料、油污、废水应及时清理，做到“工完、料尽、场地清”。 (3)地面平整，无障碍物和绊脚物，避免凸出的管线等障碍；坑、沟、池应设置可靠的盖板或护栏，夜间有照明。 (4)容易发生危险事故的场地，应设置醒目的安全标志。安全标志及涂安全色应符合标准的规定

第二节　传动机构安全技术

考点1　齿轮传动的安全防护

项目	具体内容
齿轮传动的安全防护	在齿轮传动机构中，两轮开始啮合的地方最危险。 啮合传动有齿轮(直齿轮、斜齿轮、伞齿轮、齿轮齿条等)啮合传动、蜗轮蜗杆和链条传动等。 齿轮传动机构必须装置全封闭型的防护装置。没有防护罩不得使用。老设备发现啮合齿轮外露，必须改造。 防护罩便于开启，内壁应涂红，最好装电气连锁 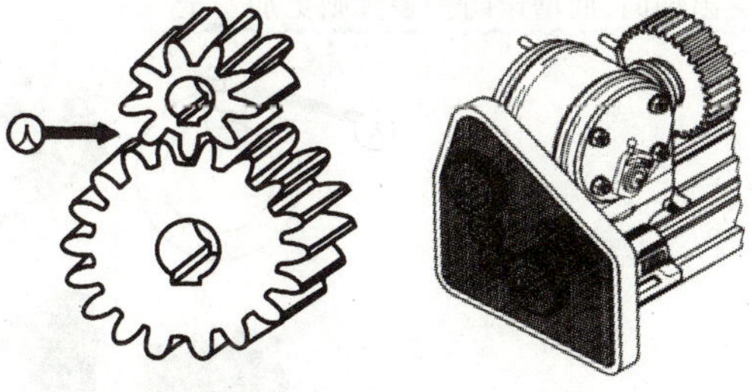 齿轮传动

考点2 皮带传动的安全防护

项目	具体内容
皮带传动的安全防护	皮带传动机构中，皮带开始进入皮带轮的部位最危险。 皮带传动的传动比精确度较齿轮啮合的传动比差，但是当过载时，皮带打滑，起到了过载保护作用。皮带摩擦后易产生静电放电现象，故不适用于容易发生燃烧或爆炸的场所。 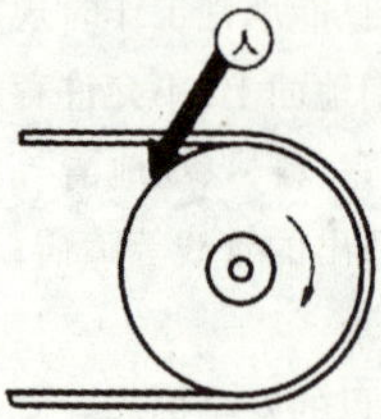  皮带传动 皮带传动装置的防护罩可采用金属骨架的防护网，与皮带的距离不应小于 50 mm。 一般传动机构离地面 2 m 以下，应设防护罩。但在下列 3 种情况下，即使在 2 m 以上也应加以防护： (1)皮带轮中心距之间的距离在 3 m 以上。 (2)皮带宽度在 15 cm 以上。 (3)皮带回转的速度在 9 m/min 以上

考点3 联轴器的安全防护

项目	具体内容
联轴器的安全防护	联轴器上裸露的突出部分有可能钩住工人衣服等，给工人造成伤害。 根本的办法就是加防护罩，最常见的是 Ω 型防护罩。 轴上的键及固定螺钉必须加以防护，为了保证安全，螺钉一般应采用沉头螺钉，使之不突出轴面，而增设防护装置则更加安全 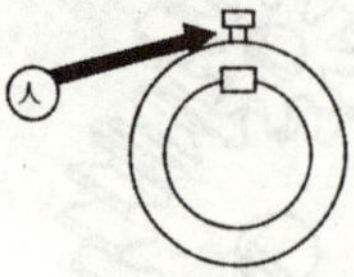 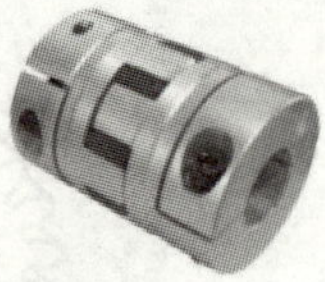  联轴器传动

第三节 金属切削机床及砂轮机安全技术

考点1 金属切削机床的危险因素

项目	具体内容
金属切削机床的危险因素	金属切削机床是用切削方法将毛坯加工成机器零件的设备。 1. 机床的危险因素 (1)静止部件。切削刀具与刀刃,突出较长的机械部分,毛坯、工具和设备边缘锋利飞边及表面粗糙部分,引起滑跌坠落的工作台。 (2)旋转部件。旋转部分,轴,凸块和孔,研磨工具和切削刀具。 (3)内旋转咬合。对向旋转部件的咬合,旋转部件和成切线运动部件面的咬合,旋转部件和固定部件的咬合。 (4)往复运动或滑动。单向运动,往复运动或滑动,旋转与滑动组合,振动。 (5)飞出物。飞出的装夹具或机械部件,飞出的切屑或工件。 2. 机床常见事故 (1)设备接地不良、漏电,照明没采用安全电压,发生触电事故。 (2)旋转部位楔子、销子突出,没加防护罩,易绞缠人体。 (3)清除铁屑无专用工具,操作者未戴护目镜,发生刺割事故及崩伤眼球。 (4)加工细长杆轴料时,尾部无防弯装置或托架,导致长料甩击伤人。 (5)零部件装卡不牢,可飞出击伤人体。 (6)防护保险装置、防护栏、保护盖不全或维修不及时,造成绞伤、碾伤。 (7)砂轮有裂纹或装卡不合规定,发生砂轮碎片伤人事故。 (8)操作旋转机床戴手套,易发生绞手事故

考点2 金属切削机床的安全技术措施

项目	具体内容
金属切削机床的安全技术措施	1. 机床运转常见的异常现象 (1)温升异常。 (2)转速异常。 (3)振动和噪声过大。 (4)出现撞击声。 (5)输入输出参数异常。 (6)机床内部缺陷。 以上种种现象,都是事故的前兆和隐患

续表

项目	具体内容
金属切削机床的安全技术措施	2. 运动机械中易损件的故障检测 零部件故障检测的重点,包括传动轴、轴承、齿轮、叶轮,其中滚动轴承和齿轮的损坏更为普遍。 (1)滚动轴承。损伤现象有滚珠砸碎、断裂、压坏、磨损、化学腐蚀、电腐蚀、润滑油结污、烧结、生锈、保持架损坏、裂纹等;检测参数有振动、噪声、温度、磨损残余物分析和组成件的间隙。 (2)齿轮装置。主要有齿轮本体损伤(包括齿和齿面损伤),轴、键、接头、联轴器的损伤,轴承的损伤;检测参数有噪声、振动,齿轮箱漏油、发热。 3. 金属切削机床常见危险因素的控制措施 (1)设备可靠接地,照明采用安全电压。 (2)楔子、销子不能突出表面。 (3)用专用工具,带护目镜。 (4)尾部安防弯装置及设料架。 (5)零部件装卡牢固。 (6)及时维修安全防护、保护装置。 (7)选用合格砂轮,装卡合理。 (8)加强检查,杜绝违章现象,穿戴好劳动防护用品

考点3　砂轮机的安全技术要求

项目	具体内容
砂轮机安装	1. 安装位置 砂轮机禁止安装在正对着附近设备及操作人员或经常有人过往的地方。较大的车间应设置专用的砂轮机房。砂轮在安装使用前,必须经过严格的检查。有裂纹或损伤等缺陷的砂轮绝对不准安装使用。 2. 砂轮的平衡 砂轮不平衡造成的危害主要表现在两个方面:一方面在砂轮高速旋转时,引起振动;另一方面,不平衡加速了主轴轴承的磨损,严重时会造成砂轮的破裂,造成事故。直径大于或等于 200 mm 的砂轮装上法兰盘后应先进行平衡调试,砂轮在经过整形修整后或在工作中发现不平衡时,应重复进行调试直到平衡。 3. 砂轮与卡盘的匹配 匹配问题主要是指卡盘与砂轮的安装配套问题。按标准要求,砂轮法兰盘直径不得小于被安装砂轮直径的 1/3,且规定砂轮磨损到直径比法兰盘直径大 10 mm 时应更换新砂轮。此外,在砂轮与法兰盘之间还应加装直径大于卡盘直径 2 mm、厚度为 1 ~ 2 mm 的软垫

续表

<table>
<tr><th>项目</th><th>具体内容</th></tr>
<tr><td>砂轮机安装</td><td>4. 砂轮机的防护罩
防护罩是砂轮机最主要的防护装置，其作用是当砂轮在工作中因故破坏时，能够有效地罩住砂轮碎片，保证人员的安全。砂轮防护罩的开口角度在主轴水平面以上不允许超过65°；防护罩的安装应牢固可靠，不得随意拆卸或丢弃不用。防护罩在主轴水平面以上开口大于、等于30°时必须设挡屑屏板，以遮挡磨削飞屑，避免伤及操作人员。它安装于防护罩开口正端，宽度应大于砂轮防护罩宽度，并且应牢固地固定在防护罩上。此外，砂轮圆周表面与挡板的间隙应小于6 mm。
5. 砂轮机的工件托架
托架是砂轮机常用的附件之一。砂轮直径在150 mm以上的砂轮机必须设置可调托架。砂轮与托架之间的距离最大不应超过3 mm。
6. 砂轮机的接地保护
砂轮机的外壳必须有良好的接地保护装置
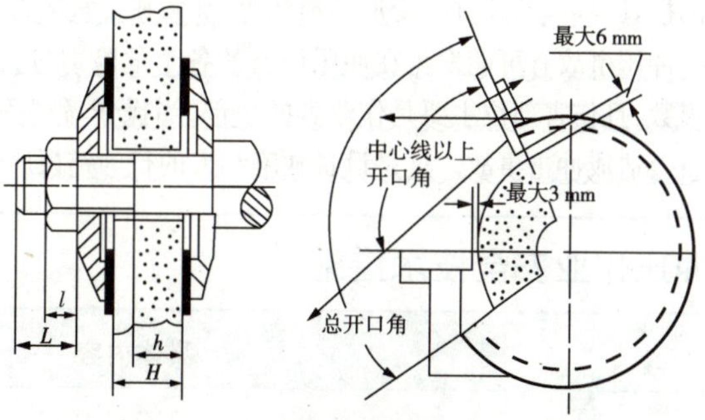

砂轮机构造</td></tr>
<tr><td>砂轮机使用</td><td>(1)禁止侧面磨削。
(2)不准正面操作。
(3)不准共同操作</td></tr>
</table>

第四节　冲压(剪)机械安全技术

考点1　冲压作业的危险因素

项目	具体内容
冲压作业的危险因素	冲压(剪)是指靠压力机和模具对板材、带材、管材和型材等施加外力，使之产生塑性变形或分离，从而获得所需形状和尺寸的工件(冲压件)的成形加工方法

续表

项目	具体内容
冲压作业的危险因素	根据发生事故的原因分析,冲压作业中的危险主要有以下几个方面: 1. 设备结构具有的危险 相当一部分冲压设备采用的是刚性离合器。这是利用凸轮机构使离合器结合或脱开,一旦接合运行,就一定要完成一个循环,才会停止。假如在此循环中的下冲程,手不能及时从模具中抽出,就必然会发生伤手事故。 2. 动作失控 设备在运行中还会受到经常性的强烈冲击和震动,使一些零部件变形、磨损以至碎裂,引起设备动作失控而发生危险的连冲事故。 3. 开关失灵 设备的开关控制系统由于人为或外界因素引起的误动作。 4. 模具的危险 模具担负着使工件加工成型的主要功能,是整个系统能量的集中释放部位。有缺陷的模具则可能因磨损、变形或损坏等原因,在正常运行条件下发生意外而导致事故。 冲压事故有可能发生在冲压设备的各个危险部位,但以发生在模具的下行程为绝大多数,且伤害部位主要是作业者的手部,当操作者得手处于模具行程之间时模块下落,就会造成冲击事故。这是设备缺陷和人的行为错误所造成的事故

考点 2　冲压作业安全技术措施

项目	具体内容
冲压作业安全技术措施	1. 使用安全工具 使用安全工具操作时,用专用工具将单件毛坯放入模内并将冲制后的零件、废料取出,实现模外作业,避免用手直接伸入上下模口之间,保证人体安全。 大致归纳为以下5类: (1)弹性夹钳。 (2)专用夹钳(卡钳)。 (3)磁性吸盘。 (4)真空吸盘。 (5)气动夹盘。 2. 模具作业区防护措施 (1)在模具周围设置防护板(罩)。 (2)改进模具减少危险面积,扩大安全空间。 (3)设置机械进出料装置,以此代替手工进出料方式。 根本途径:采用复合模、多工位连续模代替单工序的模具,或者在模具上设置机械进出料机构,实现机械化、自动化

续表

项目	具体内容
冲压作业安全技术措施	3. 冲压设备的安全装置 (1)机械式防护装置,主要有以下3种类型。 ①推手式保护装置,是一种与滑块联动的,通过挡板的摆动将手推离开模口的机械式保护装置。 ②摆杆护手装置又称拨手保护装置,是运用杠杆原理将手拨开的装置。 ③拉手安全装置,是一种用滑轮、杠杆、绳索将操作者的手动与滑块运动联动的装置。 机械式防护装置结构简单、制造方便,但对作业干扰影响较大,操作人员不太喜欢使用,有局限性。 (2)双手按钮式保护装置,是一种用电气开关控制的保护装置。 启动滑块时,强制将人手限制在模外,实现隔离保护。只有操作者的双手同时按下两个按钮时,中间继电器才有电,电磁铁动作,滑块启动。 (3)光电式保护装置,是由一套光电开关与机械装置组合而成的。它是在冲模前设置各种发光源,形成光束并封闭操作者前侧、上下模具处的危险区

考点3 剪板机安全技术措施

项目	具体内容
剪板机安全技术措施	剪板机是机械加工中应用比较广泛的一种剪切设备。它能剪切各种厚度的钢板材料。 常用的剪板机分为平剪、滚剪及震动剪3种类型,其中平剪床使用最多。剪切厚度小于10 mm的剪板机多为机械传动,大于10 mm的为液压传动。一般用脚踏或按钮操纵进行单次或连续剪切金属。操作剪板机时应注意: (1)工作前应认真检查剪板机各部位是否正常,电气设备是否完好,润滑系统是否畅通,清除台面及周围放置的工具、量具等杂物以及边角废料。 (2)不应独自1人操作剪板机,应由2~3人协调进行送料、控制尺寸精度及取料等,并确定1个人统一指挥。 (3)应根据规定的剪板厚度,调整剪刀间隙。不准同时剪切两种不同规格、不同材质的板料,不得叠料剪切。剪切的板料要求表面平整,不准剪切无法压紧的较窄板料。 (4)剪板机的皮带、飞轮、齿轮以及轴等运动部位必须安装防护罩。 (5)剪板机操作者送料的手指离剪刀口的距离应最少保持200 mm,并且离开压紧装置。在剪板机上安置的防护栅栏不能让操作者看不到裁切的部位。作业后产生的废料有棱角,操作者应及时清除,防止被刺伤、割伤

第五节　木工机械安全技术

考点1　木工机械危险有害因素

<table>
<tr><th>项目</th><th>具体内容</th></tr>
<tr><td>木工机械危险有害因素</td><td>
木工机械
1. 机械危险
机械危险主要包括刀具的切割伤害、木料的冲击伤害、飞出物的打击伤害，这些是木材加工中常见的伤害类型。
2. 火灾和爆炸
火灾危险存在于木材加工全过程的各个环节，木工作业场所是防火的重点。悬浮在空间的木粉尘在一定情况下还会发生爆炸。
3. 木材的生物、化学危害
木材的生物效应可分有毒性、过敏性、生物活性等，可引起许多不同发病症状和过程，例如皮肤症状、视力失调、对呼吸道黏膜的刺激和病变、过敏病状，以及各种混合症状。化学危害是因为木材防腐和粘接时采用了多种化学物质，其中很多会引起中毒、皮炎或损害呼吸道黏膜，甚至诱发癌症。
4. 木粉尘危害
木料加工产生大量的粉尘，小颗粒木尘沉积在鼻腔或肺部，可导致鼻黏膜功能下降，甚至导致木肺尘埃沉着病（俗称尘肺）。
5. 噪声和振动危害
木工机械是高噪声和高振动机械，加工过程中噪声大、振动大，使作业环境恶化，影响职工身心健康</td></tr>
</table>

考点2　木工机械安全技术措施

项目	具体内容
木工机械安全技术措施	在设计上，应使木工机械具有完善的安全装置。包括安全防护装置、安全控制装置和安全报警信号装置等。其安全技术要求如下所述： （1）按照“有轮必有罩、有轴必有套和锯片有罩、锯条有套、刨（剪）切有挡”的安全要

续表

项目	具体内容
木工机械安全技术措施	求，以及安全器送料的安全要求，对各种木工机械配置相应的安全防护装置。徒手操作者必须有安全防护措施。 （2）对产生噪声、木粉尘或挥发性有害气体的机械设备，应配置与其机械运转相连接的消声、吸尘或通风装置，以消除或减轻职业危害，维护职工的安全和健康。 （3）木工机械的刀轴与电器应有安全联控装置，在装卸或更换刀具及维修时，能切断电源并保持断开位置，以防止误触电源开关或突然供电启动机械，造成人身伤害事故。 （4）针对木材加工作业中的木料反弹危险，应采用安全送料装置或设置分离刀、防反弹安全屏护装置，以保障人身安全。 （5）在装设正常启动和停机操纵装置的同时，还应专门设置遇事故紧急停机的安全控制装置。对缺少安全装置或安全装置失效的木工机械，应禁止使用。 按此要求，对各种木工机械应制定与其配套的安全装置技术标准。国产定型的木工机械，在供货的同时，必须带有完备的安全装置，并供应维修时所需的安全配件，以便在安全防护装置失效后予以更新。对早期进口或自制、非定型、缺少安全装置的木工机械，使用单位应组织力量研制和配置相应的安全装置，特别是对操作者有伤害危险的木工机械

考点3　典型木工机械安全装置

项目	具体内容
带锯机安全装置	带锯机的各个部分，除了锯卡、导向辊的底面到工作台之间的工作部分外，都应用防护罩封闭。锯轮应完全封闭，锯轮罩的外圆面应该是整体的。 带锯机主要采用液压可调式封闭防护罩遮挡高速运转的锯条，使裸露部分与锯割木料的尺寸相适应，既能有效地进行锯割，又能避免对操作者造成伤害。 带锯机停机时，由于受惯性力的作用将继续转动，此时手不小心触及锯条，就会造成误伤。为使其能迅速停机，应装设锯盘制动控制器。带锯机破损时，亦可使用锯盘制动器，使其停机
圆锯机安全装置	为了防止木料反弹的危险，圆锯上应装设分离刀（松口刀）和活动防护罩。分离刀的作用是使木料连续分离，使锯材不会紧贴转动的刀片，从而不会产生木料反弹。活动罩的作用是遮住圆锯片，防止手过度靠近圆锯片，同时也能有效防止木料反弹。 圆锯机安全装置通常由防护罩、导板、分离刀和防木料反弹挡架组成。弹性可调式安全防护罩可随锯割木料尺寸大小而升降，既便于推料进锯，又能控制锯屑飞溅和木料反弹；过锯木料由分离刀扩张锯口防止因夹锯造成木材反弹，并有助于提高锯割效率。 圆锯机超限的噪声也是严重的职业危害，直接损害操作者的健康，应安装相应的消声装置

续表

项目	具体内容
木工刨床安全装置	刨床对操作者的人身伤害，一是徒手推木料容易伤害手指，二是刨床噪声产生职业危害。 平刨伤手为多发性事故，一直未能很好解决。较先进的方法是采用光电技术保护操作者，当前国内应用效果不理想；较适用有效的方法是在刨切危险区域设置安全挡护装置，并限定与台面的间距，可阻挡手指进入危险区域，实际应用效果较好。降低噪声可采用开有小孔的定位垫片，能降低噪声 10～15 dB(A)。 木工机械事故中，手压平刨上发生的事故占多数，因此在手压平刨上必须有安全防护装置。 刀轴的各组成部分及其装配应满足以下安全要求： (1)刀轴必须是装配式圆柱形结构，严禁使用方形刀轴。 (2)组装后的刨刀片径向伸出量不得大于 1.1 mm。 (3)组装后的刀轴须经强度试验和离心试验，试验后的刀片不得有卷刃、崩刃或显著磨钝现象；压刀条相对于刀体的滑移量不超过规定要求。 (4)刀轴的驱动装置所有外露旋转件都必须有牢固可靠的防护罩，并在罩上标出单向转动的明显标志；须设有制动装置，在切断电源后，保证刀轴在规定的时间内停止转动

第六节　铸造安全技术

考点 1　铸造及铸造设备概述

项目	具体内容
铸造及铸造设备概述	铸造是一种金属热加工工艺，是将熔融金属浇注、压射或吸入铸型型腔中，待其凝固后而得到一定形状和性能铸件的方法。 铸造设备就是利用这种技术将金属熔炼成符合一定要求的液体，浇进铸型里，经冷却凝固、清整处理后得到有预定形状、尺寸和性能的铸件的所有机械设备。铸造设备主要包括： (1)砂处理设备，如碾轮式混砂机、逆流式混砂机、叶片沟槽式混砂机、多边筛等。 (2)造型造芯设备，如高、中、低压造型机、抛砂机、无箱射压造型机、射芯机、冷和热芯盒机等。 (3)金属冶炼设备，如冲天炉、电弧炉、感应炉、电阻炉、反射炉等。 (4)铸件清理设备，如落砂机、抛丸机、清理滚筒机等

考点2 铸造作业危险有害因素

项目	具体内容
铸造作业危险有害因素	1. 机械伤害 铸造作业过程中，机械设备、工具或工件的非正常选择和使用，人的违章操作等，都可导致机械伤害。如造型机压伤，设备修理时误启动导致砸伤、碰伤。 2. 火灾及爆炸 红热的铸件、飞溅铁水等一旦遇到易燃易爆物品，极易引发火灾和爆炸事故。 3. 灼烫 浇注时稍有不慎，就可能被熔融金属烫伤；经过熔炼炉时，可能被飞溅的铁水烫伤；经过高温铸件时，也可能被烫伤。 4. 噪声振动 在铸造车间使用的振实造型机、铸件打箱时使用的振动器，以及在铸件清理工序中，利用风动工具清铲毛刺，利用滚筒清理铸件等都会产生大量噪声和强烈的振动。 5. 尘毒危害 在型砂、芯砂运输、加工过程中，打箱、落砂及铸件清理中，都会使作业地区产生大量的粉尘，因接触粉尘、有害物质等因素易引起职业病。冲天炉、电炉产生的烟气中含有大量对人体有害的一氧化碳，在烘烤砂型或砂芯时也有二氧化碳气体排出；利用焦炭熔化金属，以及铸型、浇包、砂芯干燥和浇铸过程中都会产生二氧化硫气体，如处理不当，将引起呼吸道疾病。 6. 高温和热辐射 铸造生产在熔化、浇铸、落砂工序中都会散发出大量的热量，在夏季车间温度会达到40 ℃或更高，铸件和熔炼炉对工作人员健康或工作极为不利。 7. 高处坠落 由于工作环境恶劣、照明不良，加上车间设备立体交叉，维护、检修和使用时，易从高处坠落

考点3 铸造作业安全技术措施

项目	具体内容
工艺要求	1. 工艺布置 应根据生产工艺水平、设备特点、厂区场地和厂房条件等，结合防尘防毒技术综合考虑工艺设备和生产流程的布局。污染较小的造型、制芯工段在集中采暖地区应布置在非采暖季节最小频率风向的下风侧，在非集中采暖地区应位于全年最小频率风向的下风侧。砂处理、清理等工段宜用轻质材料或实体墙等设施与其他部分隔开；大型铸造车间的砂处理、清理工段可布置在单独的厂房内。造型、落砂、清砂、打磨、切割、焊补等工序宜固定作业工位或场地，以方便采取防尘措施。在布置工艺设备和工作流程时，应为除尘系统的合理布置提供必要条件

续表

项目	具体内容
工艺要求	2. 工艺设备 凡产生粉尘污染的定型铸造设备(如混砂机、筛砂机、带式运输机等),制造厂应配置密闭罩,非标准设备在设计时应附有防尘设施。型砂准备及砂的处理应密闭化、机械化。输送散料状干物料的带式输送机应设封闭罩。混砂不宜采用扬尘大的爬式翻斗加料机和外置式定量器,宜采用带称量装置的密闭混砂机。炉料准备的称量、送料及加料应采用机械化装置。 3. 工艺方法 在采用新工艺、新材料时,应防止产生新污染。冲天炉熔炼不宜加萤石。应改进各种加热炉窑的结构、燃料和燃烧方法,以减少烟尘污染。回用热砂应进行降温去灰处理。 4. 工艺操作 在工艺可能的条件下,宜采用湿法作业。落砂、打磨、切割等操作条件较差的场合,宜采用机械手遥控隔离作业。 (1)炉料准备。炉料准备包括金属块料(铸铁块料、废铁等)、焦炭及各种辅料。在准备过程中最容易发生事故的是破碎金属块料。 (2)熔化设备。用于机器制造工厂的熔化设备主要是冲天炉(化铁)和电弧炉(炼钢)。 冲天炉熔炼过程:从炉顶加料口加入焦炭、生铁、废钢铁和石灰石,高温炉气上升和金属炉料下降,伴随着底焦的燃烧,使金属炉料预热和熔化以及铁水过热,在炉气和炉渣及焦炭的作用下使铁水成分发生变化。所以,其安全技术主要从装料、鼓风、熔化、出渣出铁、打炉修炉等环节考虑。 (3)浇注作业。浇注作业一般包括烘包、浇注和冷却3个工序。 浇注前检查浇包是否符合要求,升降机构、倾转机构、自锁机构及抬架是否完好、灵活、可靠;浇包盛铁水不得太满,不得超过容积的80%,以免洒出伤人;浇注时,所有与金属溶液接触的工具,如扒渣棒、火钳等均需预热,防止与冷工具接触产生飞溅。 (4)配砂作业。配砂作业的不安全因素有粉尘污染;钉子、铁片、铸造飞边等杂物扎伤;混砂机运转时操作者伸手取砂样或试图铲出型砂,结果造成被打伤或被拖进混砂机等。 (5)造型和制芯作业。制造砂型的工艺过程叫作造型,制造砂芯的工艺过程叫作制芯。 生产上常用的造型设备有振实式、压实式、振压式等,常用的制芯设备有挤芯机、射芯机等。很多造型机、制芯机都是以压缩空气为动力源,为保证安全,防止设备发生事故或造成人身伤害,在结构、气路系统和操作中,应设有相应的安全装置,如限位装置、联锁装置、保险装置。 (6)落砂清理作业。铸件冷却到一定温度后,将其从砂型中取出,并从铸件内腔中清除芯砂和芯骨的过程称为落砂。有时为提高生产率,若过早取出铸件,因其尚未完全凝固而易导致烫伤事故

续表

项目	具体内容
建筑要求	铸造车间应安排在高温车间、动力车间的建筑群内，建在厂区其他不释放有害物质的生产建筑的下风侧。 厂房主要朝向宜南北向。厂房平面布置应在满足产量和工艺流程的前提下同建筑、结构和防尘等要求综合考虑。铸造车间四周应有一定的绿化带。 铸造车间除设计有局部通风装置外，还应利用天窗排风或设置屋顶通风器。熔化、浇注区和落砂、清理区应设避风天窗。有桥式起重设备的边跨，宜在适当高度位置设置能启闭的窗扇
除尘	1. 炉窑 （1）炼钢电弧炉。排烟宜采用炉外排烟、炉内排烟、炉内外结合排烟。通风除尘系统的设计参数应按冶炼氧化期最大烟气量考虑。电弧炉的烟气净化设备宜采用干式高效除尘器。 （2）冲天炉。冲天炉的排烟净化宜采用机械排烟净化设备，包括高效旋风除尘器、颗粒层除尘器、电除尘器。 2. 破碎与碾磨设备 颚式破碎机上部，直接给料，落差小于 1 m 时，可只做密闭罩而不排风。不论上部有无排风，当下部落差大于等于 1 m 时，下部均应设置排风密封罩。球磨机的旋转滚筒应设在全密闭罩内。 3. 砂处理设备、筛选设备、输送设备 以上所列设备及制芯、造型、落砂及清理、铸件表面清理等均应通风除尘

第七节　锻造安全技术

考点 1　锻造及锻造车间概述

项目	具体内容
锻造及锻造车间概述	锻造是金属压力加工的方法之一，它是机械制造生产中的一个重要环节。根据锻造加工时金属材料所处温度状态的不同，锻造又可分为热锻、温锻和冷锻。热锻指被加工的金属材料处在红热状态（锻造温度范围内），通过锻造设备对金属施加的冲击力或静压力，使金属产生塑性变形而获得预想的外形尺寸和组织结构。 锻造车间里的主要设备有锻锤、压力机（水压机或曲柄压力机）、加热炉等。操作人员经常处在振动、噪声、高温灼热、烟尘，以及料头、毛坯堆放等不利的工作环境中

考点2 锻造的危险有害因素

项目	具体内容
锻造的危险有害因素	1. 机械伤害 锻造加工过程中，机械设备、工具或工件的非正常选择和使用，人的违章操作等，都可导致机械伤害。如锻锤锤头击伤；打飞锻件伤人；辅助工具打飞击伤；模具、冲头打崩、损坏伤人；原料、锻件等在运输过程中造成的砸伤；操作杆打伤、锤杆断裂击伤等。 2. 火灾爆炸 红热的坯料、锻件及飞溅氧化皮等一旦遇到易燃易爆物品，极易引发火灾和爆炸事故。 3. 灼烫 锻造加工坯料常加热至800～1 200 ℃，操作者一旦接触到红热的坯料、锻件及飞溅氧化皮等，必定被烫伤。 4. 噪声和振动 锻锤以巨大的力量冲击坯料，产生强烈的低频率噪声和振动，可引起职工听力降低或患振动病。 5. 尘毒危害 火焰炉使用的各种燃料燃烧生产的炉渣、烟尘，空气中存在的有毒有害物质和粉尘微粒。 6. 热辐射 加热炉和灼热的工件辐射大量热能

考点3 锻造的安全技术措施

项目	具体内容
锻造的安全技术措施	(1)锻压机械的机架和突出部分不得有棱角或毛刺。 (2)外露的传动装置(齿轮传动、摩擦传动、曲柄传动或皮带传动等)必须有防护罩。防护罩需用铰链安装在锻压设备的不动部件上。 (3)锻压机械的启动装置必须能保证对设备进行迅速开关，并保证设备运行和停车状态的连续可靠。 (4)启动装置的结构应能防止锻压机械意外地开动或自动开动。 (5)电动启动装置的按钮盒，其按钮上需标有“启动”“停车”等字样。停车按钮为红色，其位置比启动按钮高10～12 mm。 (6)高压蒸汽管道上必须装有安全阀和凝结罐，以消除水击现象，降低突然升高的压力。 (7)蓄力器通往水压机的主管上必须装有当水耗量突然增高时能自动关闭水管的装置。 (8)任何类型的蓄力器都应有安全阀。安全阀必须由技术检查员加铅封，并定期进行检查

续表

项目	具体内容
锻造的安全技术措施	(9)安全阀的重锤必须封在带锁的锤盒内。 (10)安设在独立室内的重力式蓄力器必须装有荷重位置指示器,使操作人员能在水压机的工作地点上观察到荷重的位置。 (11)新安装和经过大修理的锻压设备应该根据设备图样和技术说明书进行验收和试验。 (12)操作人员应认真学习锻压设备安全技术操作规程,加强设备的维护、保养,保证设备的正常运行

第八节 人的特性

考点1 人体特性参数

项目	具体内容
人体特性参数	1. 静态参数 静态参数是指人体在静止状态下测得的形态参数,也称人体的基本尺度,如人体高度及各部位长度尺寸。 2. 动态参数 动态参数是指在人体运动状态下,人体的动作范围,主要包括肢体的活动角度和肢体所能达到的距离等两方面的参数。 3. 生理学参数 生理学参数是指有关的人体各种活动和工作引起的生理变化,反映人在活动和工作时负荷大小的参数,包括人体耗氧量、心脏跳动频率、呼吸频率及人体表面积和体积等。 4. 生物力学参数 生物力学参数是指人体各部分出力大小的参数,如握力、拉力、推力、推举力、转动惯量等

考点2 人的感知特征

项目	具体内容
视觉	1. 几种常见的视觉现象 (1)暗适应与明适应能力。人眼对光亮度变化的顺应性,称为适应,适应有明适应和暗适应两种。 暗适应是指人从光亮处进入黑暗处,需要经过一定时间以后才能逐渐看清被视物的轮廓。暗适应的过渡时间较长,约需要30 min才能完全适应。明适应是指人从暗处进

续表

项目	具体内容
视觉	入亮处时，能够看清视物的适应过程，这个过渡时间很短，约需 1 min。人在明暗急剧变化的环境中工作，会因受适应性的限制，视力出现短暂的下降；若频繁地出现这种情况，会产生视觉疲劳，并容易引发事故。为此，在需要频繁改变光亮度的场所，应采用缓和照明，避免光亮度的急剧变化。 （2）眩光。当人的视野中有极强的亮度对比时，由光源直射或由光滑表面的反射射出的刺激或耀眼的强烈光线，称为眩光。 光源直射或由光滑表面反射出的刺激或耀眼的强烈光线，称为眩光。 眩光可使人眼感到不舒服，使可见度下降，并引起视力明显下降。眩光造成的有害影响主要有：破坏暗适应，产生视觉后像；降低视网膜上的照度；减弱被观察物体与背景的对比度；观察物体时产生模糊感觉等。 （3）视错觉。人在观察物体时，由于视网膜受到光线的刺激，光线不仅使神经系统产生反应，而且会在横向产生扩大范围的影响，使得视觉印象与物体的实际大小、形状存在差异，这种现象称为视错觉。 主要类型有形状错觉、色彩错觉及物体运动错觉等。形状错觉有长短错觉、方向错觉、对比错觉、大小错觉、远近错觉及透视错觉等。色彩错觉又有对比错觉、大小错觉、温度错觉、距离错觉及疲劳错觉等。 2. 视觉损伤与视觉疲劳 （1）视觉损伤。眼睛能承受的可见光的最大亮度值约为 106 cd/m^2，如超过此值，人眼视网膜就会受到损伤。 （2）视觉疲劳。长时间看近物或细小物体，睫状肌持续地收缩以增加晶体状的白度。这将引起视觉疲劳，甚至导致睫状肌状萎缩。 3. 视觉的运动规律 （1）眼睛的水平运动比垂直运动快，即最容易看到水平方向的东西，对垂直方向的东西感受慢。 （2）视线运动的顺序习惯于从左到右，从上到下，顺时针进行。 （3）对物体尺寸和比例的估计，水平方向比垂直方向准确、迅速，且不易疲劳。 （4）当眼睛偏离视中心时，在偏离距离相同的情况下，观察优先的顺序是左上、右上、左下、右下。 （5）在视线突然转移的过程中，约有 3% 的视觉能看清目标，其余 97% 的视觉都是不真实的。 （6）对于运动的目标，只有当角速度大于 1 ′/s ~ 2 ′/s 时，且双眼的焦点同时集中在同一个目标上时，才能鉴别出其运动状态。 （7）人眼看一个目标要得到视觉印象，最短的注视时间为 0.07 ~ 0.3 s，这与照明的亮度有关。人眼视觉的暂停时间平均需要 0.17 s
听觉	听觉的功能主要在于分辨声音的高低和强弱，还可判断环境中声源的方向和远近

续表

项目	具体内容
听觉	1. 听觉特性 (1)听觉绝对阈限。听觉的绝对阈限是指人的听觉系统感受到的最弱声音和痛觉声音强度值，且与频率和声压有关。一般识别声音所需要的最短持续时间为20～50 ms。 (2)听觉的辨别阈限。辨别阈限是指听觉系统能分辨出两个声音的最小差异。辨别阈限与声音的频率和强度都有关系。 (3)辨别声音的方向和距离的能力。声源与两耳间的距离每相差1 cm，传播时间就相差0.029 ms。在自由空间，距离每增加一倍，声压级将减少6 dB(A)。 2. 听觉的掩蔽效应 当几种声强不同的声音传到人耳时只能听到最强的声音，较弱的声音则听不到，即弱声被掩盖了。一个声音由于其他声音的干扰而使人的听觉发生困难，只有提高该声音的强度才能使人产生听觉，这种现象称为听觉的掩蔽。被掩蔽声音阈值强度提高的现象即掩蔽效应
人的感觉与反应	(1)反应时间。反应时间是指人从机器或外界获得信息，经过大脑加工分析发出指令到运动器官，运动器官开始执行动作所需的时间。 由于人的生理、心理因素的限制，人对刺激的反应速度是有限的。一般条件下，反应时间约为0.1～0.5 s。对于复杂的选择性反应时间达1～3 s，要进行复杂判断和认识的反应时间平均达3～5 s。 (2)减少反应时间的途径。 ①合理地选择感知类型。听觉反应时间最短，约0.1～0.2 s，其次是触觉和视觉。 ②适应人的生理、心理要求，按人机工程学原则设计机器。 ③操作者操作技术的熟练程度直接影响反应速度，应通过训练来提高人的反应速度

考点3　人的心理特征

项目	具体内容
能力	1. 感觉、知觉和观察力 感觉是大脑对直接作用于感觉器官的客观事物个别属性的反映。知觉则是大脑对感觉的客观事物的整体反映，即对感觉到的客观事物所做出的反应。观察是有目的、有计划，比较持久地认识某种对象的知觉过程，是一个知觉、思维、言语等综合作用的智力活动过程，它在感知中占有很重要的地位。人们全面、深入、正确地观察事物的能力，叫作观察力。 2. 注意 注意是指心理活动对一定事物或活动的指向或集中。注意能保证人及时反映客观事物及其变化，使人更好地适应环境

续表

项目	具体内容
能力	3. 记忆 记忆是大脑对经历过的事物的反应，是过去感知过的事物在大脑中留下的痕迹。记忆是从认识开始的，并将感知的知识保持下来。根据保持的程度，分为永久性记忆和暂时性记忆。记忆的特征有：持久性、敏捷性、精确性、准确性等。 4. 思维 思维就是以已有的知识、经验为中心，对客观现实的概括和间接的反应。思维是通过分析、综合、概括、抽象、比较、具体化和系统化等一系列过程，实现对感性材料进行加工并转化为理性知识和解决具体问题的过程。思维的基本形式是概括、判断和推理。思维的主要特征有广阔性、批判性、深刻性、灵活性、逻辑性和敏捷性等。 5. 操作能力 操作是人通过运动器官执行大脑的指令对机器进行操纵控制的过程，操作能力水平的高低对安全监察人员及工人搞好本职工作极为重要，它将直接影响人身和设备的安全。 以上所述的各种能力的总和就构成人的智力，它包括人的认识能力和活动能力。其中观察能力是智力结构的眼睛，记忆能力是智力结构的储存器，思维能力是智力结构的中枢，想象能力是智力结构的翅膀，操作能力是智力结构转化为物质力量的转换器
性格	性格是人们在对待客观事物的态度和社会行为方式中区别于他人所表现出来的那些比较稳定的心理特征的总和。道德品质和意志特点是构成性格的基础。 尽管人的性格有千差万别，但就其主要表现形式，可归纳为冷静型、活泼型、急躁型、轻浮型和迟钝型等 5 种。在安全生产中，有不少人就是由于鲁莽、高傲、懒惰、过分自信等不良性格促成了不安全行为而导致伤亡事故的。 安全心理学的任务是要深入挖掘和发展劳动者的一丝不苟、踏实细致、认真负责的工作作风，提倡养成原则性、纪律性、自觉性、谦虚、克己自制等良好性格；克服和制止粗枝大叶、得过且过、懈怠消极、狂妄、利己、自满、任性、优柔寡断等易于肇事的不良性格
气质	人们气质表现的典型特征有以下 4 种。 (1)精力旺盛、热情直率、刚毅不屈，往往倾向于性情急躁、主观任性。 (2)灵活机智、活泼好动、善于交际、性格开朗，亦倾向于情绪多变、轻举妄动。 (3)安静、不外露、沉着、从容不迫、耐心谨慎，亦倾向于因循守旧、动作缓慢、难以沟通。 (4)孤僻、消沉、行动迟缓、自卑退让，亦倾向于平易近人、容易相处、谦虚谨慎
需要	需要是人们感到某种缺乏而力求获得满足的心理倾向。合理的需要能推动人以一定的方式，在一定的方面去进行积极的活动，达到有益的效果。随着社会的发展，人们为了个体和社会的生存，对安全、教育、劳动、交往的需要比对衣、食、住、行的需要更为强烈。其中对安全的需要（免除灾害、意外事故、疾病等安全需要）更为突出

续表

项目	具体内容
情绪	情绪是由肌体生理需要是否得到满足而产生的体验，属于人和动物共有的；而情感则是人的社会性需要是否得到满足而产生的体验，属于人类所特有。情绪带有冲动性和明显的外部表现，而情感则较少冲动性，其外部表现也能加以控制。情绪带有情境性，它由一定的情境引起，并随情境的改变而消失，而情感则既有情境性，又有稳定性和长期性。 在生产实践中常会出现以下 2 种不安全情绪： 1. 急躁情绪 急躁情绪的表现特征是干活利索但毛躁，求成心切但欠谨慎，工作不够仔细，有章不循，手与心不一致等。 2. 烦躁情绪 烦躁情绪的特征表现为沉闷、不愉快、精神不集中，严重时自身器官及生理机能往往不能很好地协调，更难以与外界条件协调一致。 以上不良情绪发展到一定程度时，能够控制人的身体及活动，使人的意识范围变得狭窄，判断力降低，甚至失去理智和自制力。带着这种情绪操纵机器则极易导致不安全行为的发生
意志	意志是人自觉地确定目标并调节自己的行动，以克服困难、实现预定目标的心理过程，它是意识的能动作用与表现。人们在日常生活和工作中，尤其是在恶劣环境中工作时，必须有意志活动的参与，才能顺利地完成任务，所谓有志者事竟成，就是这个道理

考点 4 劳动强度与疲劳

项目	具体内容
人的劳动强度	劳动强度是以作业过程中人体的能耗量、氧耗、心率、直肠温度、排汗率或相对代谢率等作为指标分级的。劳动强度分级，只适用于以体力劳动为主的作业。 劳动强度等级体现了体力劳动的体态、姿势和方式，提出了体力作业方式系数，充分考虑到性别差异，能比较全面的反应作业时人体负荷的大小。 劳动强度指数 *I*：区分体力劳动强度等级的指标，指数大反映劳动强度大，指数小反映劳动强度小，可参考表 1－2
疲劳	1. 疲劳的定义 疲劳分为肌肉疲劳（或称体力疲劳）和精神疲劳（或称脑力疲劳）2 种。 （1）肌肉疲劳是指过度紧张的肌肉局部出现酸痛现象，一般只涉及大脑皮层的局部区域。 （2）精神疲劳与中枢神经活动有关，是一种弥散的、不愿意再作任何活动的懒惰感觉，意味着肌体迫切需要休息

续表

项目	具体内容
疲劳	2. 疲劳的原因 劳动过程中,人体承受了肉体或精神上的负荷,受工作负荷的影响产生负担,负担随时间推移,不断地积累就将引发疲劳。归结起来疲劳有两个方面的主要原因。 (1)工作条件因素。泛指一切对劳动者的劳动过程产生影响的工作环境。 ①劳动制度和生产组织不合理。如作业时间过久、强度过大、速度过快、体位欠佳等。 ②机器设备和工具条件差,设计不良。如控制器、显示器不适合于人的心理及生理要求。 ③工作环境很差。如照明欠佳,噪声太强,振动、高温、高湿以及空气污染等。 (2)作业者本身的因素。作业者本身的因素包括作业者的熟练程度、操作技巧、身体素质及对工作的适应性,营养、年龄、休息、生活条件以及劳动情绪等。 机体疲劳与主观疲劳感未必同时发生。有时机体尚未进入疲劳状态,却出现了主观疲劳感,如对工作缺乏兴趣时常常如此。有时机体早已疲劳却无疲劳感,如出于对工作具有高度责任感、特殊爱好或急中生智的情境之中时,造成心理疲劳的诱因主要有: ①劳动效果不佳。在相当长时期内没有取得满意的成果,会引发心理疲劳。 ②劳动内容单调。作业动作单一、乏味,不能引起作业者的兴趣。如流水线上分工过细的专门操作,显示器前的监视工作等。 ③劳动环境缺少安全感。涉及技术方面的安全防护设施和职业的稳定性,以及不适的督导和过分的暗示,造成心理压力与精神负担。 ④劳动技能不熟练。当工作任务的繁复程度远远超过了劳动者能力水平。困难大,负担重,压力大,力不能负时,也易产生心理疲劳。 ⑤劳动者本人的思维方式及行为方式导致的精神状态欠佳、人际关系不好,上下级关系紧张,以及家庭生活的不顺等都可能引起心理疲劳。 3. 消除疲劳的途径 消除疲劳的途径归纳起来有以下几方面。在进行显示器和控制器设计时应充分考虑人的生理心理因素;通过改变操作内容、播放音乐等手段克服单调乏味的作业;改善工作环境,科学地安排环境色彩、环境装饰及作业场所布局,保证合理的温湿度、充足的光照等;避免超负荷的体力或脑力劳动,合理安排作息时间,注意劳逸结合等
单调作业与轮班作业	1. 单调作业 单调作业是近代工业生产的特点之一。现代企业的机械化和自动化水平下,许多单调的操作还不可能完全交给机器去完成,因此单调的工作仍是人机工程中有关人的因素的重大课题。单调作业是指内容单一、节奏较快、高度重复的作业。单调作业所产生的枯燥、乏味和不愉快的心理状态,称为单调感。 (1)单调作业的分类。 ①Z 型作业。常见于一些自动化大工厂(如炼油厂、发电厂)控制室人员的作业。他们的主要作业是用视觉监视各种仪器仪表,用手在简单的控制面板上操纵开关和控制盘,

续表

项目	具体内容
单调作业与轮班作业	进行远距离控制，以及填写作业日志和各种申报表格。 ②Y 型作业。常见于用机器和工具进行简单的重复操作，如用铆钉机打铆钉和用锤煅铁等。 ③X 型作业。常见于各种部件组装工厂装配线上的工作，从事流水线作业产品检查和传送带生产（如家用电器装配流水线等）。 （2）单调作业的特点。 作业简单、变化少、刺激少，引不起兴趣；受制约多，缺乏自主性，容易丧失工作热情；对作业者技能、学识等要求不高，易造成作业者情绪消极；只完成工作的一小部分，对整个工作的目的、意义体验不到，自我价值实现程度低；作业只有少量单项动作，周期短频率高，易引起身体局部出现疲劳乃至心理厌烦。 （3）单调作业引起疲劳的原因。 单调作业虽然不需要消耗很大的体力，但千篇一律重复出现着的刺激，使人的兴奋始终集中于局部区域，而其周围很快会产生抑制状态，并在大脑皮质中扩散，经过一段时间，便会出现疲劳现象。劳动分工越来越细，高度单调的作业，压抑了作业者的工作兴趣从而导致心理疲劳。 （4）避免作业单调的措施。 ①培养多面手，变换工种。 ②工作延伸，按进程扩展工作内容。 ③操作再设计，根据人的生理心理特点重组工序。 ④显示作业终极目标，使作业者意识到单项操作是最终产品的基本组成。 ⑤动态信息报告，让作业人员了解工作成果。 ⑥推行消遣工作法，可自由支配时间如弹性工作制等。 ⑦改善工作环境，可利用照明、颜色、音乐等条件等。 2. 轮班作业 轮班制分为单班制、两班制、三班制或四班制等。各个行业应当根据行业自身的特点、劳动性质及劳动者身心需要安排轮班方式。如纺织企业的“四班三运转”，煤炭企业的“四六轮班”，冶金、矿山企业的“四八交叉作业”。国外还实行“弹性工作制”“变动工作班制”“非全日工作制”“紧缩工作班制”等轮班制度

表 1－2 体力劳动强度分级表

体力劳动强度级别	体力劳动强度指数
Ⅰ级	$I \leqslant 15$
Ⅱ级	$15 < I \leqslant 20$
Ⅲ级	$20 < I \leqslant 25$
Ⅳ级	$I > 25$

第九节　机械的特性

考点1　机械安全的定义及特性

项目	具体内容
机械安全定义	机械安全是从人的需要出发，在使用机械的全过程的各种状态下，达到使人的身心免受外界因素危害的存在状态和保障条件。机械的安全性是指机器在按照预定使用条件下，执行预定功能，或在运输，安装，调整时不产生损伤或危害健康的能力。 它主要包括两个方面的内容。首先是在机械产品预定使用期间执行预定功能和在可预见的误用时，不会给人身带来伤害；其次是机械产品在整个寿命周期内，发生可预见的非正常情况下的任何风险事故时机器是安全的
机械安全的特性	现代机械安全应具有以下几方面的特性： 1. 系统性 现代机械的安全应建立在心理、信息、控制、可靠性、失效分析、环境学、劳动卫生、计算机等科学技术基础上，并综合与系统地运用这些科学技术。 2. 防护性 通过对机械危险的智能化设计，应使机器在整个寿命周期内发挥预定功能，包括误操作时，其机器和人身均是安全的，使人对劳动环境、劳动内容和主动地位的提高得到不断改善。 3. 友善性 机械安全设计涉及人和人所控制的机器，它在人与机器之间建立起一套满足人的生理特性、心理特性，充分发挥人的功能的、提高人机系统效率的安全系统，在设计中通过减少操作者的紧张和体力来提高安全性，并以此改善机器的操作性能和提高其可靠性。 4. 整体性 现代机械的安全设计必须全面、系统地对导致危险的因素进行定性、定量分析和评价，整体寻求降低风险的最优设计方案

考点2　机械故障诊断技术

项目	具体内容
故障诊断的定义	故障诊断是研究机械设备运行状态变化的信息，进而识别、预测和监视机械运行状态的技术方法
故障诊断的实施步骤	诊断实施过程是故障诊断的中心工作，它可以细分为4个基本步骤： 1. 信号检测 按不同的诊断目的选择最能表征设备状态的信号，对该类信号进行全面检测，并将其汇集在一起，形成一个设备工作状态信号子集，该子集称为初始模式向量

续表

<table>
<tr><th>项目</th><th>具体内容</th></tr>
<tr><td>故障诊断的实施步骤</td><td>2. 特征提取(或称信号处理)
将初始模式向量进行维数变换、形式变换,去掉冗余信息,提取故障特征,形成待检模式。
3. 状态识别
将待检模式与样板模式(故障档案)对比,进行状态分类。
4. 诊断决策
根据判别结果采取相应的对策。对策主要是指对设备及其工作进行必要的预测和干预</td></tr>
<tr><td>故障诊断技术</td><td>1. 振动信号的检测与分析
振动信号一般用位移、速度或加速度传感器等来测量。传感器应尽量安装在诊断对象敏感点或离核心部位最近的关键点。对于低频振动,一般要从 3 个相互垂直的方向上采样;对于高频振动,通常只从一个方向上进行检测即可。
2. 油液分析技术
油液分析中,目前应用较多的有光谱油液分析和铁谱油液分析两种。
(1)光谱油液分析方法利用原子吸收光谱来分析润滑油中金属的成分和含量,进而判断零件磨损程度。
(2)铁谱分析就是通过检查润滑油或液压系统的油液中所含磁性金属磨屑的成分、形态、大小及浓度,来判断和预测机器系统中零件的磨损情况。
3. 温度检测及红外线监测技术
温度是工业生产中最常用和最重要的热工参数,许多生产工艺过程都对温度进行监测和控制;另外,机电设备运行是否正常也可从温度上分析判断,可根据温度变化了解设备运行状态。
物体表面发射的红外线与其温度有关。红外线测温的原理是利用红外线探测器将红外线辐射产生的热效应和光电效应转换成人们能识别的信号。常用的探测仪器有红外测温仪、红外成像仪和红外摄影机等。
4. 超声探伤技术
超声波是比声波振动频率更高的振动波。利用超声波可以对所有固体材料进行探伤和检测。它常用来检查内部结构的裂纹、搭接、夹杂物、焊接不良的焊缝、锻造裂纹、腐蚀坑以及加工不适当的塑料压层等,还可用于检查管道中流体的流量、流速以及泄漏等。
5. 表面缺陷探伤技术
常见材料缺陷检测方法包括磁粉探伤、渗透探伤和涡流探伤等。
(1)磁粉探伤:原理是利用铁磁性试件的导磁性实现的。铁磁物质导磁性比空气强得多,因此表面缺陷处磁阻大,而易产生漏磁场,吸引磁粉,形成磁粉堆积。通过观察磁粉聚集情况就可以确定被探测工件的表面缺陷或近表面缺陷。
(2)渗透探伤:依据的是物理化学中的液体对固体的润湿能力和毛细现象(渗透和上</td></tr>
</table>

续表

项目	具体内容
故障诊断技术	升)。检测时先将工件表面涂上具有高度渗透能力的渗透液,渗透液由于润湿作用及毛细现象而进入工件的表面缺陷中,然后将工件表面多余的渗透液清洗干净,再涂一层亲和力强的显像剂,将渗入裂纹中的渗透液吸出来,在显像剂上便显现出缺陷的形状和位置的鲜明图案。 (3)涡流探伤:当通电线圈接近被测表面时,导电的试件表面层将产生涡状电流(简称涡流),涡流又会产生交变磁场,交变磁场又会在激励线圈中感应出电流。由于涡流与表面状态有关,感应电流的大小、方向及相位等就会反映出表面缺陷的信息;涡流探伤就是利用这种信息来检测表面缺陷的

第十节　人机作业环境

考点 1　光环境

项目	具体内容
光的度量	1. 光通量 光通量是最基本的光度量,它可定义为单位时间内通过的光量,是用国际照明组织规定的标准人眼视觉特性(光谱光效率函数)来评价的辐射通量,单位为流明(lm)。利用光电管可测量光通量。 2. 发光强度 发光强度简称光强,是指光源发出并包含在给定方向上单位立体角内的光通量,常用来描述点光源的发光特性。 3. 亮度 亮度指发光面在指定方向的发光强度与发光面在垂直于所取方向的平面上的投影面积之比,亮度的单位为坎德拉每平方米(cd/m^2)。 4. 照度 照度是被照面单位面积上所接受的光通量,单位为勒克司(lx)
照明对作业的影响	1. 照明与疲劳 合适的照明,能提高近视力和远视力。因为在亮光下,瞳孔缩小,视网膜上成像更为清晰,视物清楚。当照明不良时,因反复努力辨认,易使视觉疲劳,工作不能持久。视觉疲劳还会引起视力下降、眼球发胀、头痛以及其他疾病而影响健康,并会引起工作失误和造成工伤。 2. 照明与事故 事故的数量与工作环境的照明条件有密切的关系。事故产生的原因虽然是多方面的,但照度不足有时是重要的影响因素。例如某企业改善了照明条件后事故率减少了 16.5%

考点2　色彩环境

项目	具体内容
颜色的特性	1. 色调 色调是指颜色所具有的彼此相互区别的特性，即色彩的相貌，是物体颜色在质方面的特征。 2. 明度 明度指颜色的明暗程度，以此区别颜色的明暗与深浅，是物体颜色在量方面的特征。白色明度大，纯白色反射100%的光；黑色明度小，纯黑色反射0%的光。 3. 彩度 彩度也叫饱和度、纯洁度，是指颜色的鲜明程度。波长越单一，颜色也就越纯和、越鲜艳。光的颜色完全饱和很少见到，只有纯光谱的各种颜色彩度最大。黑、白、灰是由许多不同波长的光混合而成，彩度最小
色彩对人的影响	色彩可以引起人的情绪性反应，也影响人的行为。产生这种反应的原因，一是人的先天因素；二是人体过去经验的潜意识作用。 1. 色彩对生理的影响 色彩的生理作用主要表现在对视觉疲劳的影响。由于人眼对明度和彩度的分辨力差，在选择色彩对比时，常以色调对比为主。对引起眼睛疲劳而言，蓝、紫色最甚，红、橙色次之，黄绿、绿、绿蓝等色调不易引起视觉疲劳且认读速度快、准确度高。 色彩对人体其他机能和生理过程也有影响。例如，红色色调会使人的各种器官机能兴奋和不稳定，有促使血压升高及脉搏加快的作用；而蓝色色调则会抑制各种器官的兴奋使机能稳定，起降低血压及减缓脉搏的作用。 2. 色彩对心理的影响 人类在漫长的生活实践中获得和形成了大量有关色彩的感受和联想，并赋予不同的情感和象征。应根据一般人对色彩感知的感情效果去选择和运用色彩。色彩感情主要表现在以下方面： (1)色彩的冷暖感。色彩本身没有冷暖的性质，但由于人们从自然现象中得到的启迪和联想，便对色彩产生了“冷”与“暖”的感觉。如对红、橙、黄系列的颜色感觉温暖，称它们为暖色；对蓝、绿、紫系列的颜色感觉寒冷，称它们为冷色。 (2)色彩的轻重感。色彩的轻重感主要取决于颜色的明度，明度高的色(浅色)显得轻，而明度低的色(深色)则感觉重。色视觉传达设计中可利用色彩的轻重感来达到视觉平衡与稳定的需要，也可用来表现性格的需要，如轻飘、庄重等。 (3)色彩的尺度感。色彩在人的色视过程中，由于生理上的原因，明度高的色和暖色有扩散作用，使物像轮廓给人以胀大的感觉；而明度低的色和冷色有内聚作用，使物像轮廓给人以缩小的感觉。这种色彩轮廓胀缩的感觉是通过色彩的对比作用显示出来的。 (4)色彩的距离感。不同颜色在不同背景对比作用下，可使人对色彩的感觉产生距离上的变化，造成人对物体有进、退、凸、凹、远、近的不同感受。一般情况下高明度和暖色

续表

项目	具体内容
色彩对人的影响	系的颜色具有前进、凸出、接近的感觉，而低明度和冷色系颜色有后退、凹陷、远离的感觉。但这种关系并不绝对，视其背景的变化而变化。一般主体色与背景色明度对比大时有进的感觉，反之则有退的感觉；主体色与背景色色相相近时有退的感觉，反之则有进的感觉。 （5）色彩的软硬感。物体的质地是通过表面的色彩和表面的组织构造来表现的，因此，色彩与物体质地表现的软硬密切相关，有的色给人以柔软感，有的色给人以坚固感。色彩的软硬感取决于色彩的明度和纯度，明色感软，暗色感硬；中等纯度的色感软，高纯度或低纯度色感硬；黑与白是坚固色，灰色是柔软色。 （6）色彩的情绪感。色彩不仅会使人产生冷暖、轻重、距离、尺度等物理感受，而且能引起人的情绪的变化。不同的颜色对人体产生的影响不同，悦目的色彩对神经系统会产生良好的刺激，使人保持朝气蓬勃的精神状态；反之，杂乱而刺目的色彩会损伤人的健康和正常的心理情绪

考点3　微气候环境

项目	具体内容
构成微气候的要素及相互联系	（1）空气温度。空气温度是评价热环境的主要指标，它分为舒适温度和允许温度。 （2）空气湿度。空气的干湿程度即空气湿度。湿度有绝对湿度和相对湿度两种。 （3）气流速度。气流主要是在温度差形成的热压力作用下产生的。 （4）热辐射。热辐射包括太阳辐射和人体与其周围环境之间的辐射。 温度、湿度、风速和热辐射对人体的影响有时可以相互替代，某一条件的变化对人体的影响，可由另一条件的变化所补偿
人体对微气候环境的感受与评价	1. 人体的热交换与平衡 （1）人体单位时间辐射热交换量，取决于热辐射强度、面积、服装热阻值、反射率、平均环境温度和皮肤温度等。 （2）人体单位时间对流热交换量，取决于气流速度、皮肤表面积、对流传热系数、服装热阻值、气温及皮肤温度等。 （3）人体单位时间蒸发热交换量，取决于皮肤表面积、服装热阻值蒸发散热系数及相对湿度等。蒸发散热主要是指从皮肤表面出汗和由肺部排出水分的蒸发作用带走热量。 （4）人体单位时间传导热交换量取决于皮肤与物体温差和接触面积的大小及传导系数。不知不觉地散热可能对人体产生有害影响。因此需要用适当的材料构成人与物接触点（桌面、椅面、控制器、地板等）。 2. 人体对微气候环境的主观感觉 （1）舒适的温度。人主观感到舒适的温度与许多因素有关，从客观环境来看，湿度越

续表

项目	具体内容
人体对微气候环境的感受与评价	大,风速越小,则舒适温度偏低;反之则偏高。从主观条件看,体质、年龄、性别、服装、劳动强度、热习服等均对舒适温度有重要影响。 (2)舒适的湿度。舒适的湿度一般为40% ~60%。 (3)舒适的风速。空气的最佳速度为0.3 m/s;而在拥挤的房间里为0.4 m/s。室内温度和湿度很高时,空气流速最好是1~2 m/s。 3. 微气候环境的综合评价 微气候环境的综合评价,参见表1-3

表1-3 微气候环境的综合评价

评价指标	定义及特征	参数计算
有效温度(感觉温度)	经验性温度指标	干球温度、湿球温度、气流速度
不适指数	气候舒适程度指标	综合气温和湿度,干球温度、湿球温度
三球温度指数(WBGT)	允许接触高温的阈值指标	干球温度、湿球温度、黑球温度
卡他度	劳动条件舒适程度的指标	卡他温度计是一种测定气温、湿度和风速三者综合作用的仪器。

第十一节 安全人机工程基本知识

考点1 定义与研究内容

项目	具体内容
安全人机工程的定义	安全人机工程是运用人机工程学的理论和方法研究“人—机—环境”系统,并使三者在安全的基础上达到最佳匹配,以确保系统高效、经济地运行的一门综合性的科学
安全人机工程的主要研究内容	安全人机工程主要研究内容包括如下4个方面: (1)分析机械设备及设施在生产过程中存在的不安全因素,并有针对性地进行可靠性设计、维修性设计、安全装置设计、安全启动和安全操作设计及安全维修设计等。 (2)研究人的生理和心理特性,分析研究人和机器各自的功能特点,进行合理的功能分配,以建构不同类型的最佳人机系统。 (3)研究人与机器相互接触、相互联系的人机界面中信息传递的安全问题。 (4)分析人机系统的可靠性,建立人机系统可靠性设计原则,据此设计出经济、合理以及可靠性高的人机系统

续表

项目	具体内容
人机系统的类型	人机系统按系统的自动化程度可分为人工操作系统、半自动化系统和自动化系统三种。 1. 在人工操作系统、半自动化系统中 (1)人机共体,或机为主体,系统的动力源由机器提供。 (2)人在系统中主要充当生产过程的操作者与控制者。 (3)系统的安全性主要取决于人机功能分配的合理性、机器的本质安全性及人为失误状况。 2. 在自动化系统中 (1)以机为主体,机器的正常运转完全依赖于闭环系统的机器自身的控制。 (2)人只是一个监视者和管理者,监视自动化机器的工作。 (3)系统的安全性主要取决于机器的本质安全性、机器的冗余系统失灵以及人处于低负荷时应急反应变差等情形

考点2　人机功能分配

项目		具体内容
人机功能分配	人机信息及能量交换系统	人机系统的任何活动实质上是信息及能量的传递和交换。人机之间在进行信息及能量的传递和交换中,首先是人的感觉器官(眼、耳等)从显示装置上感受到机器及环境作用于人的信息,经大脑中枢神经的综合、分析、判断做出决策,然后命令运动器官(手或脚)向机器的控制器发出控制信息,即操纵机器相应的执行机构(手柄或按钮等)完成各种相应的运动机能(移动或转动),且将控制的效果反映在显示器上,构成一个信息及能量传递的闭环系统
	人在人机系统中的主要功能	人在人机系统中主要有3种功能: (1)传感功能。通过人体感觉器官的看、听、摸等感知外界环境的刺激信息,将这些刺激信息作为输入传递给人的中枢神经。 (2)信息处理功能。大脑对感知的信息进行检索、加工、判断、评价,然后做出决策。 (3)操纵功能。将信息处理的结果作为指令,指挥人的行动,即人对外界的刺激作出反应,如操纵控制器、使用工具、处理材料等
	人机特性比较	人体本身就是一部复杂的、特殊的机器。人与机器的特性包括许多内容,但就从人机系统中信息及能量的接受、传递、转换过程来讲,我们可以归纳为以下4个方面来比较,即信息感受、信息处理和决策、操作反应、工作能力等

续表

<table>
<tr><th>项目</th><th colspan="2">具体内容</th></tr>
<tr><td rowspan="2">人机功能分配</td><td>人机特性比较</td><td>(1)人优于机器的能力主要有信号检测、图像识别、灵活性、随机应变、归纳、推理、判断、创造性等。
(2)机器优于人的能力主要有反应和操作速度快、精确性高、输出功率大、耐久力强、重复性好、短期记忆、能同时完成多种操作、进行演绎推理以及能在恶劣环境下工作等</td></tr>
<tr><td>人机功能分配原则</td><td>(1)适合机器的工作:笨重的、快速的、持久的、可靠性高的、精度高的、规律性的、单调的、高价运算的、操作复杂的、环境条件差的工作。
(2)适合人的工作:研究、创造、决策、指令和程序的编排、检查、维修、故障处理及应付不测等工作</td></tr>
</table>

考点3　人机系统可靠性设计基本原则

<table>
<tr><th>项目</th><th>具体内容</th></tr>
<tr><td>人机系统可靠性设计基本原则</td><td>1. 系统的整体可靠性原则
从人机系统的整体可靠性出发,合理确定人与机器的功能分配,从而设计出经济可靠的人机系统。一般情况下,机器的可靠性高于人的可靠性,实现生产的机械化和自动化就可将人从机器的危险点和危险环境中解脱出来,从根本上提高了人机系统可靠性。
2. 高可靠性组成单元要素原则
系统要采用经过检验的、高可靠性单元要素来进行设计。
3. 具有安全系数的设计原则
由于负荷条件和环境因素随时间而变化,并且随时间的增加,可靠性在降低。因此,设计的可靠性和有关参数应具有一定的安全系数。
4. 高可靠性方式原则
为提高可靠性,宜采用冗余设计、故障安全装置、自动保险装置等高可靠度结构组合方式。
(1)系统“自动保险”装置。自动保险,就是即使是外行不懂业务的人或不熟练的人进行操作,也能保证安全,不受伤害或不出故障。
(2)系统“故障安全”结构。故障安全,就是即使个别零部件发生故障或失效,系统性能不变,仍能可靠工作。
5. 标准化原则
为减少故障环节,应尽可能简化结构,尽可能采用标准化结构和方式。
6. 高维修度原则
为便于检修故障,且在发生故障时易于快速修复,同时为考虑经济性和备用方便,应采用零件标准化、部件通用化、设备系列化的产品</td></tr>
</table>

续表

项目	具体内容
人机系统可靠性设计基本原则	7. 事先进行试验和进行评价的原则 对于缺乏实践考验和实用经验的材料和方法，必须事先进行试验和科学评价，然后再根据其可靠性和安全性而选用。 8. 预测和预防的原则 要事先对系统及其组成要素的可靠性和安全性进行预测。对已发现的问题加以必要的改善，对易于发生故障或事故的薄弱环节和部位也要事先制定预防措施和应变措施。 9. 人机工程学原则 从正确处理人—机—环境的合理关系出发，采用人类易于使用并且差错较少的方式。 10. 技术经济性原则 不仅要考虑可靠性和安全性，还必须考虑系统的质量因素和输出功能指标。其中还包括技术功能和经济成本。 11. 审查原则 既要进行可靠性设计，又要对设计进行可靠性审查和其他专业审查，也就是要重申和贯彻各专业各行业提出的评价指标。 12. 整理准备资料和交流信息原则 为便于设计工作者进行分析、设计和评价，应充分收集和整理设计者所需要的数据和各种资料，以有效地利用已有的实际经验。 13. 信息反馈原则 应对实际使用的经验进行分析之后，将分析结果反馈给有关部门。 14. 设立相应的组织机构 为实现高可靠性和高安全性的目的，应建立相应的组织机构，以便有力推进综合管理和技术开发

跟踪训练

一、单项选择题

1. 齿轮、齿条、皮带、联轴器、蜗轮、蜗杆等都是常用的机械传动机构。机械传动机构在运行中处于相对运动的状态，会带来机械伤害的危险。下列机械传动机构的部位中，属于危险部位的是（　　）。

A. 齿轮、齿条传动的齿轮与齿条分离处　　B. 带传动的两带轮的中间部位

C. 旋转部件和固定部件的咬合处　　D. 蜗杆的端部

2. 锻造是金属压力加工方法之一，在其加工过程中，机械设备、工具或者工件的非正常选择和使用、人的违章作业等问题都可能导致机械伤害。下列伤害类型中，不属于机械伤害的是（　　）。

A. 锤头击伤　　B. 高空坠落　　C. 操作杆打伤　　D. 冲头打崩伤人

3. 冲压作业有多种安全技术措施。其中,机械防护装置结构简单、制造方便,但存在某些不足,如对作业影响较大,应用有一定局限性等。下列装置中,不属于机械防护类型的是(　　)。

A. 推手式保护装置　　B. 摆杆护手装置

C. 双手按钮式保护装置　　D. 拉手安全装置

4. 机械本质安全是指机械的设计者,在设计阶段采取措施消除隐患的一种实现机械安全的方法。下列关于机械本质安全的说法中,正确的是(　　)。

A. 通过培训提高人们辨识危险的能力

B. 使运动部件处于封闭状态

C. 采取必要的行动增强避免伤害的自觉性

D. 对机器使用警示标志

5. 剪板机用于各种板材的裁减。下列关于剪板机操作与防护的要求中,正确的是(　　)。

A. 不同材质的板料不得叠料剪切,相同材质不同厚度的板料可以叠料剪切

B. 剪板机的皮带、齿轮必须有防护罩,飞轮则不应装防护罩

C. 操作者的手指离剪刀口至少保持 100 mm 的距离

D. 根据被剪板料的厚度调整剪刀口的间隙

6. 安全防护罩是预防机械伤害有常用装置,现场应用十分普遍。设计安全防护罩必须全面考虑各项技术要求。下列技术要求中,错误的是(　　)。

A. 只有防护罩闭合后,传动部件才会运转

B. 对于固定安装的防护罩,操作人员身体的任何部位不能触及运动部件

C. 防护罩与运动部件之间有足够的间隙

D. 为了便于调整,应安装开启防护罩的按键式机构

7. 机械设备防护罩应尽量采用封闭结构,当现场需要采用安全防护网时,应满足网眼开口尺寸和安全距离的需要。某车间机械设备安全防护网采用椭圆形孔,椭圆孔长轴尺寸为 20 mm,短轴尺寸为 13 mm,与机械传动装置的安全距离为 30 mm。该防护网能有效防护人体的部位是(　　)。

A. 手掌(不含第一掌指关节)、手指尖　　B. 上肢、手掌(不含第一掌指关节)

C. 手掌(不含第一掌指关节)、手指　　D. 手指、手指尖

8. 机械设计本质安全是在设计阶段采取措施来消除隐患的设计方法。下列关于机械安全设计的方法中,不属于机械本质安全设计范畴的是(　　)。

A. 设计安全的控制系统　　B. 设计合理的人行通道

C. 设计符合人机工程学的原则　　D. 设计安全的传动系统

9. 木工机械刀轴转速高、噪声大,容易发生事故,下列危险有害因素中,属于木工机械加工过程危险有害因素的是(　　)。

A. 高处坠落　　B. 热辐射

C. 粉尘　　D. 电离辐射

10. 在木材加工的诸多危险因素中，木料反弹的危险性大，发生概率高，下列木材加工安全防护的措施中，不适于防止木料反弹的是(　　)。

A. 采用安全送料装置　　B. 装设锯盘制动控制器

C. 设置防反弹安全屏护装置　　D. 设置分离刀

11. 某公司购置了一台 24 m 长的大型龙门铣床，安装时，该设备后面、侧面离墙柱之间的安全距离至少是(　　)m。

A. 0.6　　B. 1.0　　C. 1.2　　D. 1.5

12. 链轮、齿轮、皮带、连轴结、涡轮、蜗杆等都是常用的机械传动机构。各种机械传动机构的特点不同。其中，皮带传动的特点是(　　)。

A. 过载保护能力强　　B. 传动精度高

C. 维护不方便　　D. 静电危险小

13. 联轴节是用来把两轴连接在一起的常用机械传动部件，下列关于联轴节的安全要求中，错误的是(　　)。

A. 联轴节应安装 Ω 型防护罩

B. 安全型联轴节上不应有突出的螺钉

C. 联轴节应能保证只有机器停车并将其拆开后两轴才能分离

D. 任何情况下，联轴节都不允许出现径向位移

14. 某机械加工车间在使用普通车床加工细长杆金属材料时，发生长料甩击伤人事故，车间决定进行整改。下列措施中，对杜绝此类事故最有针对性的是(　　)。

A. 安装防护网　　B. 安装防弯装置

C. 穿戴防护用品　　D. 加强监督检查

15. 金属切削机床是用切削方法把毛坯加工成需要零件的设备。加工过程中，各运动部件、各种飞出物等都会带来危险。下列关于防止金属切削机床常见事故的做法中，错误的是(　　)。

A. 加工细长件时尾部安装托架　　B. 将被加工件装卡牢固

C. 应用电压 24 V 的床头照明灯　　D. 戴线手套操作车床

16. 机械设备中运动机械的故障往往是易损件的故障。因此，在设计制造中应保证易损件的质量，在运行过程中应该对零部件进行检测。下列机床的零部件中，需要重点检测的是(　　)。

A. 轴承、齿轮、叶轮、床身　　B. 床身、传动轴、轴承、齿轮

C. 传动轴、轴承、齿轮、叶轮　　D. 刀具、轴承、齿轮、叶轮

17. 机床运转过程中，转速、温度、声音等应保持正常。异常声音，特别是撞击声的出现往往表明机床已经处于比较严重的不安全状态。下列情况中，能发出撞击声的是(　　)。

A. 零部件松动脱落　　B. 润滑油变质

C. 零部件磨损　　D. 负载太大

18. 木工平刨刀具主轴转速高，手工送料、木料质地不均匀等给木工平刨操作带来安全

风险,为预防事故应采取全面的安全措施。下列关于木工平刨的安全技术措施中,错误的是( )。

A. 采用安全送料装置替代徒手送料　　B. 必要位置装设防护套或防护罩、防护挡板

C. 刨刀刃口伸出量不超过刀轴外缘 3 mm　　D. 刀具主轴为圆截面轴

19. 锻造是一种利用锻压机械对金属坯料施加压力,使其产生塑性变形以获得具有一定机械性能、一定形状和尺寸的锻件的加工方法。锻造生产中存在多种危险有害因素。下列关于锻造生产危险有害因素的说法中,错误的是( )。

A. 噪声、振动、热辐射带来职业危害,但无中毒危险

B. 红热的锻件遇可燃物可能引燃成灾

C. 红热的锻件及飞溅的氧化皮可造成人员烫伤

D. 锻锤撞击、锻件或工具被打飞、模具或冲头打崩可导致人员受伤

20. 铸造是一种金属热加工工艺,是将熔融的金属注入、压入或吸入铸模的空腔中使之成型的加工方法。铸造作业过程中存在着多种危险有害因素,下列各组危险有害因素中,全部存在于铸造作业中的是( )。

A. 火灾爆炸、灼烫、机械伤害、尘毒危害、噪声振动、高温和热辐射

B. 火灾爆炸、灼烫、机械伤害、尘毒危害、噪声振动、电离辐射

C. 火灾爆炸、灼烫、机械伤害、苯中毒、噪声振动、高温和热辐射

D. 粉尘爆炸、灼烫、机械伤害、尘毒危害、噪声振动、电离辐射

21. 因视觉环境的特点,使作业人员的瞳孔短时间缩小,从而降低视网膜上的照度,导致视觉模糊,视物不清楚。这种现象称为( )。

A. 视错觉　　B. 眩光效应　　C. 明适应　　D. 暗适应

22. 我国国家标准综合考虑到作业时间和单项动作能量消耗,应用体力劳动强度指数将体力劳动强度分为Ⅰ、Ⅱ、Ⅲ、Ⅳ四级。重体力劳动的体力劳动强度指数为 $20 < I \leq 25$,级别是( )级。

A. Ⅰ　　B. Ⅱ　　C. Ⅲ　　D. Ⅳ

23. 某职工在皮包加工厂负责给皮包上拉链,工作时间从 8:00 到 16:00,工作一段时间后,该职工认为作业单一、乏味,没有兴趣,经常将拉链上错,根据安全人机工程原理,造成该职工经常将拉链上错的主要原因是( )。

A. 肌肉疲劳　　B. 体力疲劳

C. 心理疲劳　　D. 行为疲劳

24. 通过对机械设备的危害因素进行全面分析,采用智能设计手段,使机器在整个寿命周期内发挥预定功能,保证误操作时机器和人身均安全。上述概念较完整地反映了现代机械安全原理关于机械安全特性中的( )。

A. 系统性　　B. 防护性　　C. 友善性　　D. 整体性

25. 随着我国城市建设的快速发展,为保证新建或在役供水和供气管道的安全运行,降低或消除安全事故发生的可能性,应检查检测供水和供气管道内部结构的裂纹、腐蚀等情

况。常用的检测技术是(　　)。

A. 超声探伤　　B. 渗透探伤　　C. 涡流探伤　　D. 磁粉探伤

26. 工作场所作业面的照度会受到人工照明、自然采光条件以及设备的布置、光线反射条件等多方面因素的影响，此外还与工作人员的体位有关，对于站立工作的场合，测定照度时，测点的位置应选取在其地面上方(　　)cm 处。

A. 40　　B. 60　　C. 85　　D.150

27. 微气候环境对人体的影响与多种因素有关，综合评价微气候环境的指标除卡他度外，还有(　　)。

A. 有效适度、舒适指数、干球温度指数　　B. 有效适度、不适指数、黑球温度指数

C. 有效温度、不适指数、三球温度指数　　D. 有效温度、不适指数、湿球温度指数

28. 高温作业对劳动者职业健康产生许多不利影响，应加强预防措施。判断作业场所是否属于高温作业的主要指标是(　　)。

A. 温度　　B. 相对湿度　　C. 绝对湿度　　D. WBGT 指数

29. 人机系统可分为人工操作系统、半自动化系统和自动化系统三种。在人工操作系统、半自动化系统中，人始终起着核心和主导作用，机器起着安全保证作用。下列关于全自动化控制的人机系统的说法中，正确的是(　　)。

A. 系统的安全性只取决于人处于低负荷时应急反应变差

B. 系统的安全性只取决于机器的冗余系统是否失灵

C. 机器的正常运转主要依赖于该闭环系统机器自身的控制

D. 人只是一个监视者和管理者

30. 人机系统的任何活动实质上是信息及能量的传递和交换，人机之间在进行信息及能量传递和交换中，人在人机系统中的主要功能是(　　)。

A. 传感功能、记忆功能、操纵功能　　B. 传感功能、记忆功能、检测功能

C. 传感功能、信息处理功能、检测功能　　D. 传感功能、信息处理功能、操纵功能

31. 联轴器防护最根本的办法就是加防护罩，最常见的是(　　)防护罩。

A. U 型　　B. V 型　　C. M 型　　D. Ω 型

32. 某机械厂一次桥式起重机检修中，一名检修工不慎触及带电的起重机滑触线，强烈电击，坠落地面，经抢救无效身亡。从主要危险和有害因素的角度分析，这起死亡事故属于(　　)类型的事故。

A. 车辆伤害　　B. 触电　　C. 高处坠落　　D. 其他伤害

二、多项选择题

1. 机械伤害的危险性与机器的类型、用途和操作人员的技能、工作态度密切相关。预防机械伤害包括两方面对策：一是实现机械本质安全；二是保护操作者及有关人员安全。下列措施中，属于保护操作者及有关人员安全的措施有(　　)。

A. 通过对机器的重新设计，使危险部位更加醒目

B. 通过培训，提高避免伤害的能力

C. 采用多人轮班作业的劳动方式

D. 采取必要的行动增强避免伤害的自觉性

E. 通过培训,提高人们辨别危险的能力

2. 在无法通过设计达到本质安全时,为了消除危险,应补充设计安全装置。设计安全装置时必须考虑的因素有(　　)。

A. 有足够的强度、刚度和耐久性　　B. 不能影响机器运行的可靠性

C. 不应影响对机器危险部位的可视性　　D. 一律用绝缘材料制作

E. 一律用金属材料制作

3. 施工升降机是提升建筑材料和升降人员的重要设施,如果安全防护装置缺失或失效,容易导致坠落事故。下列关于施工升降机联锁安全装置的说法中,正确的有(　　)。

A. 只有当安全装置关合时,机器才能运转

B. 联锁安全装置出现故障时,应保证人员处于安全状态

C. 只有当机器的危险部件停止运行时,安全装置才能开启

D. 联锁安全装置不能与机器同时开启但能同时闭合

E. 联锁安全装置可采用机械、电气、液压、气动或组合的形式

4. 机械制造场所的通道包括厂区干道和车间安全通道。通道的规划、设置与厂内车辆安全行驶、人员安全通行、物料安全运送、灭火救灾等有密切关系。下列关于机械制造场所通道的说法中,正确的有(　　)。

A. 车辆双向行驶的干道的宽度不小于5 m

B. 厂区干道的危险地段应设有限速、限高等类型的警示标志

C. 电瓶车通道宽度应大于1.5 m

D. 通道边沿标记应醒目,拐弯处应画成直角边沿线

E. 人行通道的宽度应大于0.5 m

5. 冲压(剪)作业是靠压力机械和模具对管材、带材等施加外力,使之变形或分离获得所需冲压件的加工方法。冲压(剪)事故可能发生在冲压(剪)机械的各个部位。冲压(剪)作业的主要危险因素有(　　)。

A. 操作者使用弹性夹钳送进工件　　B. 关键零件磨损、变形导致机器动作失控

C. 控制开关失灵导致机器错误动作　　D. 模具缺陷导致意外状态

E. 刚性离合器一旦接合运行,将完成冲压(剪)的一个循环

6. 冲压(剪)作业应有完善的安全措施。下列安全措施中,属于冲压(剪)作业的有(　　)。

A. 使用弹性夹钳等专用工具代替手工操作　　B. 通过改进模具以减少危险面积

C. 安装黄颜色闪烁信号灯　　D. 安装拉手式安全装置

E. 就近安装录像监控装置

7. 在木材加工过程中,刀轴转速高、自动化水平低,存在较多危险因素。下列关于安全技术措施的说法中,正确的有(　　)。

A. 木工机械的刀轴与电器应有安全联控装置

B. 圆锯机上应安设分离刀和活动防护罩

C. 刨床采用开有小孔的定位垫片降低噪声

D. 手压平刨刀轴必须使用方刀轴

E. 带锯机应装设锯盘制动控制器

8. 金属铸造是将熔融的金属注入、压入或吸入铸模的空腔中使之成型的加工方法。铸造作业中存在着火灾及爆炸、灼烫、高温和热辐射等多种危险有害因素。因此,铸造作业应有完善的安全技术措施。下列关于浇注作业的安全措施中,正确的有(　　)。

A. 浇注前检查浇包、升降机构、自锁机构、抬架是否完好

B. 所有与铁水接触的工具使用前烘干

C. 浇包盛铁水不得超过容积的90%

D. 操作工穿戴好防护用品

E. 现场有人统一指挥

9. 锻造是一种利用锻压机械对金属坯料施加压力,使其产生塑性变形以获得具有一定机械性能,一定形状和尺寸的加工方法。锻造的主要设备有锻锤、压力机、加热炉等。下列危险有害因素中,属于锻造作业过程中产生的有(　　)。

A. 电磁辐射

B. 低频噪声和振动

C. 空气中存在的烟尘

D. 工作的热辐射

E. 苯浓度超标

10. 锻造机械结构应保证设备运行中的安全,而且还应保证安装、拆卸和检修等工作的安全。下列关于锻造安全措施的说法中,正确的有(　　)。

A. 安全阀的重锤必须封在带锁的锤盒内

B. 锻压机械的机架和突出部分不得有棱角和毛刺

C. 启动装置的结构应能防止锻压机械意外地开动或自动开动

D. 锻压机械的启动装置必须能保证对设备进行迅速开关

E. 防护罩应用铰链安装在锻压设备的转动部件上

11. 维修性是衡量产品在发生故障或失效时,实施维修难易程度和经济性的固有质量特性,提高产品的维修性可改善其系统效能,减少产品寿命周期费用。为了使机械产品具有良好的维修性,需要进行有效的维修性设计,维修性设计中应考虑的主要问题有(　　)。

A. 可达性

B. 可靠性

C. 维修人员的安全

D. 维修人员的操作技能

E. 零组部件的标准化和互换性

12. 人与机器的功能和特性在很多方面有着显著的不同,为充分发挥各自的优点,需要进行人机功能的合理分配。下列工作中,适合机器完成的有(　　)。

A. 快速、可靠性高、精度高的工作

B. 单调、操作复杂、简单决策的工作

C. 持久、笨重的工作

D. 环境条件差、规律性、输出功率大的工作

E. 灵活性差、高干扰、信号检测的工作

13. 在金属切削机床的安全技术措施中,机床运转异常状态包括(　　)。

A. 温升异常
B. 出现撞击声
C. 机床内部缺陷
D. 有噪声
E. 转速均匀

参考答案及解析

一、单项选择题

1. C 【解析】危险部位包括:对向旋转部件的咬合处、旋转部件和成切线运动部件间的咬合处、旋转部件和固定部件的咬合处、旋转的轴、旋转的凸块和孔处。

2. B 【解析】机械伤害指机械设备运动或静止部件、工具、加工件直接与人体接触引起的挤压、碰撞、冲击、剪切、卷入、绞绕、甩出、切割、切断、刺扎等伤害;选项 B,高空坠落不属于机械伤害。

3. C 【解析】机械防护装置主要有 3 种"推、拉、摆"。

4. B 【解析】实现机械本质安全:消除产生危险的原因,如采用新技术、新工艺、新材料和新能源消除危险因素,无毒无害物质代替有毒有害的物质。消除不合规范的使用方式,减少或消除接触机器的危险部件的次数,如采用机械化、自动化减少人与危险部位的接触。使人们难以接近机器的危险部位(或提供安全装置,使得接近这些部位不会导致伤害),如安全间距、隔离栏栅、防护罩、联锁装置等使人们难以接近机器的危险部位。提供保护装置或者个人防护装备,如绝缘工具、安全帽、防护服等。

5. D 【解析】选项 A,在任何情况下均不可叠料剪切;选项 B,飞轮必须安装防护罩;选项 C,手指离道口至少 200 mm 的距离。

6. D 【解析】选项 D,应为"防护罩应牢固地固定在设备或基础上,拆卸调节时必须使用工具"。

7. B 【解析】椭圆形孔按照短轴尺寸 13 mm,对应"手指 <12.5 mm"的要求,手指可以通过;对应"手掌(不含第一掌指关节) <20 mm"的要求,手掌、上肢、足尖可以防护。

8. B 【解析】选项 B,应当为设计合理的"安全距离",而不是"人行通道"。

9. C 【解析】木料加工产生大量的粉尘,小颗粒木尘沉积在鼻腔或肺部,可导致鼻粘膜功能下降,甚至导致木肺尘埃沉着病(俗称尘肺)。

10. B 【解析】针对木材加工作业中的木料反弹危险,应采用安全送料装置或设置分离刀、防反弹安全屏护装置,以保障人身安全。

11. B 【解析】大型机床后面、侧面离墙柱之间的最小安全距离为 1.0 m;大型机床操作面离墙柱之间的最小安全距离为 1.8 m。

12. A 【解析】过载时皮带打滑,可提供过载保护。

13. D 【解析】联轴器上裸露的突出部分有可能钩住工人衣服等,给工人造成伤害。根本的办法就是加防护罩,最常见的是 Ω 型防护罩。轴上的键及固定螺钉必须加以防护,为了保证安全,螺钉一般应采用沉头螺钉,使之不突出轴面,而增设防护装置则更加安全。联轴节是用来把两轴连接在一起,机器运转时两轴不能分离,只有机器停车并将连接拆开后,两轴才能分离。挠性联轴节中的无弹性元件挠性联轴节,不仅能传递运动和转矩,而且具有不同程度的轴向、径向、角向补偿性能。

14. B 【解析】加工细长杆轴料,尾部无防弯装置或托架,导致长料甩击伤人。

15. D 【解析】机床常见事故:设备接地不良、漏电,照明没采用安全电压,发生触电事故;旋转部位楔子、销子突出,没加防护罩,易绞缠人体;清除铁屑无专用工具,操作者未戴护目镜,发生刺割事故及崩伤眼球;加工细长杆轴料时,尾部无防弯装置或托架,导致长料甩击伤人;零部件装卡不牢,可飞出击伤人体;防护保险装置、防护栏、保护盖不全或维修不及时,造成绞伤、碾伤;砂轮有裂纹或装卡不合规定,发生砂轮碎片伤人事故;操作旋转机床戴手套,易发生绞手事故。

16. C 【解析】零部件故障检测的重点(易损件):传动轴、轴承、齿轮、叶轮。其中,滚动轴承和齿轮的损坏更为普遍。

17. A 【解析】出现撞击声:零件松动脱落,进入异物,转子不平衡等。

18. C 【解析】刨刀刃口伸出量不超过刀轴外缘 1.1 mm。

19. A 【解析】选项 B,属于火灾爆炸;选项 C,属于灼烫事故;选项 D,属于机械伤害事故。

20. A 【解析】危险有害因素中不存在电离辐射、苯中毒等。

21. B 【解析】眩光造成的有害影响主要有:破坏暗适应,产生视觉后像;降低视网膜上的照度;减弱观察物体与背景的对比度;观察物体时产生模糊感觉等。

22. C 【解析】Ⅲ级:$20 < I \leq 25$。

23. C 【解析】造成心理疲劳的诱因主要有劳动效果不佳、劳动内容单调、劳动环境缺少安全感、技能不熟练、精神状态欠佳等。

24. B 【解析】防护性:通过对机械危险的智能化设计,应使机器在整个寿命周期内发挥预定功能,包括误操作时,其机器和人身均是安全的,使人对劳动环境、劳动内容和主动地位的提高得到不断改善。

25. A 【解析】利用超声波可以对所有固体材料进行探伤和检测。它常用来检查内部结构的裂纹、搭接、夹杂物、焊接不良的焊缝、锻造裂纹、腐蚀坑以及加工不适当的塑料压层等。还可用于检查管道中流体的流量、流速以及泄漏等。

26. C 【解析】测定工作场所的照度,测定位置一般站立工作的场所取地面上方 85 cm,坐位工作时取 40 cm 处。

27. C 【解析】微气候环境的综合评价包括:有效温度(感觉温度)、不适指数、三球温度指数(WBGT)、卡他度。

28. D 【解析】三球温度指数(WBGT)。它是指用干球、湿球和黑球三种温度综合评价允许接触高温的阈值指标。

29. D 【解析】在全自动化控制的人机系统中:(1)以机为主体,机器的正常运转完全依赖于闭环系统的机器自身的控制。(2)人只是一个监视者和管理者,监视自动化机器的工作。(3)系统的安全性主要取决于机器的本质安全性、机器的冗余系统失灵以及人处于低负荷时应急反应变差。

30. D 【解析】人在人机系统中的主要功能是传感功能、信息处理功能、操纵功能。

31. D 【解析】联轴器的安全要求是没有突出的部分,采用安全联轴器。加防护罩,最常见的是Ω型防护罩。

32. B 【解析】触电的表现形式包括各种设备、设施的触电,电工作业时触电,雷击等。高处坠落不包括触电坠落事故。

二、多项选择题

1. ABDE 【解析】选项C,属于管理措施,既不属于机械本质安全也不属于保护人员安全。

2. ABC 【解析】选项ABC,属于设计安全装置的要素,而安全装置的材料制作是依据现场情况的不同制定不同的方案,因此采用"一律"的描述是片面的。

3. ABCE 【解析】选项D,描述应为"联锁安全装置不能与机器同时开启,且只有安全装置关合时,机器才能运转"。

4. AB 【解析】选项C,电瓶车的通道宽度应大于1.8 m;选项D,拐弯处不能形成直角;选项E,人行通道的宽度应大于1 m。

5. BCDE 【解析】选项A,使用弹性夹钳送料属于冲压作业安全技术措施。

6. ABD 【解析】选项A,属于使用安全工具;选项B,属于作业区防护措施;选项D,属于设备的安全装置;选项CE,不属于冲压设备的安全措施。

7. ABCE 【解析】选项D,手压平刨刀轴必须使用圆柱形刀轴,严禁使用方刀轴。

8. ADE 【解析】选项B,所有与铁水接触的工具使用前需预热;选项C,浇包盛铁水不得超过容积的80%。

9. BCD 【解析】锻造作业不存在电磁辐射和苯浓度超标中毒危险有害因素。

10. ABCD 【解析】选项E,防护罩需用铰链安装在锻压设备的不动部件上。

11. ACE 【解析】维修性设计中应考虑的主要问题大致包括:可达性、零组部件的标准化和互换性、维修人员的安全。

12. ACD 【解析】适合机器的工作:笨重的、快速的、持久的、可靠性高的、精度高的、规律性的、单调的、高价运算的、操作复杂的、环境条件差的工作。

13. ABC 【解析】机床运转异常状态:温升异常;转速异常;振动和噪声过大;出现撞击声;输入输出参数异常;机床内部缺陷。

第二章 电气安全技术

知识框架

- 电气安全技术
  - 电气危险因素及事故种类
    - 触电
    - 电气火灾和爆炸
    - 雷电危害
    - 静电危害
    - 射频电磁场危害
    - 电气装置故障危害
  - 触电防护技术
    - 直接接触电击防护措施
    - 间接接触电击防护措施
    - 兼防直接接触和间接接触电击的措施
  - 电气防火防爆技术
    - 危险物质及危险环境
    - 防爆电气设备和防爆电气线路
  - 雷击和静电防护技术
    - 防雷措施
    - 静电防护
  - 电气装置安全技术
    - 变配电站安全
    - 主要变配电设备安全
    - 配电柜(箱)
    - 用电设备和低压电器

考点精讲

第一节　电气危险因素及事故种类

考点1　触电

<table>
<tr><th>项目</th><th colspan="2">具体内容</th></tr>
<tr><td rowspan="2">触电</td><td colspan="2">触电分为电击和电伤两种伤害形式</td></tr>
<tr><td>电击</td><td>电击是电流通过人体，刺激机体组织，使肌体产生针刺感、压迫感、打击感、痉挛、疼痛、血压异常、昏迷、心律不齐、心室颤动等造成伤害的形式。严重时会破坏人的心脏、肺部、神经系统的正常工作，形成危及生命的伤害。
1. 电击伤害机理
人体在正常能量之外的电能作用下，系统功能很容易遭受破坏。当电流作用于心脏或管理心脏和呼吸机能的脑神经中枢时，能破坏心脏等重要器官的正常工作。
2. 电流效应的影响因素(以下不加说明电流均指工频)
(1)电流值。
①感知电流。感知电流指引起感觉的最小电流。感觉为轻微针刺，发麻等。就平均值(概率50%)而言，男性约为1.1 mA；女性约为0.7 mA。
②摆脱电流。摆脱电流指能自主摆脱带电体的最大电流。超过摆脱电流时，由于受刺激肌肉收缩或中枢神经失去对手的正常指挥作用，导致无法自主摆脱带电体。就平均值(概率50%)而言，男性约为16 mA；女性约为10.5 mA；就最小值(可摆脱概率99.5%)而言，男性约为9 mA；女性约为6 mA。
③室颤电流。室颤电流指引起心室发生心室纤维性颤动的最小电流。室颤电流与电流持续时间关系密切。当电流持续时间超过心脏周期时，室颤电流仅为50 mA左右；当持续时间短于心脏周期时，室颤电流为500mA左右。当电流持续时间小于0.1 s时，只有电击发生在心室易损期，500 mA以上乃至数安的电流才能够引起心室颤动。前述电流均指流过人体的电流，而当电流直接流过心脏时，数十微安的电流即可导致心室颤动发生。
(2)电流持续时间。通过人体的电流持续时间愈长愈容易引起心室颤动，危险性就愈大。
(3)电流途径。流经心脏的电流多、电流路线短的途径是危险性最大的途径。最危险的途径是：左手到前胸。判断危险性，既要看电流值，又要看途径。
(4)电流种类。直流电流、高频交流电流、冲击电流以及特殊波形电流也</td></tr>
</table>

续表

项目	具体内容	
触电	电击	都对人体具有伤害作用，其伤害程度一般较工频电流为轻。 （5）个体特征。因人而异，健康情况、性别、年龄等。 3. 人体阻抗 人体阻抗是定量分析人体电流的重要参数之一，是处理许多电气安全问题所必须考虑的基本因素。 （1）组成和特征。人体皮肤、血液、肌肉、细胞组织及其结合部等构成了含有电阻和电容的阻抗。其中，皮肤电阻在人体阻抗中占有较大的比例。 （2）数值及变动范围。在除去角质层，干燥的情况下，人体电阻约为 1 000 ~ 3 000 Ω；潮湿的情况下，人体电阻约为 500 ~ 800 Ω。 （3）影响因素。接触电压的增大、电流强度及作用时间的增大、频率的增加等因素都会导致人体阻抗下降。皮肤表面潮湿、有导电污物、伤痕、破损等也会导致人体阻抗降低。接触压力、接触面积的增大均会降低人体阻抗。 4. 电击类型 （1）根据电击时所触及的带电体是否为正常带电状态，电击分为直接接触电击和间接接触电击 2 类。 ①直接接触电击。直接接触电击指在电气设备或线路正常运行条件下，人体直接接触及了设备或线路的带电部分所形成的电击。 ②间接接触电击。间接接触电击指在设备或线路故障状态下，原本正常情况下不带电的设备外露可导电部分或设备以外的可导电部分变成了带电状态，人体与上述故障状态下带电的可导电部分触及而形成的电击。 （2）按照人体触及带电体的方式，电击可分为单线电击、两线电击和跨步电压电击 3 种。 ①单线电击。单线电击指人体接触到地面或其他接地导体，同时，人体另一部位触及带电导体所引起的电击。根据国内外的统计资料，单线电击事故占全部触电事故的 70% 以上。因此，防止触电事故的技术措施应将单线电击作为重点。 ②两线电击。两线电击指人体的两个部位同时触及不同电位的两个导体所引起的电击。此情况下，人体所承受的电压为线路电压，因其电压相对较高，其危险性也较大。 ③跨步电压电击。跨步电压电击指站立或行走的人体，受到出现于人体两脚之间的电压即跨步电压作用所引起的电击
	电伤	电伤是电流的热效应、化学效应、机械效应等对人体所造成的伤害。伤害多见于机体的外部，往往在机体表面留下伤痕。能够形成电伤的电流通常比较大。电伤的危险程度决定于受伤面积、受伤深度、受伤部位等。 电伤包括电烧伤、电烙印、皮肤金属化、机械损伤、电光性眼炎等多种伤害

续表

项目	具体内容	
触电	电伤	1. 电烧伤 电烧伤是最为常见的电伤。电烧伤可分为电流灼伤和电弧烧伤，其中电弧烧伤是最严重的电伤。 (1)电流灼伤。 电流灼伤指人体与带电体接触，电流通过人体时，因电能转换成的热能引起的伤害。由于人体与带电体的接触面积一般都不大，且皮肤电阻又比较高，因而产生在皮肤与带电体接触部位的热量就较多。因此，使皮肤受到比体内严重得多的灼伤。电流灼伤一般发生在低压电气设备上。 (2)电弧烧伤。 电弧烧伤指由弧光放电造成的烧伤，是最严重的电伤。电弧发生在带电体与人体之间，有电流通过人体的烧伤称为直接电弧烧伤；电弧发生在人体附近对人体形成的烧伤以及被熔化金属溅落的烫伤称为间接电弧烧伤。电弧烧伤既可发生在高压系统上，也可发生在低压系统上。 2. 电烙印 电烙印指电流通过人体后，在皮肤表面接触部位留下与接触带电体形状相似的斑痕，如同烙印。 3. 皮肤金属化 皮肤金属化是由高温电弧使周围金属熔化、蒸发并飞溅渗透到皮肤表层内部所造成的。 4. 机械损伤 机械损伤是由电流作用于人体，使肌肉产生非自主的剧烈收缩所造成的。其损伤包括肌腱、皮肤、血管、神经组织断裂以及关节脱位乃至骨折等。 5. 电光性眼炎 其表现为角膜和结膜发炎。弧光放电时的红外线、可见光、紫外线都会损伤眼睛。在短暂照射的情况下，引起电光眼的主要原因是紫外线
	电击与电伤	1. 电击与电伤的区别 (1)电击是电流通过人体内部，对人体的心、肺、神经系统等所造成的伤害。通常较小的电流即可造成电击。触电致死事故中多为电击伤害。 (2)电伤是电流的热效应、化学效应、机械效应等对人体所造成的伤害。电流可以是直接经过人体，也可以不经过人体对人体的机体造成的创伤。能够形成电伤的电流通常比较大。 2. 电击与电伤的相似处 (1)无论电流大小均可造成电击或电伤。 (2)无论高压、低压配电系统均可造成电击或电伤。 (3)无论电击或电伤严重时均可危及生命

考点2　电气火灾和爆炸

<table>
<tr><th>项目</th><th colspan="2">具体内容</th></tr>
<tr><td rowspan="2">电气火灾和爆炸</td><td colspan="2">电气火灾爆炸是由电气引燃源引起的火灾和爆炸。电气装置在运行中产生的危险温度、电火花和电弧是电气引燃源主要形式</td></tr>
<tr><td>电气引燃源</td><td>1. 危险温度
形成危险温度的典型情况如下：
(1)短路：指不同的电位的导电部分之间包括导电部分对地之间的低阻性短接。发生短路时，线路中电流增大为正常时的数倍乃至数十倍，由于载流导体来不及散热，温度急剧上升，除对电气线路和电气设备产生危害外，还形成危险温度。
(2)过载。电气线路或设备长时间过载也会导致温度异常上升，形成引燃源。过载的原因主要有如下几种情况：
①电气线路或设备设计选型不合理，或没有考虑足够的裕量，以致在正常使用情况下出现过热。
②电气设备或线路使用不合理，负载超过额定值或连续使用时间过长，超过线路或设备的设计能力，由此造成过热。
③设备故障运行造成设备和线路过负载，如三相电动机单相运行或三相变压器不对称运行均可能造成过负载。
④电气回路谐波能使线路电流增大而过载。
(3)漏电。电气设备或线路发生漏电时，因其电流一般较小，不能促使线路上的熔断器的熔丝动作。一般当漏电电流沿线路比较均匀地分布，发热量分散时，火灾危险性不大。而当漏电电流集中在某一点时，可能引起比较严重的局部发热，引燃成灾。
(4)接触不良。电气线路或电气装置中的电路连接部位是系统中的薄弱环节，是产生危险温度的主要部位之一。电气接头连接不牢、焊接不良或接头处夹有杂物，都会增加接触电阻而导致接头过热。刀开关、断路器、接触器的触点、插销的触头等，如果没有足够的接触压力或表面粗糙不平等，均可能增大接触电阻，产生危险温度。
(5)铁芯过热。对于电动机、变压器、接触器等带有铁芯的电气设备，如果铁芯短路(片间绝缘破坏)或线圈电压过高，由于涡流损耗和磁滞损耗增加，使铁损增大，将造成铁芯过热并产生危险温度。
(6)散热不良。电气设备在运行时必须确保具有一定的散热或通风措施。如果这些措施失效，如通风道堵塞、风扇损坏、散热油管堵塞、安装位置不当、环境温度过高或距离外界热源太近等，均可能导致电气设备和线路过热。
(7)机械故障。由交流异步电动机拖动的设备，如果转动部分被卡死或轴承损坏，造成堵转或负载转矩过大，都会因电流显著增大而导致电动机过</td></tr>
</table>

续表

项目	具体内容	
电气火灾和爆炸	电气引燃源	热。交流电磁铁在通电后，如果衔铁被卡死，不能吸合，则线圈中的大电流持续不降低，也会造成过热。 (8)电压异常。相对于额定值，电压过高和过低均属电压异常。电压过高时，除使铁芯发热增加外，对于恒阻抗设备，还会使电流增大而发热。电压过低时，除可能造成电动机堵转、电磁铁衔铁吸合不上，使线圈电流大大增加而发热外，对于恒功率设备，还会使电流增大而发热。 (9)电热器具和照明器具。其正常情况下的工作温度就可能形成危险温度，如电炉电阻丝工作温度为 800 ℃，电熨斗为 500～600 ℃，白炽灯灯丝为 2 000～3 000 ℃，100 W 白炽灯泡表面为 170～220 ℃。 (10)电磁辐射能量。在连续发射或脉冲发射的射频(9 kHz～60 GHz)源的作用下，可燃物吸收辐射能量可能形成危险温度。 2. 电火花和电弧 电火花是电极间的击穿放电，电弧是大量电火花汇集而成的。 电弧形成后的弧柱温度可高达 6 000～7 000 ℃，甚至 10 000 ℃以上，不仅能引起可燃物燃烧，还能使金属熔化、飞溅，构成危险的火源。在有爆炸危险的场所，电火花和电弧是十分危险的因素。 电火花和电弧又分为工作电火花及电弧和事故电火花及电弧。 (1)工作电火花及电弧，指电气设备正常工作或正常操作过程中所产生的电火花。例如，刀开关、断路器、接触器、控制器接通和断开线路时会产生电火花；插销拔出或插入时的火花；直流电动机的电刷与换向器的滑动接触处、绕线式异步电动机的电刷与滑环的滑动接触处也会产生电火花等。 切断感性电路时，断口处火花能量较大，危险性也较大。当该火花能量超过周围爆炸性混合物的最小引燃能量时，即可能引起爆炸。 (2)事故电火花及电弧，包括线路或设备发生故障时出现的火花。如绝缘损坏、导线断线或连接松动导致短路或接地时产生的火花；电路发生故障，熔丝熔断时产生的火花；沿绝缘表面发生的闪络等。 电力线路和电气设备在投切过程中由于受感性和容性负荷的影响，可能会产生铁磁谐振和高次谐波，并引起过电压，这个过电压也会破坏电气设备绝缘造成击穿，并产生电弧。 事故火花还包括由外部原因产生的火花，如雷电直接放电及二次放电火花、静电火花、电磁感应火花等
	电气装置及电气线路发生燃爆	1. 油浸式变压器火灾爆炸 变压器油箱内充有大量的用于散热、绝缘、防止内部元件和材料老化以及内部发生故障时熄灭电弧作用的绝缘油。变压器油的闪点在 130～140 ℃之间

续表

<table>
<tr><th>项目</th><th colspan="2">具体内容</th></tr>
<tr><td>电气火灾和爆炸</td><td>电气装置及电气线路发生燃爆</td><td>变压器发生故障时，在高温或电弧的作用下，变压器内部故障点附近的绝缘油和固态有机物发生分解，产生易燃气体。
如故障持续时间过长，易燃气体愈来愈多，使变压器内部压力急剧上升，若安全保护装置（气体继电器、防爆管等）未能有效动作时，会导致油箱炸裂，发生喷油燃烧。燃烧会随着油流的蔓延而扩展，形成更大范围的火灾危害。
多油断路器等充油设备也可能发生爆炸。
2. 电动机着火
异步电动机的火灾危险性是由于其内部和外部的诸如制造工艺和操作运行等种种原因造成的。其原因主要有：电源电压波动、频率过低；电机运行中发生过载、堵转、扫膛（转子与定子相碰）；电机绝缘破坏，发生相间、匝间短路；绕组断线或接触不良；以及选型和启动方式不当等。
三相异步电动机如果发生某相断线，则形成了缺相运行。此时，电动机绕组中的电流会明显上升，但又达不到保护电动机的熔断器的熔断电流值。因此，大电流长时间作用引起定子绕组过热，导致电动机烧毁。
3. 电缆火灾爆炸
当导线电缆发生短路、过载、局部过热、电火花或电弧等故障状态时，所产生的热量将远远超过正常状态。火灾案例表明，有的绝缘材料是直接被电火花或电弧引燃；有的绝缘材料是在高温作用下，发生自燃；有的绝缘材料是在高温作用下，加速了热老化进程，导致热击穿短路，产生的电弧，将其引燃。
电缆火灾的常见起因如下：
（1）电缆绝缘损坏。运输过程或敷设过程中造成了电缆绝缘的机械损伤、运行中的过载、接触不良、短路故障等都会使绝缘损坏，导致绝缘击穿而发生电弧。
（2）电缆头故障使绝缘物自燃。施工不规范，质量差，电缆头不清洁等降低了线间绝缘。
（3）电缆接头存在隐患。电缆接头的中间接头因压接不紧、焊接不良和接头材料选择不当，导致运行中接头氧化、发热、流胶；绝缘剂质量不合格，灌注时盒内存有空气，电缆盒密封不好，进入了水或潮气等，都会引起绝缘击穿，形成短路设置发生爆炸。
（4）堆积在电缆上的粉尘起火。积粉不清扫，可燃性粉尘在外界高温或电缆过负荷时，在电缆表面的高温作用下，发生自燃起火。
（5）可燃气体从电缆沟窜入变、配电室。电缆沟与变、配电室的连通处未采取严密封堵措施，可燃气体通过电缆沟窜入变、配电室，引起火灾爆炸事故</td></tr>
</table>

续表

项目	具体内容	
电气火灾和爆炸	电气装置及电气线路发生燃爆	(6)电缆起火形成蔓延。电缆受外界,引火源作用一旦起火,火焰沿电缆延燃,使危害扩大。电缆在着火的同时,会产生有毒气体,对在场人员造成威胁

考点3　雷电危害

项目	具体内容	
雷电危害	雷电的种类	(1)直击雷。雷云与大地目标之间的一次或多次放电称为对地闪击。闪击直接击于建筑物、其他物体、大地或外部防雷装置上,产生电效应、热效应和机械力者称为直击雷。 直击雷的每次放电过程包括先导放电、主放电、余光三个阶段。每次雷击有三四个冲击至数十个冲击。一次直击雷的全部放电时间一般不超过500 ms。 (2)闪电感应。又称作感应雷。闪电发生时,在附近导体上产生的静电感应和电磁感应,它可能使金属部件之间产生火花放电。 ①闪电静电感应。是由于带电积云在架空线路导线或其他高大导体上感应出大量与雷云带电极性相反的电荷,在带电积云与其他客体放电后,感应电荷失去束缚,如没有就近泄入地中就会以大电流、高电压冲击波的形式,沿线路导线或导体传播。 ②闪电电磁感应。是由于雷电放电时,迅速变化的雷电流在其周围空间产生瞬变的强电磁场,使附近导体上感应出很高的电动势。 (3)球形雷。球形雷是雷电放电时形成的发红光、橙光、白光或其他颜色光的火球。从电学角度考虑,球形雷应当是一团处在特殊状态下的带电气体
	雷电的破坏作用	1. 电性质的破坏作用 (1)破坏高压输电系统,毁坏发电机、电力变压器等电气设备的绝缘,烧断电线或劈裂电杆,造成大规模停电事故。 (2)绝缘损坏可能引起短路,导致火灾或爆炸事故。 (3)二次放电的电火花也可能引起火灾或爆炸,二次放电也可能造成电击,伤害人命。 (4)形成接触电压电击和跨步电压导致触电事故。 (5)雷击产生的静电场突变和电磁辐射,干扰电视电话通信,甚至使通信中断。 (6)雷电也能造成飞行事故。 2. 热性质的破坏作用 (1)直击雷放电的高温电弧能直接引燃邻近的可燃物

续表

<table>
<tr><th colspan="2">项目</th><th>具体内容</th></tr>
<tr><td rowspan="3">雷电危害</td><td>雷电的破坏作用</td><td>(2)巨大的雷电流通过导体能够烧毁导体。
(3)使金属熔化、飞溅引发火灾或爆炸。
(4)球雷侵入可引起火灾。
3. 机械性质的破坏作用
巨大的雷电流通过被击物,使被击物缝隙中的气体剧烈膨胀,缝隙中的水分也急剧蒸发汽化为大量气体,导致被击物破坏或爆炸</td></tr>
<tr><td>雷电危害的事故后果</td><td>(1)火灾和爆炸。直击雷放电的高温电弧、二次放电、巨大的雷电流、球雷侵入可直接引起火灾和爆炸,冲击电压击穿电气设备的绝缘等可间接引起火灾和爆炸。
(2)触电。积云直接对人体放电、二次放电、球雷打击、雷电流产生的接触电压和跨步电压可直接使人触电;电气设备绝缘因雷击而损坏,也可使人遭到电击。
(3)设备和设施毁坏。雷击产生的高电压、大电流伴随的汽化力、静电力、电磁力可毁坏重要电气装置和建筑物及其他设施。
(4)大规模停电。电力设备或电力线路破坏后可能导致大规模停电</td></tr>
<tr><td>雷电参数</td><td>(1)雷暴日。只要一天之内能听到雷声的就算一个雷暴日。年雷暴日数用来衡量雷电活动的频繁程度。
(2)雷电流幅值。雷电流幅值指雷云主放电时冲击电流的最大值。雷电流幅值可达数十千安至数百千安。
(3)雷电流陡度。雷电流陡度指雷电流随时间上升的速度。雷电流冲击波波头陡度可达 50 kA/μs,平均陡度约为 30 kA/μs。雷电流陡度越大,对电气设备造成的危害也越大。
(4)雷电冲击过电压。直击雷冲击过电压很高,可达数千千伏。电压高,电流大,冲击能量巨大,对设备造成损坏,十分危险</td></tr>
</table>

考点4　静电危害

<table>
<tr><th colspan="2">项目</th><th>具体内容</th></tr>
<tr><td>静电危害</td><td>静电的危害形式和事故后果</td><td>(1)在有爆炸和火灾危险的场所,静电放电火花会成为可燃性物质的点火源,造成爆炸和火灾事故。
(2)人体因受到静电电击的刺激,可能引发二次事故,如坠落、跌伤等。此外,对静电电击的恐惧心理还对工作效率产生不利影响。
(3)某些生产过程中,静电的物理现象会对生产产生妨碍,导致产品质量不良,电子设备损坏</td></tr>
</table>

续表

<table>
<tr><th>项目</th><th colspan="2">具体内容</th></tr>
<tr><td>静电危害</td><td>静电的特性</td><td>1. 静电的产生
只要两种物质紧密接触而后再分离时，就可能产生静电。静电的产生是同接触电位差和接触面上的双电层直接相关的。
2. 静电的起电方式
（1）接触－分离起电。两种物体接触，其间距离小于 25×10^{-8} cm 时，由于不同原子得失电子的能力不同，不同原子外层电子的能级不同，其间即发生电子的转移。因此，界面两侧会出现大小相等、极性相反的两层电荷。这两层电荷称为双电层，其间的电位差称为接触电位差。
（2）破断起电。材料破断后能在宏观范围内导致正、负电荷的分离，即产生静电。这种起电称为破断起电。固体粉碎、液体分离过程的起电属于破断起电。
（3）感应起电。列举一种典型的感应起电过程，假设一导体 A 为带有负电荷的带电体，另有一导体 B 与一接地体相连时，在带电体 A 的感应下，B 的端部出现正电荷，B 由于接地，其对地点位仍为零，而当 B 离开接地体的时候 B 就成了带正电荷的带电体。
（4）电荷迁移。带电雾滴或粉尘撞击导体时，便会产生电荷迁移；当气体离子流射在不带电的物体上时，也会产生电荷迁移。
3. 静电的分类
（1）固体静电。固体静电可用双电层和接触电位差的理论来解释。双电层上的接触电位差是极为有限的，而固体静电电位可高达数万伏以上，其原因在于电容的变化。
橡胶、塑料、纤维等行业工艺过程中的静电高达数十千伏，甚至数百千伏，如不采取有效措施，很容易引起火灾。
（2）人体静电。人体静电引发的放电是酿成静电灾害的重要原因之一。人体静电的产生主要由摩擦、接触－分离和感应所致。人体在日常活动过程中，衣服、鞋以及所携带的用具与其他材料摩擦或接触－分离时，均可能产生静电。
（3）粉体静电。粉体实质是处在微小颗粒状态下的固体，其静电的产生也符合双电层的基本原理。当粉体物料被研磨、搅拌、筛分或处于高速运动时，由于粉体颗粒与颗粒之间及粉体颗粒与管道壁、容器壁或其他器具之间的碰撞、摩擦，或因粉体破断等都会产生危险的静电。
（4）液体静电。液体在流动、过滤、搅拌、喷雾、喷射、飞溅、冲刷、灌注和剧烈晃动等过程中，由于静电荷的产生速度高于静电荷的泄漏速度，从而积聚静电荷，可能产生十分危险的静电。
（5）蒸气和气体静电。蒸气或气体在管道内高速流动，以及由阀门、缝隙</td></tr>
</table>

续表

项目	具体内容	
静电危害	静电的特性	高速喷出时也会产生危险的静电。类似液体，蒸气产生静电也是由于接触、分离和分裂等原因产生的。 完全纯净的气体即使高速流动或高速喷出也不会产生静电，但由于气体内往往含有灰尘、铁末、液滴、蒸气等固体颗粒或液体颗粒，正是这些颗粒的碰撞、摩擦、分裂等过程产生了静电。 4. 静电的消散 中和与泄漏是静电消失的2种主要方式，前者主要是通过空气发生的；后者主要是通过带电体本身及其相连接的其他物体发生的。 (1)静电中和。空气中的自然存在的带电粒子极为有限，中和是极为缓慢的，一般不会被觉察到。带电体上的静电通过空气迅速地中和发生在放电时。 (2)静电泄漏。表面泄漏和内部泄漏是绝缘体上静电泄漏的两种途径。静电表面泄漏过程其泄漏电流遇到的是表面电阻；静电内部泄漏过程其泄漏电流遇到的是体积电阻。 5. 静电的影响因素 (1)材质和杂质的影响。一般情况下，杂质有增加静电的趋势。但如果杂质能降低原有材料的电阻率，加入杂质则有利于静电的泄漏。 液体内含有高分子材料(如橡胶、沥青)的杂质时，会增加静电的产生。 液体内含有水分时，在液体流动、搅拌或喷射过程中会产生静电。液体内水珠的沉降过程中也会产生静电。如果油罐或油槽底部积水，经搅动后可能由静电引发爆炸事故。 (2)工艺设备和工艺参数的影响。接触面积愈大，产生静电愈多，接触压力愈大或摩擦愈强烈，会增加电荷的分离，以致产生较多的静电。工艺速度越高，产生的静电越强。 下列是容易产生和积累静电典型工艺过程： ①纸张与辊轴摩擦、传动皮带与皮带轮或辊轴摩擦等；橡胶的碾制、塑料压制、上光等；塑料的挤出、赛璐珞的过滤等。 ②固体物质的粉碎、研磨过程；粉体物料的筛分、过滤、输送、干燥过程；悬浮粉尘的高速运动等。 ③在混合器中各种高电阻率物质的搅拌。 ④高电阻率液体在管道中流动且流速超过1 m/s；液体喷出管口；液体注入容器发生冲击、冲刷和飞溅等。 ⑤液化气体、压缩气体或高压蒸气在管道中流动和由管口喷出，如从气瓶放出压缩气体、喷漆等

考点5　射频电磁场危害

项目	具体内容
射频电磁场危害	射频指无线电波的频率或者相应的电磁振荡频率，泛指 100 kHz 以上的频率。射频伤害是由电磁场的能量造成的。射频电磁场的危害主要有： (1)在射频电磁场作用下，人体因吸收辐射能量会受到不同程度的伤害。 ①可引起中枢神经系统的机能障碍，出现神经衰弱症候群等临床症状。 ②可造成自主神经紊乱，出现心率或血压异常，如心动过缓、血压下降或心动过速、高血压等。 ③可引起眼睛损伤造成晶体浑浊，严重时导致白内障。 ④可造成皮肤表层灼伤或深度灼伤等。 (2)在高强度的射频电磁场作用下，可能产生感应放电，会造成电引爆器件发生意外引爆

考点6　电气装置故障危害

项目	具体内容
电气装置故障危害	(1)电气装置故障危害是由于电能或控制信息在传递、分配、转换过程中失去控制而产生的。 (2)断路、短路、异常接地、漏电、误合闸、误掉闸、电气设备或电气元件损坏、电子设备受电磁干扰而发生误动作、控制系统硬件或软件的偶然失效等都属于电气装置故障。 (3)其主要危害在于一定条件下会引发或转化为造成人员伤亡及重大财产损失的事故，如引起火灾和爆炸；异常带电；异常停电；安全相关系统失效

第二节　触电防护技术

考点1　直接接触电击防护措施

项目	具体内容	
直接接触电击防护措施	绝缘、屏护和间距是直接接触电击的基本防护措施。其主要作用是防止人体触及或过分接近带电体造成触电事故以及防止短路、故障接地等电气事故	
	绝缘	绝缘是指利用绝缘材料对带电体进行封闭和隔离。良好的绝缘也是保证电气系统正常运行的基本条件。 1. 绝缘材料的电气性能 绝缘材料又称为电介质，其导电能力很小，但并非绝对不导电。绝缘材料的主要作用是用于对带电的或不同电位的导体进行隔离，使电流按照确定

续表

项目	具体内容	
直接接触电击防护措施	绝缘	的线路流动。绝缘材料的品种很多,一般分为: (1)气体绝缘材料。常用的有空气和六氟化硫等。 (2)液体绝缘材料。常用的有从石油原油中提炼出来的绝缘矿物油,十二烷基苯、聚丁二烯、硅油和三氯联苯等合成油以及蓖麻油。 (3)固体绝缘材料。常用的有树脂绝缘漆、胶和熔敷粉末;纸、纸板等绝缘纤维制品;漆布、漆管和绑扎带等绝缘浸渍纤维制品;绝缘云母制品;电工用薄膜、复合制品和粘带;电工用层压制品;电工用塑料和橡胶;玻璃、陶瓷等。 2. 绝缘检测和绝缘试验 (1)绝缘电阻试验。绝缘电阻是衡量绝缘性能优劣的最基本的指标。在绝缘结构的制造和使用中,经常需要测定其绝缘电阻。通过测定,可以在一定程度上判定某些电气设备的绝缘好坏,判断某些电气设备如电机、变压器的绝缘情况等,以防因绝缘电阻降低或损坏而造成漏电、短路、电击等电气事故。 (2)绝缘电阻的测量。绝缘材料的电阻通常用兆欧表(摇表)测量。这里仅就应用兆欧表测量绝缘材料的电阻进行介绍。兆欧表主要由作为电源的手摇发电机(或其他直流电源)和作为测量机构的磁电式比率计(双动线圈比率计)组成。测量时实际上是给被测物加上直流电压,测量其通过的泄漏电流。在表的盘面上读到的是经过换算的绝缘电阻值。 (3)绝缘电阻指标。绝缘电阻随线路和设备的不同,其指标要求也不一样。就一般而言,高压较低压要求高;新设备较老设备要求高;室外设备较室内设备要求高;移动设备较固定设备要求高等。任何情况下绝缘电阻不得低于每伏工作电压 1 000 Ω,并应符合专业标准的规定
	屏护	屏护是一种对电击危险因素进行隔离的手段,即采用遮栏、护罩、护盖、箱匣等把危险的带电体同外界隔离开来,以防止人体触及或接近带电体所引起的触电事故。除此之外,屏护还起到防止电弧伤人、防止弧光短路或便利检修工作的作用。 尽管屏护装置是简单装置,但为了保证其有效性,须满足如下的条件: (1)屏护装置所用材料应有足够的机械强度和良好的耐火性能。为防止因意外带电而造成触电事故,对金属材料制成的屏护装置必须可靠连接保护线。 (2)屏护装置应有足够的尺寸,与带电体之间应保持必要的距离。遮栏高度不应低于 1.7 m,下部边缘离地不应超过 0.1 m。栅栏的高度户内不应小于 1.2 m、户外不应小于 1.5 m;对于低压设备,遮栏与裸导体之间的距离不应小于 0.8 m,栏条间距离不应大于 0.2 m;网眼遮栏与裸导体之间的距离不应小于 0.15 m

续表

<table>
<tr><th>项目</th><th colspan="2">具体内容</th></tr>
<tr><td rowspan="2">直接接触
电击防护措施</td><td>屏护</td><td>(3)屏护装置应安装牢固。
(4)遮栏、栅栏等屏护装置上,应有“止步,高压危险!”等标志。
(5)必要时应配合采用声光报警信号和联锁装置</td></tr>
<tr><td>间距</td><td>间距是指带电体与地面之间、带电体与其他设备和设施之间、带电体与带电体之间必要的安全距离。
(1)线路间距。导线与地面和水面的距离,见表2-1。
在未经相关管理部门许可的情况下,架空线路不得跨越建筑物。架空线路与有爆炸、火灾危险的厂房之间应保持必要的防火间距,且不应跨越具有可燃材料屋顶的建筑物。
(2)用电设备间距。明装的车间低压配电箱底口距地面的高度可取1.2 m,暗装的可取1.4 m。常用开关电器的安装高度为1.3~1.5 m;开关手柄与建筑物之间应保留150 mm的距离,以便于操作。明装插座离地面高度可取1.3~1.8 m,暗装的可取0.2~0.3 m。起重机具至线路导线间的最小距离,1 kV及1 kV以下者不应小于1.5 m,10 kV者不应小于2 m。
(3)检修间距。低压操作时,人体及其所携带工具与带电体之间的距离不得小于0.1 m。高压作业时,各种作业类别所要求的最小距离见表2-2</td></tr>
</table>

表2-1　导线对地面、水面等跨越物的最小垂直距离　单位:m

线路经过地区	电压等级	
	高压	低压
居民区	6.5	6.0
非居民区	5.5	5.0
交通困难地区	4.5	4.0

表2-2　高压作业的最小距离　单位:m

类别	电压等级	
	10 kV	35 kV
无遮拦作业,人体及其所携带工具与带电体之间	0.7	1.0
无遮拦作业,人体及其所携带工具与带电体之间,用绝缘杆操作	0.4	0.6
线路作业,人体及其所携带工具与带电体之间	1.0	2.5

考点2　间接接触电击防护措施

项目	具体内容	
间接接触电击防护措施	IT 系统	IT 系统(保护接地:仅有保护外壳接地),保护接地的做法是将电气设备在故障情况下可能呈现危险电压的金属部位经接地线、接地体 R_E 同大地紧密地连接起来。 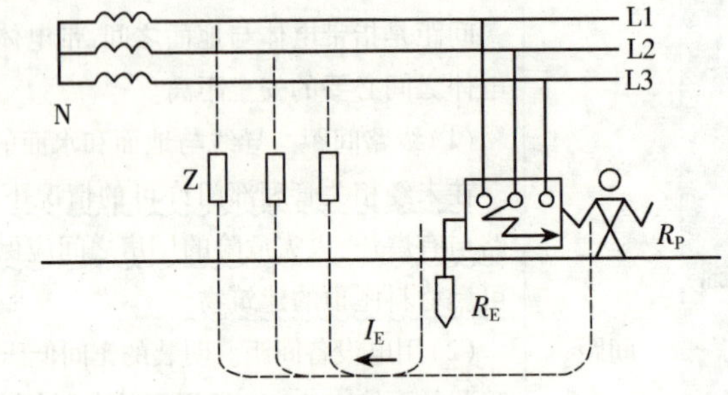 IT 系统 IT 系统的字母 I 表示配电网不接地或经高阻抗接地,字母 T 表示电气设备外壳接地。IT 系统安全原理是通过低电阻接地,把故障电压限制在安全范围以内。但应注意漏电状态并未因保护接地而消失。 保护接地适用于各种不接地配电网。在这类配电网中,凡由于绝缘损坏或其他原因而可能呈现危险电压的金属部分,除另有规定外,均应接地。 在 380 V 不接地低压系统中,一般要求保护接地电阻 $R_E \leqslant 4\ \Omega$。当配电变压器或发电机的容量不超过 100 kV · A 时,要求 $R_E \leqslant 10\ \Omega$
	TT 系统	TT 系统(工作接地:同时工作零线接地),中性点的接地 R_N 叫作工作接地,中性点引出的导线叫作中性线(也叫作工作零线)。 TT 系统的第一个字母 T 表示配电网直接接地,第二个字母 T 表示电气设备外壳接地。 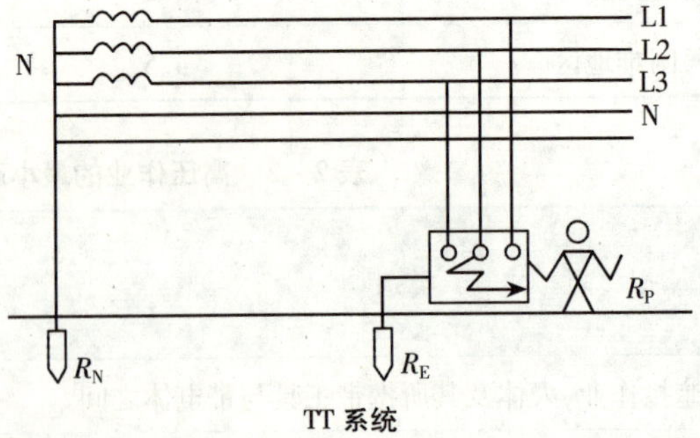 TT 系统 TT 系统的保护接地电阻 R_E 虽然可以大幅度降低漏电设备上的故障电压,使触电危险性降低,但单凭 R_E 的作用一般不能将触电危险性降低到安全范围以内。另外,由于故障回路串联有 R_E 和 R_N,故障电流不会很大,可能不足

续表

<table>
<tr><th>项目</th><th colspan="2">具体内容</th></tr>
<tr><td rowspan="2">间接接触电击防护措施</td><td>TT 系统</td><td>以使保护电器动作，故障得不到迅速切除。因此，采用 TT 系统必须装设剩余电流动作保护装置或过电流保护装置，并优先采用前者。
TT 系统主要用于低压用户，即用于未装备配电变压器，从外面引进低压电源的小型用户，如路灯、村庄、农业用电等</td></tr>
<tr><td>TN 系统</td><td>TN 系统（保护接零：前端接地，后端接零），下图中，PE 是保护零线，R_S 叫作重复接地。TN 系统中的字母 N 表示电气设备在正常情况下不带电的金属部分与配电网中性点之间直接连接。
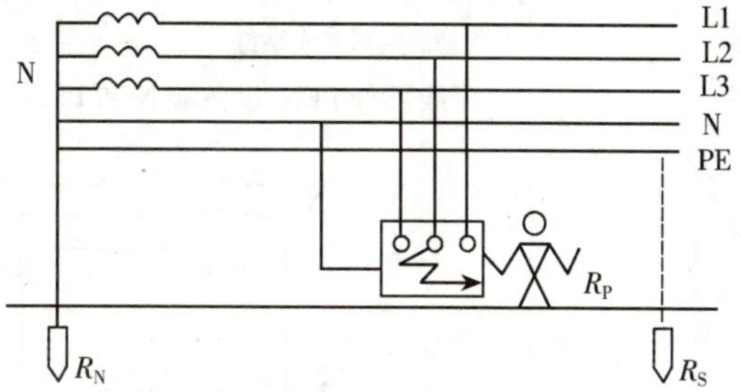

典型 TN 系统
保护接零的安全原理是当某相带电部分碰连设备外壳时，形成该相对零线的单相短路，短路电流促使线路上的短路保护元件迅速动作，从而把故障设备电源断开，消除电击危险。
虽然保护接零也能降低漏电设备上的故障电压，但一般不能降低到安全范围以内。其第一位的安全作用是迅速切断电源。
TN 系统分为 TN－C，TN－S，TN－C－S 三种类型。
1. TN－S 系统
N 线和 PE 线完全分开，有爆炸危险、火灾危险性大及其他安全要求高的场所应采用 TN－S 系统，如建筑工程现场用电。
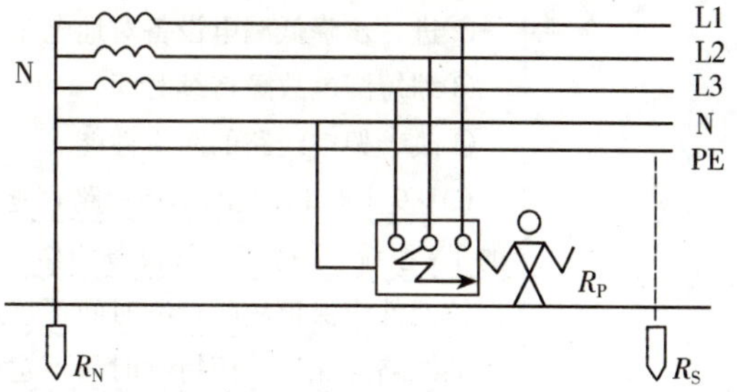

TN－S 系统
2. TN－C 系统
工作零线 N 与保护零线 PE 重合，形成 PEN 线，用于触电危险性小、用电设备简单的场合</td></tr>
</table>

续表

<table>
<tr><th>项目</th><th colspan="2">具体内容</th></tr>
<tr><td>间接接触电击防护措施</td><td>TN 系统</td><td>
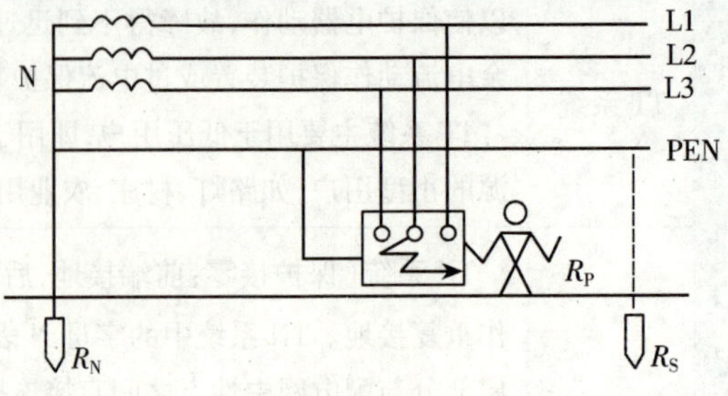

TN－C 系统

3. TN－C－S 系统
干线部分 PEN，设备端 N 和 PE 分开，用于厂内低压配电的场所及民用楼房。
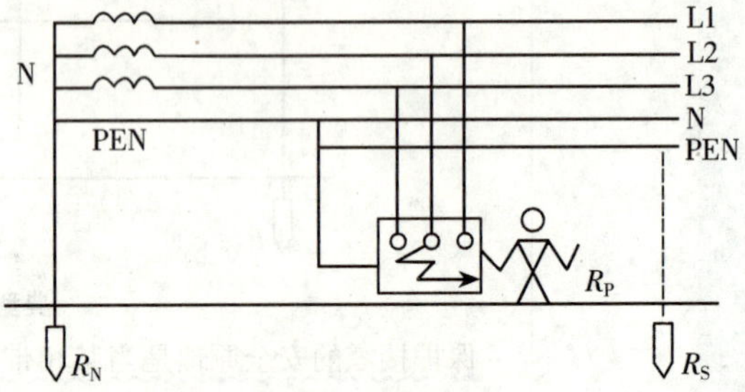

TN－C－S 系统

4. 应用保护接零的安全要求
（1）在同一接零系统中，一般不允许部分或个别设备只接地、不接零的做法。如确有困难，个别设备无法接零而只能接地时，则该设备必须安装剩余电流动作保护装置。
（2）重复接地合格。重复接地指 PE 线或 PEN 线上除工作接地以外的其他点再次接地。重复接地的安全作用是：
①减轻 PE 线和 PEN 线断开或接触不良的危险性。
②进一步降低漏电设备对地电压。
③缩短漏电故障持续时间。
④改善架空线路的防雷性能。
（3）发生对 PE 线的单相短路时能迅速切断电源。对于相线对地电压 220 V 的 TN 系统，手持式电气设备和移动式电气设备末端线路或插座回路的短路保护元件应保证故障持续时间不超过 0.4 s；配电线路或固定式电气设备的末端线路应保证故障持续时间不超过 5 s。
（4）工作接地合格。工作接地的接地电阻一般不应超过 4 Ω，在高土壤电阻率地区允许放宽至不超过 10 Ω。
（5）PE 线和 PEN 线上不得安装单极开关和熔断器；PE 线和 PEN 线应有防机械损伤和化学腐蚀的措施；PE 线支线不得串联连接，即不得用设备的
</td></tr>
</table>

续表

项目	具体内容	
间接接触电击防护措施	TN 系统	外露导电部分作为保护导体。 (6)保护导体截面面积合格。有机械防护的 PE 线不得小于 2.5 mm^2,没有机械防护的不得小于 4 mm^2。铜质 PEN 线截面积不得小于 10 mm^2,铝质的不得小于 16 mm^2。 (7)等电位联结。等电位联结是指保护导体与建筑物的金属结构、生产用的金属装备以及允许用作保护线的金属管道等用于其他目的的不带电导体之间的联结,以提高 TN 系统的可靠性。 等电位联结实现的手段分为主等电位联结和辅助等电位联结

考点 3　兼防直接接触和间接接触电击的措施

项目	具体内容	
兼防直接接触和间接接触电击的措施	双重绝缘	1. 电气设备的防触电保护分类 (1)0 类设备。仅靠基本绝缘作为防触电保护的设备,当设备有可能触及的可导电部分时,该部分不与设施固定布线中的保护线相连接,一旦基本绝缘失败,则安全性完全取决于使用环境。这就要求设备只能在不导电的环境中使用。 (2)0I 类设备和 I 类设备。设备的防触电保护不仅靠基本绝缘,还包括一种附加的安全措施,即将能触及的可导电部分与设施固定布线中的保护线相连接。0I 类设备的金属外壳上有接地端子;I 类设备的外壳上没有接地端子,但引出带有保护端子的电源插头。 (3)Ⅱ类设备。设备的防触电保护不仅靠基本绝缘还具备像双重绝缘和加强绝缘类型的附加安全措施。这种设备不采用保护接地的措施,也不依赖于安装条件。 (4)Ⅲ类设备。设备的防触电保护依靠安全特低电压(SELV)供电,且设备内可能出现的电压不会高于安全电压限值。Ⅲ类设备是从电源方面就保证了安全。应注意Ⅲ类设备不得具有保护接地手段。 2. 双重绝缘和加强绝缘措施 双重绝缘和加强绝缘是在基本绝缘的直接接触电击防护基础上,通过结构上附加绝缘或绝缘的加强,使之具备了间接接触电击防护功能的安全措施。 3. 双重绝缘和加强绝缘的安全条件 由于具有双重绝缘或加强绝缘,Ⅱ类设备无须再采取接地、接零等安全措施。双重绝缘和加强绝缘的设备其绝缘电阻应满足以下安全条件。 (1)工作绝缘的绝缘电阻不得低于 2 MΩ;保护绝缘的绝缘电阻不得低于 5 MΩ;加强绝缘的绝缘电阻不得低于 7 MΩ

续表

<table>
<tr><th colspan="2">项目</th><th>具体内容</th></tr>
<tr><td rowspan="3">兼防直接接触和间接接触电击的措施</td><td>双重绝缘</td><td>(2)双重绝缘和加强绝缘标志。"回"形标志作为Ⅱ类设备技术信息一部分标在设备明显位置上。
手持电动工具应优先选用Ⅱ类设备;在潮湿场所及金属构架上工作时,除选用特低电压工具外,也应尽量选用Ⅱ类设备</td></tr>
<tr><td>安全电压</td><td>安全电压是属于兼有直接接触电击和间接接触电击防护的安全措施。其保护原理是:通过对系统中可能会作用于人体的电压进行限制,从而使触电时流过人体的电流受到抑制,将触电危险性控制在没有危险的范围内。由特低电压供电的设备属于Ⅲ类设备。
1. 安全电压的限值和额定值
(1)安全电压额定值。我国国家标准规定了对应于特低电压的系列,其额定值(工频有效值)的等级为:42 V、36 V、24 V、12 V 和 6 V。
(2)安全电压额定值的选用。根据使用环境、人员和使用方式等因素确定。
例如特别危险环境中使用的手持电动工具应采用42 V 安全电压的Ⅲ类工具;有电击危险环境中使用的手持照明灯和局部照明灯应采用36 V 或24 V 安全电压;金属容器内、特别潮湿处等特别危险环境中使用的手持照明灯应采用12 V 安全电压;水下作业等场所应采用6 V 安全电压。
2. 安全电源及回路配置
(1)安全电源要求。安全特低电压必须由安全电源供电。可以作为安全电源的主要有:
①安全隔离变压器或与其等效的具有多个隔离绕组的电动发电机组,其绕组的绝缘至少相当于双重绝缘或加强绝缘。
②电化电源或与高于特低电压回路无关的电源,如蓄电池及独立供电的柴油发电机等。
③即使在故障时仍能够确保输出端子上的电压(用内阻不小于 3 kΩ 的电压表测量)不超过特低电压值的电子装置电源等。
(2)回路配置要求。
①回路的带电部分相互之间、回路与其他回路之间应实行电气隔离,其隔离水平不应低于安全隔离变压器输入与输出回路之间的电气隔离。
②回路的导线应与其他任何回路的导线分开敷设,保持适当的物理上的隔离</td></tr>
<tr><td>剩余电流动作保护</td><td>1. 剩余电流动作保护装置的工作原理
剩余电流动作保护装置由检测元件、中间环节、执行机构三个基本环节及辅助电源和试验装置构成</td></tr>
</table>

续表

<table>
<tr><th>项目</th><th colspan="2">具体内容</th></tr>
<tr><td>兼防直接接触和间接接触电击的措施</td><td>剩余电流动作保护</td><td>
（1）检测元件，是一个零序电流互感器。检测元件的作用是将漏电电流信号转换为电压或功率信号输出给中间环节。
（2）中间环节，通常含有放大器、比较器等，对来自零序电流互感器的漏电信号进行处理。
（3）执行机构，指漏电动作脱扣器等，用于接收中间环节的指令信号，实施动作。
（4）辅助电源，是提供电子电路工作所需的低压电源。
（5）试验装置，由一只限流电阻和检查按钮相串联的支路构成，模拟漏电的路径，以检验装置是否能够正常动作。
正常工作时，系统的电流向量和等于零，即漏电流 $I_{\triangle}=I_0+I_1=0$，此时检测元件中的感应电流 $I_{感应}=0$。当电路异常时（出现单相接地）导致出现接地电流 I_R，此时线路中漏电流 $I_{\triangle}=I_0+I_1+I_R=0$，即漏电流在数值上等于接地电流 $I_{\triangle}=I_R$。因此检测元件中产生感应电流 $I_{感应}>0$。感应电流 $I_{感应}$ 经过中间环节放大、比较后，将信号传递给执行机构，实施动作。
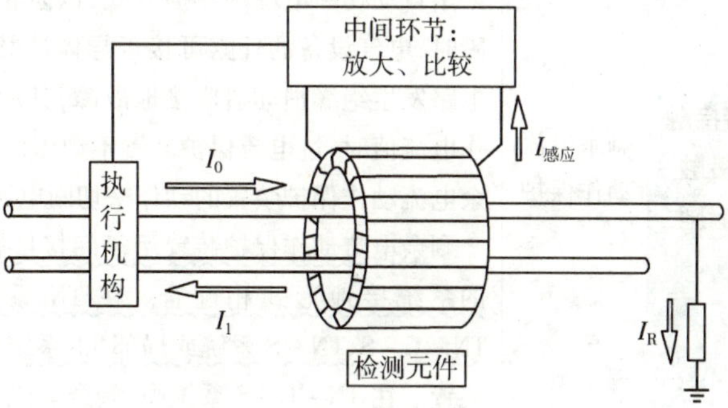

电路异常（单相接地）零序电流互感器
因此剩余电流动作保护装置动作原理即是产生的故障电流未经检测元件，导致检测元件内电流向量和不再等于零，而产生感应电流促使保护装置动作，起到保护的作用。
2. 剩余电流动作保护装置的主要技术参数
（1）额定剩余动作电流（$I_{\triangle n}$），是制造厂对剩余电流动作保护装置规定的剩余动作电流值，在该电流值时，剩余电流动作保护装置应在规定的条件下动作。该值反映了剩余电流动作保护装置的灵敏度。
我国标准规定的额定漏电动作电流值为：0.006、0.01、0.03、0.05、0.1、0.3、0.5、1、3、5、10、20、30A 等 15 个等级。其中，0.03 A 及其以下者属高灵敏度，主要用于防止各种人身触电事故；0.03 A 以上至 1 A 者属中灵敏度，用于防止触电事故和漏电火灾；1 A 以上者属低灵敏度，用于防止漏电火灾和监视一相接地事故
</td></tr>
</table>

续表

项目	具体内容	
兼防直接接触和间接接触电击的措施	剩余电流动作保护	(2)额定剩余不动作电流($I_{\Delta n0}$),是制造厂对剩余电流动作保护装置规定的剩余不动作电流值,在该电流值时,剩余电流动作保护装置应在规定的条件下不动作。 为了防止误动作,剩余电流动作保护装置的额定剩余不动作电流不得低于额定剩余动作电流的1/2。 (3)分断时间,是指从突然施加剩余动作电流的瞬间起到所有极电弧熄灭瞬间,即被保护电路完全被切断为止所经过的时间。剩余电流动作保护装置根据分断时间的不同,分为一般型和延时型两种。 3. 剩余电流动作保护装置的防护要求 (1)对直接接触电击事故的防护。在直接接触电击事故防护中,剩余电流保护装置只作为直接接触电击事故基本防护措施的补充保护措施。从剩余电流动作保护的机理可知,其保护并不包括对相与相、相与N线之间形成的直接接触电击事故的防护。 (2)对间接接触电击事故的防护。间接接触电击事故防护的主要措施是采用自动切断电源的保护方式,以防止由于电气设备绝缘损坏发生接地故障时,电气设备的外露可接近导体持续带有危险电压而产生电击事故。当电路发生绝缘损坏造成接地故障,其故障电流值小于过电流保护装置的动作电流值时,过电流保护装置不动作,不能消除电击危险,此时,需要依靠剩余电流动作保护装置的动作来切断电源,实现保护。 剩余电流动作保护装置用于间接接触电击事故防护时,应正确地与电网的系统接地形式相配合。在TN系统中,必须将TN-C系统改造为TN-C-S、TN-S系统或局部TT系统后,才可安装使用剩余电流动作保护装置。在TN-C-S系统中,剩余电流动作保护装置只允许用在N线与PE线分开部分,且N线应接入保护装置,而PE线严禁接入保护装置。 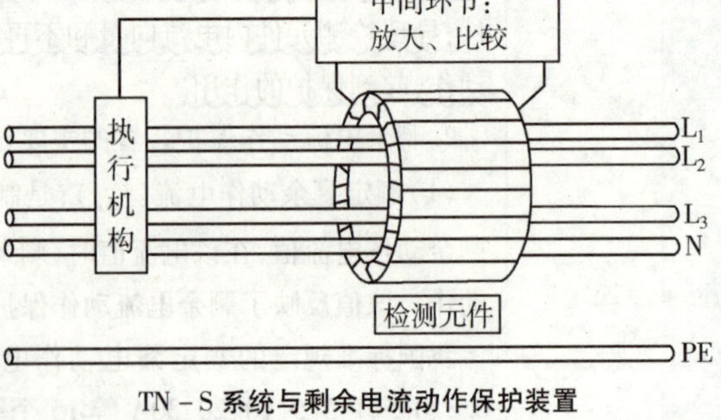 TN-S系统与剩余电流动作保护装置 4. 必须安装剩余电流动作保护装置的设备和场所 (1)末端保护。 ①属于Ⅰ类的移动式电气设备

续表

<table>
<tr><th>项目</th><th colspan="2">具体内容</th></tr>
<tr><td>兼防直接接触和间接接触电击的措施</td><td>剩余电流动作保护</td><td>②生产用的电气设备。
③施工工地的电气机械设备。
④安装在户外的电气装置。
⑤临时用电的电气设备。
⑥机关、学校、宾馆、饭店、企事业单位和住宅等除壁挂式空调电源插座外的其他电源插座或插座回路。
⑦游泳池、喷水池、浴池的电气设备。
⑧医院中可能直接接触人体的电气医用设备。
⑨其他需要安装剩余电流动作保护装置的场所。
(2)线路保护。低压配电线路根据具体情况采用二级或三级保护时,在总电源端、分支线首端或线路末端(农村集中安装电能表箱、农业生产设备的电源配电箱)安装剩余电流动作保护装置。
5. 剩余电流动作保护装置的运行和管理
为了确保剩余电流动作保护装置的正常运行,必须加强运行管理。剩余电流动作保护装置投入运行后,运行管理单位应建立相应的管理制度,并建立动作记录。
(1)对使用中的剩余电流动作保护装置应定期用试验按钮检查其动作特性是否正常。雷击活动期和用电高峰期应增加试验次数。用于手持电动工具和移动式电气设备和不连续使用剩余电流动作保护装置,应在每次使用前进行试验。因各种原因停运的剩余电流动作保护装置再次使用前,应进行通电试验,检查装置的动作情况是否正常。对已发现的有故障的剩余电流动作保护装置应立即更换。
(2)为检验剩余电流动作保护装置在运行中的动作特性及其变化,运行管理单位应配置专用测试仪器,并应定期进行动作特性试验。动作特性试验项目包括测试剩余动作电流值、测试分断时间、测试极限不驱动时间。进行特性试验时,应使用经国家有关部门检测合格的专用测试设备,由专业人员进行。严禁采用相线直接对地短路或利用动物作为试验物的方法进行试验。
(3)电子式剩余电流动作保护装置,工作年限一般为 6 年。超过规定年限应进行全面检测,根据检测结果;决定可否继续使用。
(4)运行中剩余电流动作保护器动作后,应认真检查其动作原因,排除故障后再合闸送电。经检查未发现动作原因时,允许试送电一次。如果再次动作,应查明原因,找出故障,不得连续强行送电。必要时对其进行动作试验,经检查确认剩余电流保护装置本身发生故障时,应在最短时间内予以更换。严禁退出运行、私自撤除或强行送电</td></tr>
</table>

续表

项目	具体内容	
兼防直接接触和间接接触电击的措施	剩余电流动作保护	(5)剩余电流动作保护装置运行中遇有异常现象,应由专业人员进行检查处理,以免扩大事故范围。剩余电流动作保护装置损坏后,应由专业单位进行检查维护。 (6)在剩余电流动作保护装置的保护范围内发生电击伤亡事故,应检查剩余电流动作保护装置的动作情况,分析未能起到保护作用的原因,在未调查前,不得拆动剩余电流动作保护装置

第三节　电气防火防爆技术

考点1　危险物质及危险环境

项目	具体内容	
危险物质分类、分组	危险物质分类	爆炸危险物质分如下三类: (1)Ⅰ类:矿井甲烷(CH_4)。 (2)Ⅱ类:爆炸性气体、蒸气。 (3)Ⅲ类:爆炸性粉尘、纤维或飞絮
	Ⅱ类、Ⅲ类爆炸性物质的进一步分类(级)	(1)对于Ⅱ类爆炸性气体,按最大试验安全间隙(MESG)和最小引燃电流比(MI-CR)进一步划分为ⅡA、ⅡB和ⅡC三类。ⅡA、ⅡB和ⅡC各类对应的典型气体分别是丙烷、乙烯和氢气。其中,ⅡB类危险性大于ⅡA类;ⅡC类危险性大于前两者,最为危险。 (2)对于Ⅲ类爆炸性粉尘、纤维或飞絮,进一步划分为ⅢA、ⅢB和ⅢC三类。ⅢA:可燃性飞絮,指正常规格大于500 μm的固体颗粒包括纤维,可悬浮在空气中,也可依靠自身质量沉淀下来。ⅢB:非导电粉尘,指电阻系数大于10^3 Ω·m的可燃性粉尘。ⅢC:导电粉尘,指电阻系数等于或小于10^3 Ω·m的可燃性粉尘。 其中,ⅢB类粉尘危险性大于ⅢA类,而ⅢC类导电粉尘一旦进入电气装置外壳可直接产生电火花形成引燃源,其危险性又大于ⅢB类,是最为危险的粉尘
	Ⅱ类、Ⅲ类爆炸性物质的分组	Ⅱ类爆炸性气体、蒸气和Ⅲ类爆炸性粉尘、纤维或飞絮按引燃温度(自燃点)分为6组:T1、T2、T3、T4、T5、T6。引燃温度分组见表2-3

续表

项目	具体内容	
危险环境	爆炸性气体环境	爆炸性气体环境是指在一定条件下，气体或蒸气可燃性物质与空气形成的混合物，该混合物被点燃后，能够保持燃烧自行传播的环境。 1. 爆炸性气体环境危险场所分区 根据爆炸性气体混合物出现的频繁程度和持续时间，对危险场所分区，分为：0 区、1 区、2 区。 （1）0 区，指正常运行时连续或长时间出现或短时间频繁出现爆炸性气体、蒸气或薄雾的区域。例如：油罐内部液面上部空间。 （2）1 区，指正常运行时可能出现（预计周期性出现或偶然出现）爆炸性气体、蒸气或薄雾的区域。例如：油罐顶上呼吸阀附近。 （3）2 区，指正常运行时不出现，即使出现也只可能是短时间偶然出现爆炸性气体、蒸气或薄雾的区域。例如：油罐外 3 m 内。 2. 释放源的等级 释放源的等级和通风条件对分区有直接影响。其中释放源是划分爆炸危险区域的基础。释放源有如下几种情况。 （1）连续级释放源。连续释放、长时间释放或短时间频繁释放； （2）一级释放源。正常运行时周期性释放或偶然释放； （3）二级释放源。正常运行时不释放或不经常且只能短时间释放； （4）多级释放源。包含上述两种以上特征。 3. 通风类型划分 （1）通风的主要方式。通风主要有自然通风和人工通风两种类型。 自然通风，指的是一种由风或温度的配合效果而引起的空气流动或新鲜空气的置换。户外开放场所、户外开放式建筑物或具备良好自然通风条件的户内环境（如空气对流通道）的通风都可列为自然通风。 人工通风，指的是一种利用人工方法例如排气扇等使危险环境的空气流动或新鲜空气置换。人工通风是一种强制性通风，又分为对整体场所进行的普遍性强制通风和对局部场所进行的针对性强制通风。 （2）通风的有效性。通风的有效性主要反映通风连续性的优劣，影响着爆炸危险环境的存在或形成。 通风有效性分为“良好”、“一般”和“差”三个等级。“良好通风”指的是通风连续地存在；“一般通风”指的是在正常运行时，预计通风存在，允许短时，不经常的不连续通风；“差的通风”指的是不能满足“良好”或“一般”标准的通风，但预计不会出现长时间的不连续通风。与通风相对应的“无通风”，指的是不采取与新鲜空气置换措施的状态。 （3）通风的等级。IEC 和我国有关标准将通风分为高、中、低三个等级。 高级通风（VH）——能够在释放源处瞬间降低其浓度，使其低于爆炸下限（LEL），区域范围很小甚至可以忽略不计

续表

项目	具体内容	
危险环境	爆炸性气体环境	中级通风(VM)——能够控制浓度,使得区域界限外部的浓度稳定地低于爆炸下限,虽然释放源正在释放中,并且释放停止后,爆炸性环境持续存在时间不会过长。 低级通风(VL)——在释放源释放过程中,不能控制其浓度,并且在释放源停止释放后,也不能阻止爆炸性环境持续存在。 4. 爆炸性气体场所危险区域的划分 划分危险区域时,应综合考虑释放源级别和通风条件,并应遵循以下原则: (1)首先应按下列释放源级别划分区域:存在连续级释放源的区域可划为0区;存在第一级释放源区域,可划为1区;存在第二级释放源的区域,可划为2区。 (2)其次应根据通风条件调整区域划分。当通风良好时,应降低爆炸危险区域等级。良好的通风标志是混合物中危险物质的浓度被稀释到爆炸下限的25%以下。局部机械通风在降低爆炸性气体混合物浓度方面比自然通风和一般机械通风更为有效时,可采用局部机械通风降低爆炸性危险区域等级。 5. 爆炸性气体环境危险区域的范围 爆炸性气体环境危险区域的范围应按下列要求确定: (1)爆炸危险区域的范围应根据释放源的级别和位置、易燃物质的性质、通风条件、障碍物及生产条件、运行经验,经技术经济比较综合确定。 (2)建筑物内部,宜以厂房为单位划定爆炸危险区域的范围。但也应根据生产的具体情况,当厂房内空间大,释放源释放的易燃物质质量少时,可按厂房内部分空间划定爆炸危险的区域范围。 (3)当易燃物质可能大量释放并扩散到15 m以外时,爆炸危险区域的范围应划分附加2区。 (4)在物料操作温度高于可燃液体闪点的情况下,可燃液体可能泄漏时,其爆炸危险区域的范围可适当缩小
	爆炸性粉尘环境	爆炸性粉尘环境是指在一定条件下,粉尘、纤维或飞絮的可燃性物质与空气形成的混合物被点燃后,能够保持燃烧自行传播的环境。 根据粉尘、纤维或飞絮的可燃性物质与空气形成的混合物出现的频率和持续时间及粉尘层厚度进行分类,将爆炸性粉尘环境分为20区、21区和22区。 (1)20区。在正常运行工程中,可燃性粉尘连续出现或经常出现其数量足以形成可燃性粉尘与空气混合物和/或可能形成无法控制和极厚的粉尘层的场所及容器内部

续表

项目	具体内容	
危险环境	爆炸性粉尘环境	(2)21 区。在正常运行过程中，可能出现粉尘数量足以形成可燃性粉尘与空气混合物但未划入 20 区的场所。该区域包括，与充入或排放粉尘点直接相邻的场所、出现粉尘层和正常操作情况下可能产生可燃浓度的可燃性粉尘与空气混合物的场所。 (3)22 区。在异常情况下，可燃性粉尘云偶尔出现并且只是短时间存在、或可燃性粉尘偶尔出现堆积或可能存在粉尘层并且产生可燃性粉尘空气混合物的场所。如果不能保证排除可燃性粉尘堆积或粉尘层时，则应划为 21 区
	火灾危险环境	火灾危险环境按下列规定分为 21 区、22 区和 23 区。 (1)火灾危险 21 区。具有闪点高于环境温度的可燃液体，在数量和配置上能引起火灾危险的环境。 (2)火灾危险 22 区。具有悬浮状、堆积状的可燃粉尘或纤维，虽不可能形成爆炸混合物，但在数量和配置上能引起火灾危险的环境。 (3)火灾危险 23 区。具有固体状可燃物质，在数量和配置上能引起火灾危险的环境

表 2－3 引燃温度分组

组别	引燃温度 T/℃
$T1$	$450 < T$
$T2$	$300 < T \leqslant 450$
$T3$	$200 < T \leqslant 300$
$T4$	$135 < T \leqslant 200$
$T5$	$100 < T \leqslant 135$
$T6$	$85 < T \leqslant 100$

考点 2 防爆电气设备和防爆电气线路

项目	具体内容	
防爆电气设备和防爆电气线路	防爆电气设备	1. 防爆电气设备类型 爆炸性环境用电气设备与爆炸危险物质的分类相对应，被分为Ⅰ类、Ⅱ类、Ⅲ类。Ⅰ类电气设备，用于煤矿瓦斯气体环境。Ⅱ类电气设备，用于煤矿甲烷以外的爆炸性气体环境。Ⅲ类电气设备，用于爆炸性粉尘环境

续表

项目	具体内容	
防爆电气设备和防爆电气线路	防爆电气设备	2. 防爆电气设备防爆结构型式 (1)爆炸性气体环境防爆电气设备结构型式及符号。 用于爆炸性气体环境的防爆电气设备结构型式及符号分别是:隔爆型(d)、增安型(e)、本质安全型(i,对应不同的保护等级分为 ia、ib、ic)、浇封型(m,对应不同的保护等级分为 ma、mb、me)、无火花型(nA)、火花保护(nC)、限制呼吸型(nR)、限能型(nL)、油浸型(o)、正压型(p,对应不同的保护等级分为 px、py、pz)、充砂型(q)等设备。 (2)爆炸性粉尘环境防爆电气设备结构型式及符号。 用于爆炸性粉尘环境的防爆电气设备结构型式及符号分别是:隔爆型(t,对应不同的保护等级分为 ta、tb、te)、本质安全型(i,对应不同的保护等级分为 ia、ib、ic)、浇封型(m,对应不同的保护等级 EPL 分为 ma、mb、me)、正压型(p)等设备。 3. 爆炸危险环境中电气设备的选用一般原则 (1)应根据电气设备使用环境的区域、电气设备的种类、防护级别和使用条件等选择电气设备。 (2)所选用的防爆电气设备的类别和组别不应低于该危险环境内爆炸性混合物的类别和组别
	防爆电气线路	(1)敷设位置。电气线路应当敷设在爆炸危险性较小或距离释放源较远的位置。 (2)敷设方式。爆炸危险环境中电气线路主要采用防爆钢管配线和电缆配线,在敷设时的最小截面、接线盒、管子连接要求等方面应满足对应爆炸危险区域的防爆技术要求。 (3)导线材料选择。爆炸危险环境危险等级 1 区的范围内,配电线路应采用铜芯导线或电缆。在有剧烈振动处应选用多股铜芯软线或多股铜芯电缆。煤矿井下不得采用铝芯电力电缆。 爆炸危险环境危险等级 2 区的范围内,电力线路应采用截面积 4 mm^2 及以上的铝芯导线或电缆,照明线路可采用截面积 2.5 mm^2 及以上的铝芯导线或电缆。 (4)允许载流量。1 区、2 区绝缘导线截面和电缆截面的选择,导体允许载流量不应小于熔断器熔体额定电流和断路器长延时过电流脱扣器整定电流的 1.25 倍。引向低压笼型感应电动机支线的允许载流量不应小于电动机额定电流的 1.25 倍 (5)电气线路的连接。1 区和 2 区的电气线路的中间接头必须在与该危险环境相适应的防爆型的接线盒或接头盒内部。1 区宜采用隔爆型接线盒,2 区可采用增安型接线盒

第四节　雷击和静电防护技术

考点1　防雷措施

项目		具体内容
防雷措施	建筑物防雷的分类	1. 第一类防雷建筑物 (1)凡制造、使用或储存火炸药及其制品的危险建筑物,因电火花而引起爆炸、爆轰,会造成巨大破坏和人身伤亡者。 (2)具有0区或20区爆炸危险场所的建筑物。 (3)具有1区或21区爆炸危险场所的建筑物,因电火花而引起爆炸,会造成巨大破坏和人身伤亡者。例如,火药制造车间、乙炔站、电石库、汽油提炼车间等。 2. 第二类防雷建筑物 (1)国家级重点文物保护的建筑物。 (2)国家级的会堂、办公建筑物、大型展览和博览建筑物、大型火车站和飞机场、国宾馆,国家级档案馆、大型城市的重要给水水泵房等特别重要的建筑物。 (3)国家级计算中心、国际通信枢纽等对国民经济有重要意义的建筑物。 (4)国家特级和甲级大型体育馆。 (5)制造、使用或储存火炸药及其制品的危险建筑物,且电火花不易引起爆炸或不致造成巨大破坏和人身伤亡者。 (6)具有1区或21区爆炸危险场所的建筑物,且电火花不易引起爆炸或不致造成巨大破坏和人身伤亡者。 (7)具有2区或22区爆炸危险场所的建筑物。 (8)有爆炸危险的露天钢质封闭气罐。 (9)预计雷击次数大于0.05次/a的省、部级办公建筑物和其他重要或人员密集的公共建筑物以及火灾危险场所。 (10)预计雷击次数大于0.25次/a的住宅、办公楼等一般性民用建筑物或一般性工业建筑物。 3. 第三类防雷建筑物 (1)省级重点文物保护的建筑物及省级档案馆。 (2)预计雷击次数大于或等于0.01次/a且小于或等于0.05次/a的省、部级办公建筑物和其他重要或人员密集的公共建筑物以及火灾危险场所。 (3)预计雷击次数大于或等于0.05次/a且小于或等于0.25次/a的住宅、办公楼等一般性民用建筑物或一般性工业建筑物

续表

项目	具体内容	
防雷措施	建筑物防雷的分类	(4)年平均雷暴日大于 15 d/a 的地区，高度在 15 m 及以上的烟囱、水塔等孤立的高耸建筑物；年平均雷暴日小于或等于 15 d/a 的地区，高度在 20 m 及以上的烟囱、水塔等孤立的高耸建筑物
	防雷分类	(1)外部防雷，即针对直击雷的防护，不包括防止外部防雷装置受到直接雷击时向其他物体的反击。 (2)内部防雷，包括防雷电感应、防反击以及防雷击电涌侵入和防生命危险。 (3)防雷击电磁脉冲，是对建筑物内电气系统和电子系统防雷电流引发的电磁效应，包含防经导体传导的闪电电涌和防辐射脉冲电磁场效应
	防雷装置	建筑物防雷装置是指用于对建筑物进行雷电防护的整套装置，由外部防雷装置和内部防雷装置组成。 (1)外部防雷装置，指用于防直击雷的防雷装置，由接闪器、引下线和接地装置组成。 (2)内部防雷装置，由屏蔽导体、等电位连接件和电涌保护器等组成。对于变配电设备，常采用避雷器作为防止雷电波侵入的装置
	防雷措施	1. 直击雷防护 (1)第一类防雷建筑物、第二类防雷建筑物和第三类防雷建筑物均应设置防直击雷的外部防雷装置；高压架空电力线路、变电站等也应采取防直击雷的措施。 (2)直击雷防护的主要措施是装设接闪杆、架空接闪线或网。接闪杆分独立接闪杆和附设接闪杆。独立接闪杆是离开建筑物单独装设的，接地装置应当单设。 (3)第一类防雷建筑物的直击雷防护，要求装设独立接闪杆、架空接闪线或网。 (4)第二类和第三类防雷建筑物的直击雷防护措施，宜采用装设在建筑物上的接闪网、接闪带或接闪杆，或由其混合组成的接闪器。 2. 闪电感应防护 第一类防雷建筑物和具有爆炸危险的第二类防雷建筑物均应采取防闪电感应的防护措施。闪电感应的防护主要有静电感应防护和电磁感应防护两方面

续表

<table>
<tr><th>项目</th><th colspan="2">具体内容</th></tr>
<tr><td>防雷措施</td><td>防雷措施</td><td>(1)静电感应防护——为了防止静电感应产生的过电压,应将建筑物内的设备、管道、构架、钢屋架、钢窗、电缆金属外皮等较大金属物和突出屋面的放散管、风管等金属物,均应与防雷电感应的接地装置相连。对第二类防雷建筑物可就近接至防直击雷接地装置或电气设备的保护接地装置上,可不单接接地装置。
(2)电磁感应防护——为了防止电磁感应,平行敷设的管道、构架和电缆金属外皮等长金属物,其净距小于100 mm时,应采用金属线跨接,跨接点之间的距离不应超过30 m;交叉净距小于100 mm时,其交叉处也应跨接。当长金属物的弯头、阀门、法兰盘等连接处的过渡电阻大于0.03 Ω时,连接处也应用金属线跨接。在非腐蚀环境下,对于不少于5根螺栓连接的法兰盘可不跨接。防电磁感应的接地装置也可与其他接地装置共用。
3. 闪电电涌侵入防护
第一类防雷建筑物、第二类防雷建筑物和第三类防雷建筑物均应采取防闪电电涌侵入的防护措施。属于闪电电涌侵入造成的雷害事故很多。在低压系统,这种事故占总雷害事故的70%以上。
(1)室外低压配电线路宜全线采用电缆直接埋地敷设,在入户处应将电缆的金属外皮、钢管接到等电位连接带或防闪电感应的接地装置上,在入户处的总配电箱内是否装设电涌保护器应根据具体情况按雷击电磁脉冲防护的有关规定确定。
(2)当难于全线采用电缆时,不得将架空线路直接引入屋内,允许从架空线上换接一段有金属铠装(埋地部分的金属铠装要直接与周围土壤接触)的电缆或护套电缆穿钢管直接埋地引入。这时,电缆首端必须装设户外型电涌保护器并与绝缘子铁脚、金具、电缆金属外皮等共同接地,入户端的电缆金属外皮、钢管必须接到防闪电感应接地装置上。
4. 人身防雷
雷雨天气情况下,室内人身防雷应注意的要点有:
(1)人体最好离开可能传来雷电侵入波的照明线、动力线、电话线、广播线、收音机和电视机电源线、收音机和电视机天线1.5 m以上,尽量暂时不用电器,最好拔掉电源插头。
(2)不要靠近室内的金属管线,如暖气片、自来水管、下水管等,以防止这些导体对人体的二次放电。
(3)关好门窗,防止球形雷窜入室内造成危害</td></tr>
</table>

考点2 静电防护

项目		具体内容
静电防护	环境危险程度的控制	(1)取代易燃介质。例如,用三氯乙烯、四氯化碳、苛性钠或苛性钾代替汽油、煤油作洗涤剂,能够具有良好的防爆效果。 (2)降低爆炸性气体、蒸气混合物的浓度。 (3)减少氧化剂含量,混合物中氧含量不超过8%时即不会引起燃烧
	工艺控制	1. 材料的选用 在存在摩擦而且容易产生静电的工艺环节,生产设备宜使用与生产物料相同的材料,或采用位于静电序列中段的金属材料制成生产设备,以减轻静电的危害。 2. 限制物料的运动速度 液体石油产品采用顶部装油时,装油鹤管应深入槽罐底部200 mm处。初始流速不应大于1 m/s,当注入口浸没200 mm后,可逐步提高流速,但最大流速不应超过7 m/s。烃类液体在鹤管内的容许流速按公式计算。 铁路罐车:$V \times D \leqslant 0.8$ m;汽车罐车:$V \times D \leqslant 0.5$ m(V液体流速;D鹤管内径)。 3. 加大静电消散过程 在输送工艺过程中,在管道的末端加装一个直径较大的缓和器,可大大降低液体在管道内流动时积累的静电
	静电接地	接地是防静电危害的最基本措施,可能产生静电的管道两端和每隔200~300 m处均应接地。平行管道相距10 cm以内时,每隔20 m应用连接线互相连接起来。管道与管道或管道与其他金属物件交叉或接近,其间距离小于10 cm时,也应互相连接起来。 汽车槽车、铁路槽车在装油之前,应与储油设备跨接并接地;装、卸完毕先拆除油管,后拆除跨接线和接地线。 因为静电泄漏电流很小,所有单纯为了消除导体上静电的接地,其防静电接地电阻原则上不得超过1 MΩ即可;但出于检测方便等考虑,规程要求接地电阻不超过100~1 000 Ω
	增湿	局部环境的相对湿度宜增加至50%以上。增湿的作用主要是增强静电沿绝缘体表面的泄漏
	抗静电添加剂	抗静电添加剂是具有良好导电性或较强吸湿性的化学药剂。加入抗静电添加剂之后,材料能降低体积电阻率或表面电阻率
	静电中和器	静电中和器是指将气体分子进行电离,产生消除静电所必要的离子(一般为正、负离子对)的机器,也称为静电消除器。使用静电中和器,让与带电物体上静电荷极性相反的离子去中和带电物体上的静电,以减少物体上的带电量

续表

项目	具体内容	
静电防护	人体静电的危害	为了防止人体静电的危害，在气体爆炸危险场所的等级属 0 区及 1 区时，作业人员应穿防静电工作服，防静电工作鞋、袜，佩戴防静电手套。禁止在静电危险场所穿脱衣物、帽子及类似物，并避免剧烈的身体运动

第五节　电气装置安全技术

考点 1　变配电站安全

项目	具体内容
变配电站安全	变配电站是企业的动力枢纽。变配电站装有变压器、互感器、避雷器、电力电容器、高低压开关、高低压母线、电缆等多种高压设备和低压设备。 1. 变配电站位置 变配电站位置应符合供电、建筑、安全的基本原则。从安全角度考虑，变配电站应避开易燃易爆环境；变配电站宜设在企业的上风侧，并不得设在容易沉积粉尘和纤维的环境；地势低洼处不宜建变配电站；变配电站应有足够的消防通道并保持畅通。 2. 建筑结构 高压配电室、低压配电室、油浸电力变压器室、电力电容器室、蓄电池室应为耐火建筑。蓄电池室应隔离。室内油量 600 kg 以上的充油设备必须有事故蓄油设施。储油坑应能容纳 100% 的油。 3. 间距、屏护和隔离 变配电站各部间距和屏护应符合专业标准的要求。室外变、配电装置与建筑物应保持规定的防火间距。室内充油设备油量 60 kg 以下者允许安装在两侧有隔板的间隔内；油量 60 ~ 600 kg 者须装在有防爆隔墙的间隔内；600 kg 以上者应安装在单独的间隔内。 4. 通道 变配电站室内各通道应符合要求。高压配电装置长度大于 6 m 时，通道应设两个出口；低压配电装置两个出口间的距离超过 15 m 时，应增加出口。 5. 通风 蓄电池室、变压器室、电力电容器室应有良好的通风。 6. 封堵 门窗及孔洞应设置网孔小于 10 mm × 10 mm 的金属网，防止小动物钻入。通向站外的孔洞、沟道应予封堵。 7. 标志 变配电站的重要部位应设有“止步，高压危险！”等标志

续表

项目	具体内容
变配电站安全	8. 联锁装置 断路器与隔离开关操动机构之间、电力电容器的开关与其放电负荷之间应装有可靠的联锁装置。 9. 电气设备正常运行 电流、电压、功率因数、油量、油色、温度指示应正常；连接点应无松动、过热迹象；门窗、围栏等辅助设施应完好；声音应正常，应无异常气味；瓷绝缘不得掉瓷、有裂纹和放电痕迹并保持清洁；充油设备不得漏油、渗油。 10. 安全用具和灭火器材 变配电站应备有绝缘杆、绝缘夹钳、绝缘靴、绝缘手套、绝缘垫、绝缘站台、各种标示牌、临时接地线、验电器、脚扣、安全带、梯子等各种安全用具。变配电站应配备可用于带电灭火的灭火器材。 11. 技术资料 变配电站应备有高压系统图、低压系统图、电缆布线图、二次回路接线图、设备使用说明书、试验记录、测量记录、检修记录、运行记录等技术资料。 12. 管理制度 变配电站应建立并执行各项行之有效的规章制度

考点 2　主要变配电设备安全

项目		具体内容
主要变配电设备安全	电力变压器	1. 变压器的安装 (1)变压器各部件及本体的固定必须牢固。 (2)电气连接必须良好，铝导体与变压器的连接应采用铜铝过渡接头。 (3)在不接地的 10 kV 系统中，变压器的接地一般是其低压绕组中性点、外壳及其阀型避雷器三者共用的接地。接地必须良好，接地线上应有可断开的连接点。 (4)变压器防爆管喷口前方不得有可燃物体。 (5)位于地下的变压器室的门、变压器室通向配电装置室的门、变压器室之间的门均应为防火门。 (6)居住建筑物内安装的油浸式变压器，单台容量不得超过 400 kV · A。 (7)10 kV 变压器壳体距门不应小于 1 m，距墙不应小于 0.8 m(装有操作开关时不应小于 1.2 m)。 (8)采用自然通风时，变压器室地面应高出室外地面 1.1 m。 (9)室外变压器容量不超过 315 kV · A 者可柱上安装，315 kV · A 以上者应在台上安装；一次引线和二次引线均应采用绝缘导线；柱上变压器底部距

续表

<table>
<tr><th>项目</th><th colspan="2">具体内容</th></tr>
<tr><td rowspan="2">主要变配电设备安全</td><td>电力变压器</td><td>地面高度不应小于2.5 m,裸导体距地面高度不应小于3.5 m;变压器台高度一般不应低于0.5 m,其围栏高度不应低于1.7 m,变压器壳体距围栏不应小于1 m,变压器操作面距围栏不应小于2 m。
(10)变压器室的门和围栏上应有“止步,高压危险!”的明显标志。
2. 变压器的运行
运行中变压器高压侧电压偏差不得超过额定值的 ±5%,低压最大不平衡电流不得超过额定电流的25%。上层油温一般不应超过 85 ℃;冷却装置应保持正常,呼吸器内吸潮剂的颜色应为淡蓝色;通向气体继电器的阀门和散热器的阀门应在打开状态,防爆管的膜片应完整,变压器室的门窗、通风孔、百叶窗、防护网、照明灯应完好;室外变压器基础不得下沉,电杆应牢固,不得倾斜。干式变压器的安装场所应有良好的通风,且环境相对湿度不得超过 70% ~85%</td></tr>
<tr><td>高压开关</td><td>高压开关主要包括高压断路器、高压负荷开关和高压隔离开关。高压开关用以完成电路的转换,有较大的危险性。
(1)高压断路器。高压断路器是高压开关设备中最重要、最复杂的开关设备。高压断路器有强力灭弧装置,既能在正常情况下接通和分断负荷电流,又能借助继电保护装置在故障情况下切断过载电流和短路电流。
按照灭弧介质和灭弧方式,高压断路器可分为少油断路器、多油断路器、真空断路器、六氟化硫断路器、压缩空气断路器、固体产气断路器和磁吹断路器。
高压断路器必须与高压隔离开关或隔离插头串联使用,由断路器接通和分断电流,由隔离开关或隔离插头隔断电源。10 kV 系统中常安装机械式或电磁式联锁装置。
(2)高压隔离开关。高压隔离开关简称刀闸。隔离开关没有专门的灭弧装置,不能用来接通和分断负荷电流,更不能用来切断短路电流。隔离开关主要用来隔断电源,以保证检修和倒闸操作的安全。
隔离开关安装应当牢固,电气连接应当紧密、接触良好,与铜、铝导体连接须采用铜铝过渡接头。隔离开关不能带负荷操作。运行中的高压隔离开关连接部位温度不得超过 75 ℃,机构应保持灵活。
(3)高压负荷开关。高压负荷开关有比较简单的灭弧装置,用来接通和断开负荷电流。
负荷开关必须与有高分断能力的高压熔断器配合使用,由熔断器切断短路电流。且其前方不得有可燃物</td></tr>
</table>

考点 3　配电柜(箱)

项目	具体内容	
配电柜(箱)	配电柜(箱)安装	(1)配电柜(箱)应用不可燃材料制作。 (2)触电危险性小的生产场所和办公室,可安装开启式的配电板。 (3)触电危险性大或作业环境较差的加工车间、铸造、锻造、热处理、锅炉房、木工房等场所,应安装封闭式箱柜。 (4)有导电性粉尘或产生易燃易爆气体的危险作业场所,必须安装密闭式或防爆型的电气设施。 (5)配电柜(箱)各电气元件、仪表、开关和线路应排列整齐、安装牢固、操作方便,柜(箱)内应无积尘、积水和杂物。 (6)落地安装的柜(箱)底面应高出地面 50 ~ 100 mm,操作手柄中心高度一般为 1.2 ~ 1.5 m,柜(箱)前方 0.8 ~ 1.2 m 的范围内无障碍物。 (7)保护线连接可靠。 (8)柜(箱)以外不得有裸带电体外露,装设在柜(箱)外表面或配电板上的电气元件,必须有可靠的屏护
	配电柜(箱)运行	配电柜(箱)内各电气元件及线路应接触良好、连接可靠,不得有严重发热、烧损现象。配电柜(箱)的门应完好,门锁应有专人保管

考点 4　用电设备和低压电器

项目	具体内容
用电设备和低压电器	1. 电气设备外壳防护 电气设备的外壳防护包括:固体异物进入壳内设备的防护、人体触及内部危险部件的防护、水进入内部的防护。 2. 手持电动工具和移动式电气设备 手持电动工具包括手电钻、手砂轮、冲击电钻、电锤、手电锯等工具。移动式设备包括蛙夯、振捣器、水磨石磨平机等电气设备,其安全使用条件如下。 (1) Ⅱ类、Ⅲ类设备没有保护接地或保护接零的要求; Ⅰ类设备必须采取保护接地或保护接零措施。设备的保护线应接保护干线。 (2)移动式电气设备的保护零线(或地线)不应单独敷设,而应当与电源线采取同样的防护措施,即采用带有保护心线的橡皮套软线作为电源线。电源线不得有破损或龟裂,中间不得有接头,电源线与设备之间的防止拉脱的紧固装置应保持完好。设备的软电缆及其插头不得任意接长、拆除或调换。 (3)移动式电气设备的电源插座和插销应有专用的接零(地)插孔和插头。 (4)一般场所,手持电动工具应采用Ⅱ类设备;如果使用Ⅰ类工具,则应在电气线路中采用额定剩余动作电流不大于 30 mA 的剩余电流动作保护器、隔离变压器等保护措施。在潮湿或金属构架上等导电性能良好的作业场所,应使用Ⅱ类或Ⅲ类设备。在锅炉内、金

续表

项目	具体内容
用电设备和低压电器	属容器内、管道内等狭窄的特别危险场所，应使用Ⅲ类设备。如果使用Ⅱ类设备，则必须装设额定漏电动作电流不大于 15 mA、动作时间不大于 0.1 s 的漏电保护器，而且，Ⅲ类设备的隔离变压器、Ⅱ类设备的漏电保护器以及Ⅱ、Ⅲ类设备控制箱和电源连接器等必须放在作业场所的外面。在狭窄作业场所操作时，应有人在外监护。 （5）使用Ⅰ类设备应配用绝缘手套、绝缘鞋、绝缘垫等安全用具。 （6）设备的电源开关不得失灵、不得破损并应安装牢固，接线不得松动，转动部分应灵活。 （7）绝缘电阻合格，带电部分与可触及导体之间的绝缘电阻Ⅰ类设备不低于 2 MΩ，Ⅱ类设备不低于 7 MΩ。 3. 电焊设备 手工电弧焊应用很广，其危险因素也比较多。其主要安全要求如下： （1）电弧熄灭时焊钳电压较高，为了防止触电及其他事故，电焊工人应当戴帆布手套、穿胶底鞋。在金属容器中工作时，还应戴上头盔、护肘等防护用品。电焊工人的防护用品还应能防止烧伤和射线伤害。 （2）在高度触电危险环境中进行电焊时，可以安装空载自停装置。 （3）固定使用的弧焊机的电源线与普通配电线路同样要求，移动使用的弧焊机的电源线应按临时线处理。弧焊机的二次线路最好采用两条绝缘线。 （4）弧焊机的电源线上应装设隔离电器、主开关和短路保护电器。 （5）电焊机外露导电部分应采取保护接零（或接地）措施。为了防止高压窜入低压造成的危险和危害，交流弧焊机二次侧应当接零（或接地）。但必须注意二次侧接焊钳的一端是不允许接零或接地的，二次侧的另一条线也只能一点接零（或接地），以防止部分焊接电流经其他导体构成回路。 （6）弧焊机一次绝缘电阻不应低于 1 MΩ，二次绝缘电阻不应低于 0.5 MΩ。弧焊机应安装在干燥、通风良好处，不应安装在易燃易爆环境、有腐蚀性气体的环境、有严重尘垢的环境或剧烈振动的环境。室外使用的弧焊机应采取防雨雪措施，工作地点下方有可燃物品时应采取适当的安全措施。 （7）移动焊机时必须停电。 4. 低压保护电器 低压保护电器主要用来获取、转换和传递信号，并通过其他电器对电路实现控制。熔断器和热继电器属于最常见的低压保护电器。 （1）熔断器。熔断器有管式熔断器、插式熔断器、螺塞式熔断器等多种形式。管式熔断器有 2 种：一种是纤维材料管，由纤维材料分解大量气体灭弧；一种是陶瓷管，管内填充石英砂，由石英砂冷却和熄灭电弧。管式熔断器和螺塞式熔断器都是封闭式结构，电弧不容易与外界接触，适用范围较广。管式熔断器多用于大容量的线路。螺塞式熔断器和插式熔断器用于中、小容量线路。 （2）热继电器。热继电器也是利用电流的热效应制成的。它主要由热元件、双金属片、控制触头等组成。热继电器的热容量较大，动作不快，只用于过载保护

跟踪训练

1. 接地保护和接零保护是防止间接接触电击的基本技术措施，其类型有 IT 系统（不接地配电网、接地保护）、TT 系统（接地配电网、接地保护）、TN 系统（接地配电网、接零保护）。存在火灾爆炸危险的生产场所，必须采用（　　）系统。

A. TN－C　　B. TN－C－S

C. TN－S－C　　D. TN－S

2. 下图表示人的室颤电流与电流持续时间的关系。该图表明，当电流持续时间超过心脏搏动周期时，人的室颤电流约为（　　）。

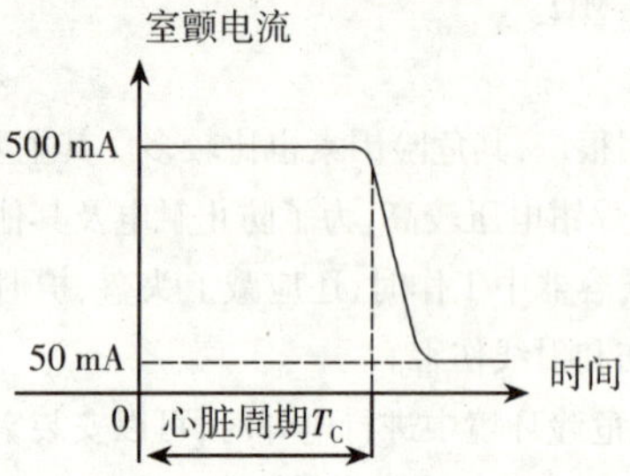

A. 550 mA　　B. 500 mA　　C. 450 mA　　D. 50 mA

3. 绝缘是防止直接接触电击的基本措施之一，电气设备的绝缘电阻应经常检测，绝缘电阻用兆欧表测定。下列关于绝缘电阻测定的做法中，正确的是（　　）。

A. 在电动机满负荷运行情况下进行测量

B. 在电动机空载运行情况下进行测量

C. 在电动机断开电源情况下进行测量

D. 在电动机超负荷运行情况下进行测量

4. 下列关于直接接触电击防护的说法中，正确的是（　　）。

A. 耐热分级为 A 级的绝缘材料，其使用的极限温度高于 B 级绝缘材料

B. 屏护遮栏下边缘离地不大于 0.5 m 即可

C. 低压电路检修时，所携带的工具与带电体之间间隔不小于 0.1 m 即可

D. 起重机械金属部分离 380 V 电力线的间隔大于 1 m 即可

5. 电击分为直接接触电击和间接接触电击。下列触电导致人遭到电击的状态中，属于直接接触电击的是（　　）。

A. 电风扇漏电，有人碰到电风扇金属罩而遭到电击

B. 有人把照明灯电线挂在铁丝上，电线绝缘层磨破，碰到铁丝而遭到电击

C. 起重机吊臂碰到 380 V 架空线，挂钩工人遭到电击

D. 架空线电线折断，电线落在金属货架上，人碰到金属货架而遭到电击

6. 漏电保护又称剩余电流保护。漏电保护装置的核心元件是零序电流互感器。将漏电保护装置与开关组装在一起即构成漏电断路器（开关）。漏电断路器的保护功能是有局限

的。下列事故状态中，漏电断路器不能发挥保护作用的是(　　)。

A. 三相短路　　B. 两线触电　　C. 两相短路　　D. 漏电火灾

7. 电气设备的防触电保护可分为5类，各类设备使用时对附加安全措施的装接要求不同。下列关于电气设备装接保护接地的说法中，正确的是(　　)。

A. 0Ⅰ类设备必须装接保护接地　　B. Ⅰ类设备可以装接也允许不装接保护接地

C. Ⅱ类设备必须装接保护接地　　D. Ⅲ类设备应装接保护接地

8. 下列关于电流灼伤说法正确的是(　　)。

A. 电流途径上电阻越大，电流灼伤越小　　B. 电流灼伤一般发生在高压设备上

C. 电流灼伤是电流的热效应对人体的伤害　　D. 数百毫安的电流即可造成严重的灼伤

9. 安全电压是在一定条件下，一定时间内不危及生命安全的电压，我国标准规定的工频安全电压等级有42 V、36 V、24 V、12 V、6 V(有效值)。不同的用电环境、不同种类的用电设备应选用不同的安全电压。在有触电危险的环境中所使用的手持照明灯电压不得超过(　　)。

A. 12　　B. 24　　C. 36　　D. 42

10. 在触电危险性较大的环境中，应使用TN－S系统(保护接零系统)，其用电设备的金属外壳除须连接保护导体(PE线)外，还应与(　　)妥善连接。

A. 低压系统接地(低压工作接地)　　B. 防雷接地

C. 等电位导体　　D. 防静电接地

11. 带有缺陷的电气装置在一定的条件下可能发生爆炸，下列四种电气装置中，发生爆炸危险最大的是(　　)。

A. 防爆型电动机　　B. 高压架空线路

C. 高压电缆终端头　　D. 干式变压器

12. 下列关于雷电的破坏性说法中，错误的是(　　)

A. 直击雷具有机械效应、热效应

B. 闪电感应不会在金属管道上产生雷电波

C. 雷电劈裂树木系雷电流使树木中的气体急剧膨胀或水汽化所导致

D. 雷击时电视和通信受到干扰，源于雷击产生的静电场突变和电磁辐射

13. 雷电放电，特别是积云对地面设施等物件的放电可能导致火灾和爆炸、人身伤亡、设施毁坏、系统停电等严重事故。下列关于雷电危险性的说法中，错误的是(　　)。

A. 雷电电压极高、能量极大，每次放电持续时间也很长

B. 闪电感应(雷电感应、感应雷)能引起爆炸

C. 球形雷(球雷)能引起火灾

D. 在装有电视天线的独立住宅内看电视也存在遭受雷击的危险

14. 直击雷、闪电感应(雷电感应、感应雷)、球形雷(球雷)、雷击电磁脉冲都可能造成严重事故。下列关于避雷针安全作用的描述中，正确的是(　　)。

A. 避雷针能防闪电静电感应　　B. 避雷针能防直击雷

C. 避雷针能防闪电电磁感应　　D. 避雷针能防雷击电磁脉冲

15. 某黏合剂厂曾发生一起由静电引起的爆炸事故。下图是事故现场简图。汽油桶中装满甲苯，开动空压机后，压缩空气经橡胶软管将甲苯经塑料软管顶入反应釜。开始灌装十几分钟后反应釜内发生燃爆，导致6人死亡，1人重伤。橡胶软管内空气流速和塑料软管内甲苯流速都很高。这起事故中，产生危险静电的主要过程是(　　)。

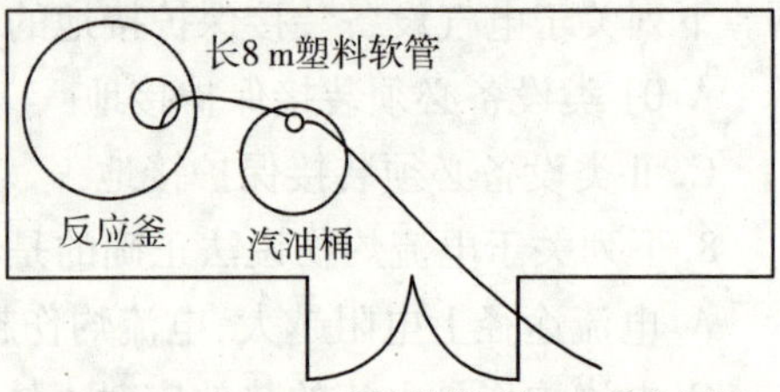

A. 压缩空气在橡胶软管内高速流动

B. 甲苯在塑料软管内高速流动

C. 工作人员在现场走动

D. 空压机合闸送电

16. 静电危害是由静电电荷和静电场能量引起的。下列关于生产过程所产生静电的危害形式和事故后果的说法中，正确的是(　　)。

A. 静电电压可能高达数千伏以上，能量巨大，破坏力强

B. 静电放电火花会成为可燃性物质的点火源，引发爆炸和火灾事故

C. 静电可直接使人致命

D. 静电不会导致电子设备损坏，但会妨碍生产，导致产品质量不良

17. 为防止静电危害，在装、卸油现场，应将所有正常时不带电的导体连通成整体并接地。下列装油操作步骤，正确的是(　　)。

A. 先接地后开始装油，结束时先断开接地线后停止装油

B. 先接地后开始装油，结束时先停止装油后断开接地线

C. 先开始装油后接地，结束时先停止装油后断开接地线

D. 先开始装油后接地，结束时先断开接地线后停止装油

18. 电气装置故障危害是由于电能或控制信息在传递、分配、转换过程中失去控制而产生的。当高压系统发生单相接地故障时，在接地处附近呈现出较高的跨步电压，形成触电的危险条件，上述危险状态产生的直接原因是(　　)。

A. 爆炸　　B. 异常带电

C. 异常停电　　D. 安全相关系统失效

19. 下列不属于雷电参数是(　　)。

A. 雷电流陡度　　B. 雷暴日

C. 球雷　　D. 冲击过电压

20. 通过低电阻接地，把故障电压限制在安全范围以内的是(　　)。

A. 保护接地系统　　B. TT 系统

C. TN 系统　　D. 保护接零系统

21. 金属容器内、特别潮湿处等特别危险环境中使用的手持照明灯应采用(　　)特低电压。

A. 6 V　　B. 12 V　　C. 24 V　　D. 36 V

二、多项选择题

1. 杨某带电修理照明插座时，电工改锥前端造成短路，眼前亮光一闪，改锥掉落地上，杨某手部和面部有灼热感，流泪不止。他遭到的电气伤害有(　　)。

A. 直接接触电击　B. 间接接触电击　C. 电弧烧伤　D. 灼伤

E. 电光性眼炎

2. 根据能量转移论的观点，电气危险因素是由于电能非正常状态形成的。触电是电气危险因素之一，触电分为电击和电伤两种伤害形式。下列关于电击、电伤的说法中，错误的有(　　)。

A. 大部分触电死亡既有电击的原因也有电伤的原因

B. 电击是电流直接作用于人体或电流转换为其他形态的能量作用于人体造成的伤害

C. 电伤是电流直接作用于人体造成的伤害

D. 电击都发生在低压电气设备上，电伤都发生在高压电气设备上

E. 单纯的电伤不会致人死亡

3. 电流的热效应、化学效应、机械效应对人体的伤害有电烧伤、电烙印、皮肤金属化等多种。下列关于电流伤害的说法中，正确的有(　　)。

A. 不到 10 A 的电流也可能造成灼伤

B. 电弧烧伤也可能发生在低压系统

C. 短路时开启式熔断器熔断，炽热的金属微粒飞溅出来不至于造成灼伤

D. 电光性眼炎表现为角膜炎、结膜炎

E. 电流作用于对人体使肌肉非自主的剧烈收缩可能产生伤害

4. 漏电保护器是一种防止触电的自动化电器，对于防止直接接触电击和间接接触电击都有作用。下列设备中，必须安装使用漏电保护器的有(　　)。

A. 宾馆房间的电源插座　B. 游泳池的电气设备

C. 高压电气设备　D. 移动式电焊机

E. 幼儿园用电设备

5. 电气装置的危险温度以及电气装置上发生的电火花或电弧是两个重要的电气引燃源。电气装置的危险温度指超过其设计运行温度的异常温度。下列选项所示的 5 种电气装置中，正常运行与操作时会在空气中产生电火花的有(　　)。

A. 节能灯　B. 控制按钮　C. 插座　D. 接触器

E. 绝缘电线

6. 电气装置的危险温度以及电气装置上发生的电火花或电弧是两个重要的电气引燃源。电气装置的危险温度指超过其设计运行温度的异常温度。电气装置的下列状态中，能产生危险温度的有(　　)。

A. 日光灯镇流器散热不良　B. 电气接点接触压力不够

C. 电动机电源电压过高　D. 电动机空载运行

E. 18 W 节能灯连续点燃 4 小时

7. 不同爆炸危险环境应选用相应等级的防爆设备，爆炸危险场所分级主要依据有(　　)。

A. 爆炸危险物出现的频繁程度　　B. 爆炸危险物出现的持续时间

C. 爆炸危险物释放源的等级　　D. 电气设备的防爆等级

E. 现场通风等级

8. 正确划分爆炸危险区域的级别和范围是电气防爆设计的基本依据之一。下列关于爆炸危险区域划分的说法中，正确的有(　　)。

A. 固定顶式油罐内部油面上方的空间应划为爆炸性气体环境 0 区

B. 正常运行时偶然释放爆炸性气体的空间可划为爆炸性气体环境 1 区

C. 正常运行时偶尔且只能短时间释放爆炸性气体的空间不划为爆炸性气体环境

D. 良好、有效的通风可降低爆炸性环境的危险等级

E. 爆炸性气体密度大于空气密度时，应提高地沟、凹坑内爆炸性环境的危险等级

9. 下列属于第二类防雷建筑物的是(　　)。

A. 国家级重点文物保护的建筑物　　B. 大型城市的重要给水水泵房

C. 乙炔站　　D. 国际通信枢纽

E. 汽油提炼车间

10. 雷雨天气情况下，下列关于室内人身防雷应注意的要点正确的是(　　)。

A. 收听广播，了解外界信息　　B. 不要靠近室内的自来水管

C. 打开门窗通风　　D. 拔掉电器电源插头

E. 人体离开电话线 1.5 m 以上

11. 低压保护电器主要用来获取、转换和传递信号，并通过其他电器对电路实现控制。其中最常见的低压保护电器是(　　)。

A. 熔断器　　B. 热继电器

C. 配电柜(箱)　　D. 高压隔离开关

E. 压缩空气断路器

参考答案及解析

一、单项选择题

1. D 【解析】TN－S 系统被称为最“干净”的系统。有爆炸危险、火灾危险性大及其他安全要求高的场所应采用 TN－S 系统。

2. D 【解析】室颤电流指引起心室发生心室纤维性颤动的最小电流。室颤电流与电流持续时间关系密切。当电流持续时间超过心脏搏动周期时，室颤电流仅为 50 mA 左右；当持续时间短于心脏周期时，室颤电流为数百毫安。

3. C 【解析】兆欧表主要由作为电源的手摇发电机，测量时实际上是给被测物加上直流电压，测量其通过的泄漏电流。因此必须在电气设备断电的情况下测量，减少干扰，保障

安全。

4. C 【解析】耐热分级A级低于B级；屏护遮栏下边缘离地不大于0.1 m；起重机械金属部分离1 kV以下者电力线的间隔大于1.5 m。

5. C 【解析】直接接触电击，指在电气设备或线路正常运行条件下，人体直接触及了设备或线路的带电部分所形成的电击。风扇的漏电、绝缘被铁丝割破、架空线电线折断均属于故障状态。

6. B 【解析】从剩余电流动作保护的机理可知，其保护并不包括对相与相、相与N线之间形成的直接接触电击事故的防护。

7. A 【解析】选项B，Ⅰ类设备的外壳上没有接地端子，但引出带有保护端子的电源插头；选项C，Ⅱ类设备不采用保护接地的措施，也不依赖于安装条件；选项D，Ⅲ类设备的防触电保护依靠安全特低电压(SELV)供电。

8. C 【解析】电流灼伤，指人体与带电体接触，电流通过人体时，因电能转换成的热能引起的伤害。由于人体与带电体的接触面积一般都不大，且皮肤电阻又比较高，因而产生在皮肤与带电体接触部位的热量就较多。因此，使皮肤受到比体内严重得多的灼伤。电流愈大、通电时间愈长、电流途径上的电阻愈大，则电流灼伤愈严重。电流灼伤一般发生在低压电气设备上。数百毫安的电流即可造成灼伤，数安的电流则会形成严重的灼伤。

9. C 【解析】有电击危险环境中使用的手持照明灯和局部照明灯应采用36 V或24 V安全电压。

10. C 【解析】等电位联结是指保护导体与建筑物的金属结构、生产用的金属装备以及允许用作保护线的金属管道等用于其他目的的不带电导体之间的联结，以提高TN系统的可靠性。

11. C 【解析】选项A，防爆型电动机运行时不产生电火花，比较安全。选项B，高压架空线路本身发生爆燃的情况较少，一般是外界因素引起短路后发生事故。选项C，高压电缆终端属于电路连接的部位，也是最薄弱的部位，往往由于各种原因导致接头处接触不良产生危险温度，最终产生电火花或电弧，引发爆燃事故。选项D，干式变压器就是指铁芯和绕组不浸渍在绝缘油中的变压器，为空气冷却。因此不产生大量的油雾和可燃气体，相对安全。

12. B 【解析】直击雷和闪电感应都能在架空线路、电缆线路或金属管道上产生沿线路或管道的两个方向迅速传播的闪电电涌(即雷电波)侵入。

13. A 【解析】雷云与大地目标之间的一次或多次放电称为对地闪击。一次直击雷的全部放电时间一般不超过500 ms。

14. B 【解析】接闪杆以前称为避雷针。直击雷防护的主要措施是装设接闪杆、架空接闪线或网。

15. B 【解析】液体在流动、过滤、搅拌、喷雾、喷射、飞溅、冲刷、灌注和剧烈晃动等过程中，接触－分离或破断起电。由于静电荷的产生速度高于静电荷的泄漏速度，从而积聚静电荷，可能产生十分危险的静电；完全纯净的气体即使高速流动或高速喷出也不会产生静电，但由于气体内往往含有灰尘、铁末、液滴、蒸汽等固体颗粒或液体颗粒，正是这些颗粒的运动产生静电。

16. B 【解析】静电其能量不大,不会直接使人致命,其电压可能高达数十千伏以上容易发生放电;静电的物理现象会对生产产生妨碍,导致产品质量不良,电子设备损坏。

17. B 【解析】汽车槽车、铁路槽车在装油之前,应与储油设备跨接并接地;装、卸完毕先拆除油管,后拆除跨接线和接地线。

18. B 【解析】异常带电:原本不带电的部分因电路故障而异常带电导致触电事故。例如绝缘不良漏电;高压故障接地呈现跨步电压危险。

19. C 【解析】雷电参数主要有雷暴日、雷电流幅值、雷电流陡度、冲击过电压等。

20. A 【解析】IT 系统就是保护接地系统。其安全原理是通过低电阻接地,把故障电压限制在安全范围以内。但应注意漏电状态并未因保护接地而消失。保护接地适用于各种不接地配电网,如某些 1 ~ 10 kV 配电网,煤矿井下低压配电网等。

21. B 【解析】安全电压额定值的选用根据使用环境、人员和使用方式等因素确定。例如特别危险环境中使用的手持电动工具应采用 42 V 安全电压;有电击危险环境中使用的手持照明灯和局部照明灯应采用 36 V 或 24 V 安全电压;金属容器内、特别潮湿处等特别危险环境中使用的手持照明灯应采用 12 V 安全电压;水下作业等场所应采用 6 V 安全电压。

二、多项选择题

1. CD 【解析】直接接触电击和间接接触电击属于电击的类型,AB 选项错误;杨某手部和面部有灼热感属于电烧伤,电烧伤有电流灼伤和电弧烧伤两种,CD 选项正确;在短暂照射的情况下,引起电光眼的主要原因是紫外线,电光性眼炎的表现为角膜和结膜发炎,流泪不止并不是角膜和结膜发炎,E 选项错误。

2. BCDE 【解析】选项 B,描述应当是电伤;选项 C,的描述应当是电击;选项 D,电击和电伤都可以发生在低压或高压设备上;选项 E,严重的电伤会致人死亡。

3. ABDE 【解析】选项 C,短路时,开启式熔断器熔断,炙热的金属微粒飞溅会造成灼伤。

4. ABDE 【解析】末端保护:(1)属于Ⅰ类的移动式电气设备。(2)生产用的电气设备。(3)施工工地的电气机械设备。(4)安装在户外的电气装置。(5)临时用电的电气设备。(6)机关、学校、宾馆、饭店、企事业单位和住宅等除壁挂式空调电源插座外的其他电源插座或插座回路。(7)游泳池、喷水池、浴池的电气设备。(8)医院中可能直接接触人体的电气医用设备。(9)其他需要安装剩余电流动作保护装置的场所。

5. BCD 【解析】工作电火花及电弧,指电气设备正常工作或正常操作过程中所产生的电火花。例如,刀开关、断路器、接触器、控制器接通和断开线路时会产生电火花;插销拔出或插入时的火花;直流电动机的电刷与换向器的滑动接触处、绕线式异步电动机的电刷与滑环的滑动接触处也会产生电火花等。

6. ABC 【解析】选项 D,电气线路或设备长时间过载也会导致温度异常上升,形成引燃源。选项 E,电热器具和照明器具:电阻丝、电熨斗、白炽灯(表面 170 ~ 220 ℃)工作温度都属于危险温度。

7. ABCE 【解析】爆炸性气体环境危险场所分区应根据爆炸性气体混合物出现的频繁程度和持续时间来划分。释放源级别和通风条件对分区有直接影响。

8. ABDE 【解析】C 选项，正常运行时偶尔且只能短时间释放爆炸性气体的空间应划分为 2 区。

9. ABD 【解析】第二类防雷建筑物包括：(1) 国家级重点文物保护的建筑物。(2) 国家级的会堂、办公建筑物、大型展览和博览建筑物、大型火车站和飞机场、国宾馆，国家级档案馆、大型城市的重要给水水泵房等特别重要的建筑物。(3) 国家级计算中心、国际通信枢纽等对国民经济有重要意义的建筑物。(4) 国家特级和甲级大型体育馆。(5) 制造、使用或储存火炸药及其制品的危险建筑物，且电火花不易引起爆炸或不致造成巨大破坏和人身伤亡者。(6) 具有 1 区或 21 区爆炸危险场所的建筑物，且电火花不易引起爆炸或不致造成巨大破坏和人身伤亡者。(7) 具有 2 区或 22 区爆炸危险场所的建筑物。

10. BDE 【解析】雷雨天气情况下，室内人身防雷应注意的要点有：(1) 人体最好离开可能传来雷电侵入波的照明线、动力线、电话线、广播线、收音机和电视机电源线、收音机和电视机天线 1.5 m 以上，尽量暂时不用电器，最好拔掉电源插头。(2) 不要靠近室内的金属管线，如暖气片、自来水管、下水管等，以防止这些导体对人体的二次放电。(3) 关好门窗，防止球形雷窜入室内造成危害。

11. AB 【解析】低压保护电器主要用来获取、转换和传递信号，并通过其他电器对电路实现控制。熔断器和热继电器属于最常见的低压保护电器。

第三章　特种设备安全技术

知识框架

- 特种设备安全技术
  - 特种设备事故的类型
    - 特种设备的基本概念
    - 锅炉基础知识
    - 压力容器基础知识
    - 起重机械基础知识
    - 场(厂)内专用机动车辆基础知识
    - 压力管道基础知识
    - 客运索道基础知识
    - 游乐设施基础知识
    - 特种设备事故的类型
  - 锅炉和压力容器安全技术
    - 锅炉压力容器使用安全管理
    - 锅炉压力容器安全附件
    - 锅炉压力容器使用安全技术
    - 锅炉压力容器检验检修安全技术
  - 起重机械安全技术
    - 起重机械使用安全管理
    - 起重机械安全装置
    - 起重机械使用安全技术
  - 场(厂)内专用机动车辆安全技术
    - 场(厂)内专用机动车辆使用安全管理
    - 场(厂)内专用机动车辆涉及安全的主要部件
    - 场(厂)内专用机动车辆使用安全技术
  - 电梯安全技术
    - 电梯的组成
    - 电梯使用安全技术
  - 气瓶安全技术
    - 气瓶概述
    - 气瓶充装
    - 充装站对气瓶的日常管理

- 特种设备安全技术
  - 压力管道安全技术
    - 压力管道使用安全管理
    - 压力管道安全附件
    - 压力管道使用安全技术
  - 客运索道安全技术
    - 客运索道使用安全管理
    - 客运索道应具备的安全装置
    - 客运索道使用安全技术
  - 大型游乐设施安全技术
    - 大型游乐设施使用安全管理
    - 大型游乐设施的安全装置
    - 大型游乐设施使用安全技术

考点精讲

第一节　特种设备事故的类型

考点1　特种设备的基本概念

项目	具体内容	
特种设备的基本概念	特种设备是指涉及生命安全、危险性较大的锅炉、压力容器(含气瓶)、压力管道、电梯、起重机械、客运索道、大型游乐设施和场(厂)内专用机动车辆。特种设备依据其主要工作特点,分为承压类特种设备和机电类特种设备	
	承压类特种设备	承压类特种设备是指承载一定压力的密闭设备或管状设备,包括锅炉、压力容器(含气瓶)、压力管道。 1. 锅炉 锅炉是指利用各种燃料、电能或者其他能源,将所盛装的液体加热到一定的参数,并对外输出热能的设备,其范围规定为容积大于或者等于30 L,且额定蒸汽压力大于或者等于0.1 MPa(表压)的承压蒸汽锅炉;出口水压大于或者等于0.1 MPa(表压),且额定功率大于或者等于0.1 MW的承压热水锅炉;额定功率大于或者等于0.1 MW的有机热载体锅炉。 2. 压力容器 压力容器是指盛装气体或者液体,承载一定压力的密闭设备,其范围规定为最高工作压力大于或者等于0.1 MPa(表压)的气体、液化气体和最高工作温度高于或者等于标准沸点的液体、容积大于或者等于30 L且内直径(非圆形截面指截面内边界最大几何尺寸)大于或者等于150 mm的固定式容器和移动式容器;盛装公称工作压力大于或者等于0.2 MPa(表压),且压力与容积的乘积大于或者等于1.0 MPa · L的气体、液化气体和标准沸点等于或者

续表

项目		具体内容
特种设备的基本概念	承压类特种设备	低于 60 ℃液体的气瓶；氧舱等。 3. 压力管道 压力管道是指利用一定的压力，用于输送气体或者液体的管状设备，其范围规定为最高工作压力大于或者等于 0.1 MPa（表压）的气体、液化气体、蒸汽介质或者可燃、易爆、有毒、有腐蚀性、最高工作温度高于或者等于标准沸点的液体介质，且公称直径大于或者等于 50 mm 的管道。公称直径小于 150 mm，且其最高工作压力小于 1.6 MPa（表压）的输送无毒、不可燃、无腐蚀性气体的管道和设备本体所属管道除外
	机电类特种设备	机电类特种设备是指必须由电力牵引或驱动的设备，包括电梯、起重机械、客运索道、大型游乐设施、场（厂）内专用机动车辆。 1. 电梯 电梯是指动力驱动，利用沿刚性导轨运行的箱体或者沿固定线路运行的梯级（踏步），进行升降或者平行运送人、货物的机电设备，包括载人（货）电梯、自动扶梯、自动人行道等。 2. 起重机械 起重机械是指用于垂直升降或者垂直升降并水平移动重物的机电设备，其范围规定为额定起重量大于或者等于 0.5 t 的升降机；额定起重量大于或者等于同 3 t（或额定起重力矩大于或者等于 40 t · m 的塔式起重机，或生产率大于或者等于 300 t/h 的装卸桥），且提升高度大于或者等于 2 m 的起重机和层数大于或者等于 2 层的机械式停车设备。 3. 客运索道 客运索道是指动力驱动，利用柔性绳索牵引箱体等运载工具运送人员的机电设备，包括客运架空索道、客运缆车、客运拖牵索道等。非公用客运索道和专用于单位内部通勤的客运索道除外。 4. 大型游乐设施 大型游乐设施是指用于经营目的、承载乘客游乐的设施，其范围规定为设计最大运行线速度大于或者等于 2 m/s，或者运行高度距地面高于或者等于 2 m 的载人大型游乐设施。用于体育运动、文艺演出和非经营活动的大型游乐设施除外。 5. 场（厂）内专用机动车辆 场（厂）内专用机动车辆是指除道路交通、农用车辆以外仅在工厂厂区、旅游景区、游乐场所等特定区域使用的专用机动车辆

考点 2　锅炉基础知识

项目		具体内容
锅炉基础知识	锅炉	锅炉是指利用用燃料燃烧释放的热能或其他热能加热水或其他工质，以生产规定参数（温度、压力）和品质的蒸汽、热水或其他工质的设备

续表

<table>
<tr><th>项目</th><th colspan="2">具体内容</th></tr>
<tr><td rowspan="2">锅炉基础知识</td><td>锅炉工作原理及工作特性</td><td>1. 工作原理
(1)工作过程。锅炉产生热水或蒸汽需要以下3个过程:
①燃料的燃烧过程:燃料在炉膛内燃烧放出热量的过程。
②传热过程:燃料燃烧后产生的热量,通过受热面传递给锅内的水或蒸汽的过程。
③水的加热、汽化过程:锅内的水吸收热量转变成具有一定温度和压力的热水或蒸汽的过程。
(2)工作系统。锅炉的工作过程是通过两个工作系统来实现的:一个系统是介质系统,在蒸汽锅炉中称为汽水系统,另一个系统是燃烧系统。
①汽水系统。它的任务是使进入锅炉的给水吸热升温、汽化、过热,最后成为具有一定温度和压力的热水或蒸汽。
②燃烧系统。它的任务是将燃料和空气送入锅炉炉膛内进行燃烧放热,将热量以辐射方式传给炉膛四周的水冷壁等辐射受热面;燃烧生成的高温烟气主要以对流传热方式把热量传递给对流管、烟管或者过热器、省煤器等对流受热面。在传热过程中,烟气温度不断降低,最后由引风机送进烟囱,排入大气;燃烧生成的灰渣由排渣设备排出锅炉。
2. 工作特性
(1)爆炸危害性。锅炉具有爆炸性。锅炉在使用中发生破裂,使内部压力瞬时降至等于外界大气压的现象叫爆炸。
(2)易于损坏性。锅炉由于长期运行在高温高压的恶劣工况下,因而经常受到局部损坏,如不能及时发现处理,会进一步导致重要部件和整个系统的全面受损。
(3)应用的广泛性。由于锅炉为整个社会生产提供了能源和动力,因而其应用范围极其广泛。
(4)连续运行性。锅炉一旦投用,一般要求连续运行,而不能任意停车,否则会影响一条生产线、一个厂甚至一个地区的生活和生产,其间接经济损失巨大,有时还会造成恶劣的后果</td></tr>
<tr><td>锅炉的分类</td><td>(1)按用途分为电站锅炉、工业锅炉。用锅炉产生的蒸汽带动汽轮机发电用的锅炉称为电站锅炉。产生的蒸汽或热水主要用于工业生产或民用的锅炉称为工业锅炉。
(2)按锅炉产生的蒸汽压力分为超临界压力锅炉、亚临界压力锅炉、超高压锅炉、高压锅炉、中压锅炉、低压锅炉。
(3)按锅炉的蒸发量分为大型、中型、小型锅炉。
(4)按载热介质分为蒸汽锅炉、热水锅炉和有机热载体锅炉。
(5)按燃料种类分为燃煤锅炉、燃油锅炉、燃气锅炉、电热锅炉、余热锅炉、废料锅炉等</td></tr>
</table>

续表

项目		具体内容
锅炉基础知识	锅炉的分类	(6)按锅炉结构分为锅壳锅炉、水管锅炉。 (7)按燃烧方式分为层燃炉、室燃炉、旋风炉和流化床燃烧锅炉。 (8)按制造、安装许可分为A、B级。额定出口压力大于2.5 MPa的蒸汽和热水锅炉属于A级;额定出口压力小于或等于2.5 MPa的蒸汽和热水锅炉,以及有机热载体锅炉属于B级

考点3　压力容器基础知识

项目		具体内容
压力容器基础知识	压力容器	压力容器,一般泛指在工业生产中盛装用于完成反应、传质、传热、分离和储存等生产工艺过程的气体或液体,并能承载一定压力的密闭设备。它被广泛用于石油、化工、能源、冶金、机械、轻纺、医药、国防等工业领域
	压力容器工作特性	1. 结构特点 压力容器一般由筒体(又称壳体)、封头(又称端盖)、法兰、密封元件、开孔与接管(人孔、手孔、视镜孔、物料进出口接管)、附件(液位计、流量计、测温管、安全阀等)和支座等所组成。 2. 压力 压力容器的压力可以来自两个方面,一是在容器外产生(增大)的,二是在容器内产生(增大)的。 (1)最高工作压力,多指在正常操作情况下,容器顶部可能出现的最高压力。 (2)设计压力,系指在相应设计温度下用以确定容器壳体厚度及其元件尺寸的压力,即标注在容器铭牌上的设计压力。压力容器的设计压力值不得低于最高工作压力。 3. 温度 (1)实际工作温度,是相对设计温度而言的一个参数,是容器在实际工作情况下,元件的金属温度。 (2)试验温度,指的是压力试验时,壳体的金属温度。 (3)设计温度,系指容器在正常操作时,在相应设计压力下,壳壁或元件金属可能达到的最高或最低温度。当壳壁或元件金属的温度低于-20 ℃时,按最低温度确定设计温度;除此之外,设计温度一律按最高温度选取。 4. 介质 生产过程所涉及的介质品种繁多,分类方法也有多种。按物质状态分类,有气体、液体、液化气体、单质和混合物等;按化学特性分类,则有可燃、易燃、惰性和助燃4种;按它们对人类毒害程度,又可分为极度危害(Ⅰ)、高度

续表

<table>
<tr><th>项目</th><th colspan="2">具体内容</th></tr>
<tr><td rowspan="2">压力容器基础知识</td><td>压力容器工作特性</td><td>危害(Ⅱ)、中度危害(Ⅲ)、轻度危害(Ⅳ)4 级;按它们对容器材料的腐蚀性可分为强腐蚀性、弱腐蚀性和非腐蚀性</td></tr>
<tr><td>压力容器的分类</td><td>1. 按压力等级划分
(1)低压容器,0.1 MPa≤P<1.6 MPa。
(2)中压容器,1.6 MPa≤P<10.0 MPa。
(3)高压容器,10.0 MPa≤P<100.0 MPa。
(4)超高压容器,P≥100.0 MPa。
2. 按容器在生产中的作用划分
(1)反应压力容器:如各种反应器、反应釜等。
(2)换热压力容器:如各种热交换器、冷却器、冷凝器、蒸发器等。
(3)分离压力容器:如各种分离器、过滤器、吸收塔等。
(4)储存压力容器:如各种储罐、消毒锅、蒸锅等。
3. 按安装方式划分
(1)固定式压力容器。
(2)移动式压力容器。
4. 按制造许可划分
以制造难度、结构特点、设备能力、工艺水平、人员条件等为基础,将压力容器划分为 A、B、C、D 共 4 个许可级别。
(1)制造许可 A 级:大型高压容器(A1),其他高压容器(A2),球形储罐现场组焊或球壳板制造(A3),非金属压力容器(A4),氧舱(A5),超高压容器(A6)。
(2)制造许可 B 级:无缝气瓶(B1),焊接气瓶(B2),特种气瓶(B3),低温绝热气瓶(B4),内装填料气瓶(B5)。
(3)制造许可 C 级:铁路罐车(C1),汽车罐车、罐式集装箱(C2),长管拖车、管束式集装箱(C3)。
(4)制造许可 D 级:中、低压容器</td></tr>
</table>

考点 4　起重机械基础知识

<table>
<tr><th>项目</th><th colspan="2">具体内容</th></tr>
<tr><td rowspan="2">起重机械基础知识</td><td>起重机械</td><td>起重机械,是指用于垂直升降或者垂直升降并水平移动重物的机电设备</td></tr>
<tr><td>起重机械工作特点</td><td>(1)结构庞大而复杂,操作技术难度大。
(2)吊运载荷多变,吊运过程复杂而危险。
(3)运行范围大,事故影响面积大。
(4)其中有些机械需载人做升降运动,影响人身安全</td></tr>
</table>

续表

项目	具体内容	
起重机械基础知识	起重机械工作特点	(5)零部件与吊运作业人员接触,潜在许多危险因素。 (6)作业环境复杂,对人员和设备形成威胁。 (7)需多人配合
	起重机械分类	1. 升降机 只有一个升降机构,配有完善的安全装置及其他附属装置。如垂直升降机、电梯。 2. 桥式起重机 主梁和两个端梁组成桥架,整个起重机直接运行在建筑物高架结构的轨道上。最简单的是梁式起重机,采用电动葫芦在工字钢梁或其他简单梁上运行。 3. 门式起重机 又称为带腿的桥式起重机。其主梁通过支撑在地面轨道上的两个刚性支腿或刚性－柔性支腿,形成一个可跨越铁路轨道或货场的门架。 4. 缆索起重机 适用于跨度大、地形复杂的货场、水库或工地作业。固定在塔架顶部的缆索取代了桥型主梁。塔架分别在两岸的轨道上可低速运行。 5. 流动式起重机 包括汽车起重机、轮胎起重机、履带起重机,可以在无轨路面或轨道上长距离移动。 6. 塔式起重机 悬架长、塔身高、设计精巧,可快速安装、拆卸。 7. 门座式起重机 回转臂架安装在门形座架上的起重机。门座架下可通过铁路车辆或其他车辆。 8. 桅杆式起重机 桅杆式起重机,其臂架铰接在上下两端均有支承的垂直桅杆下部的回转起重机。一类简易的、移动不方便且需拉设较多缆风绳保持稳定的起重和安装用起重机。它制作简单、装拆方便,能在比较狭窄的条件下使用;起重量可大可小,大者可达 100 t 以上,能吊装其他起重机械难以吊装的特殊构筑物和重大结构;工作半径小,移动不便,适用于吊装工程量比较集中的工程。 9. 机械式停车设备 机械式停车设备是机械式汽车库中运送和停放汽车设备的总称。可分为升降横移类机械式停车设备、简易升降类机械式停车设备、垂直循环类机械式停车设备、水平循环类机械式停车设备、多层循环类机械式停车设备、平面移动类机械式停车设备、巷道堆垛类机械式停车设备、垂直升降类机械式停车设备、汽车专用升降机类停车设备等

续表

项目	具体内容	
起重机械基础知识	起重机械安全正常工作的条件	(1)金属结构和机械零部件应具有足够的强度、刚性和抗屈曲能力。 (2)整机必须具有必要的抗倾覆稳定性。 (3)原动机具有满足作业性能要求的功率,制动装置提供必需的制动力矩

考点5　场(厂)内专用机动车辆基础知识

项目	具体内容	
场(厂)内专用机动车辆基础知识	场(厂)内专用机动车辆	场(厂)内机动车辆,是指利用动力装置驱动或牵引的,在特定区域内作业和行驶,或者具有起升、回转、翻转、搬运等功能的专用作业车辆
	场(厂)内专用机动车辆分类	(1)机动工业车辆,指叉车,是指通过门架和货叉将载荷起升到一定高度进行堆垛作业的自行式车辆,包括平衡重式叉车、前移式叉车、侧面式叉车、插腿式叉车、托盘堆垛车、三向堆垛车。 (2)非公路用旅游观光车辆,包括观光车和列车观光。观光车是指具有4个以上(含4个)车轮的非轨道无架线的非封闭型自行式乘用车辆,包括蓄电池观光车和内燃观光车。列车观光是指具有8个以上(含8个)车轮的非轨道无架线的,由一个牵引车头与一节或者多节车厢组合的非封闭型自行式乘用车辆,包括蓄电池观光列车和内燃观光列车
	场(厂)内专用机动车辆工作特点	(1)种类繁多,技术难度大。 (2)作业过程复杂而危险。 (3)机动性强,易造成事故,影响面积大。 (4)属于暴露、活动装置,与吊运作业人员直接接触,潜在许多偶发危险因素。 (5)作业环境复杂,涉及危险因素多。 (6)作业需要多人配合。 (7)一机具有多种可换的工作装置。 (8)对行驶路面和作业环境有要求。 (9)专用搭载乘客的车辆,载客人数多,安全性要求高
	场(厂)内专用机动车辆正常工作条件	(1)车辆的技术性能、动力性能、制动性能、承载能力、运行方向的控制能力和产品标识符合要求。 (2)满载作业时的纵向、横向稳定性,满载运行时的纵向稳定性,空载运行时的横向稳定性满足要求。 (3)车辆的动力输出能力、工作装置的控制和标识符合要求。 (4)车辆的各种安全保护装置,监测、指示、仪表、报警等自动报警、信号装置应完好齐全。 (5)操作人员能够正确操作和维护车辆

考点6　压力管道基础知识

项目	具体内容	
压力管道基础知识	压力管道	压力管道是指在生产和生活中用于输送流体介质，并能承载一定压力的密闭管状设备。它被广泛用于石油、化工、电力、冶金、机械、轻纺、医药、国防等工业，以及城市供热和供气领域
	压力管道工作原理及工作特性	1. 工作原理 对单条压力管道而言，其工作原理就是依靠外界的动力或者是介质本身的驱动力将该条管道源头的介质输送到该条管道的终点。 压力管道的主要用途就是输送介质，除此之外，还可以延伸出一些功能，如储存功能（主要用于长输管道）和热交换（主要用于工业管道）等。 2. 输送介质特性 压力管道输送的介质均为流体介质，包括气体、液化气体、蒸汽，可燃、易爆、有毒、有腐蚀性、最高工作温度高于或者等于标准沸点的液体。 3. 结构特点 压力管道是由管子、管件、阀门、补偿器等压力管道元件以及安全保护装置（安全附件）、附属设施等组成。 4. 工作特点 （1）应用广泛。应用领域多，各领域所使用的压力管道又各有其特点，化工、石化系统有大量的压力管道，其工作压力由真空负压到 300 MPa 以上的高压、超高压，工作温度由 −200 ~ 1 000 ℃以上，介质多具有有毒、可燃、易爆等特征。 （2）管道体系庞大。由多种组成件、支承件组成，任一环节出现问题都会造成整条管线甚至整个管线系统失效。 （3）管道空间变化大。长距离经过复杂多变的地质条件、地形地貌、人文环境、天气环境，或者在一个环境中，但是立体空间变幻莫测。 （4）腐蚀机理和材料损伤复杂。容易受其承载的各种腐蚀介质的破坏，还易受周围介质或设施的影响（如埋地管道的土壤腐蚀、周边构筑物、电缆和导轨的杂散电流影响等），而且还容易遭受第三方破坏。 5. 压力管道工艺参数 （1）设计压力。在相应的设计温度下，用以确定管道及其元件尺寸的压力值，设计压力不得低于工作过程中可能出现的由压力与温度形成的最苛刻条件下的压力。 （2）操作压力。在稳定操作条件下，压力管道系统内介质的压力。 （3）设计温度。压力管道在正常工况下，管壁或元件金属可能达到的最高或最低温度。设计温度不得高于（或低于）工作过程中可能出现的由压力与温度形成的最苛刻条件下的最高温度（最低温度）。 （4）管输介质温度。管道输送介质在管道内输送时的流动温度

续表

<table>
<tr><th>项目</th><th colspan="2">具体内容</th></tr>
<tr><td rowspan="2">压力管道基础知识</td><td>压力管道工作原理及工作特性</td><td>(5)介质。压力管道输送介质均为流体介质,包括气体、液化气体、蒸汽,或者可燃、易爆、有毒、有腐蚀性、最高工作温度高于或者等于标准沸点的液体。
(6)公称直径(DN)。由字母 DN 和整数数字组合的尺寸标志,代表管道组成件的规格。公称是一种数字标记,作为管道直径的标称,不是一种精确度量。
(7)公称压力(PN)。由字母 PN 和整数数字组合的压力标志,代表管道组成件的压力等级。
(8)设计壁厚。在相应的设计压力和公称直径下,根据选用材料的许用应力,设计得出的满足工艺条件的管壁厚度</td></tr>
<tr><td>压力管道分类</td><td>1. 按主体材料划分
可分为金属管道和非金属管道。金属管道又可分为铸铁管道、碳钢管道、低合金钢管道、不锈钢管道、有色金属管道等。非金属管道包括塑料管道、玻璃钢管道、金属与非金属复合管道、非金属复合管道。
2. 按敷设位置划分
可分为架空管道、埋地管道、地沟敷设管道。
3. 按介质压力划分
通常分为超高压管道(>42 MPa)、高压管道(10~42 MPa)、中压管道(1.6~10 MPa)、低压管道(<1.6 MPa)。
4. 按介质温度划分
一般可分为高温管道(>200 ℃)、常温管道(-29~200 ℃)、低温管道(<-29 ℃)。
5. 按管道用途划分
可分为长输油气管道、城镇燃气管道、热力管道、工业管道(包括工艺管道、公用工程管道)、动力管道、制冷管道。
6. 安全监督管理分类
为满足安全监督管理的需要,将压力管道分为长输管道(GA 类)、公用管道(GB 类)、工业管道(GC 类)共三类</td></tr>
</table>

考点 7 客运索道基础知识

<table>
<tr><th>项目</th><th colspan="2">具体内容</th></tr>
<tr><td rowspan="2">客运索道基础知识</td><td>客运索道</td><td>客运索道是指动力驱动,利用柔性绳索牵引箱体等运载工具运送人员的机电设备,包括客运架空索道、客运缆车、客运拖牵索道等</td></tr>
<tr><td>客运索道分类</td><td>客运索道一般分为三大类:客运架空索道、客运缆车、客运拖牵索道</td></tr>
</table>

续表

项目		具体内容
客运索道基础知识	客运索道工作原理和特点	1. 客运架空索道 (1)循环式架空索道。循环式架空索道是用一根首尾相接的环行钢丝绳(运载索)绕于驱动轮和迂回轮上,中间支撑在各支架的托压索轮组上,并用张紧装置张紧,保证运载索具有一定的初张力,利用摩擦原理带动运载索做循环运动。其特点: ①对自然地形适应性强,爬坡能力大,能够适应险峻陡坡,可直接跨越峡谷、河流等天然障碍;两端站距离最短,尤其在地势险峻条件下,索道线路长度仅为公路的1/10~1/30。因此作为交通工具可大大节省乘客行程时间。 ②站房配置紧凑,支架占地少。 ③可按实际地形随坡就势架设,无须修筑桥梁、涵洞,不需要开挖大量土方石,占地面积小,对地形、地貌及自然环境破坏小。 ④索道一般都采用电力驱动,不污染环境。 ⑤运行安全可靠,维护简单,容易实现机械化、自动化操作,劳动定员少。 ⑥能耗低,一般仅为汽车能耗的1/10~1/20,节约能源。 ⑦客运索道是空中载人运输工具,因此它的安全级别等同于飞机,对设计、制造、安装、使用和管理的要求较高。 (2)往复式索道。往复式索道的布置形式是两侧各用一根或两根钢丝绳(承载索)作为运载工具的轨道,由牵引索牵引客车沿承载索往复运动。其特点是: ①爬坡能力大,可跨越大跨度,客车距地高度允许超过100 m;客车数量少;支架少,便于检查维护;运行效率高;耗电少可运送大件重物;救护简单方便。 ②缺点是运输能力与索道的长度成反比,受到限制;候车时间长;索系比较复杂,站房受水平力大,造价较高,吊厢和支架受力极大,一旦发生故障,易产生大的影响和损失。 2. 客运缆车 利用钢丝绳作为牵引动力,带动车厢在两站之间轨道上做往复运动或循环移动的运送乘客的设施。其工作特点是线路在地面,运行安全性高,便于营救。 3. 客运拖牵索道 客运拖牵索道是一条钢丝绳(运载索)绕过驱动轮和迂回轮,中间支撑在线路支架托压轮组上,拖牵器通过抱索器联于运载索上,拖牵器的托座托住滑雪者的臀部向上牵引,实现拖载乘客的目的。其工作特点是: (1)投资成本低,结构简单,操作人员少。 (2)操作方便,便于维护。 (3)中途可随时上下。 (4)不能与滑雪道交叉,对地形要求较高。 (5)乘客必须穿戴滑雪板等用具

考点8　游乐设施基础知识

项目	具体内容	
游乐设施基础知识	游乐设施	游乐设施：在特定的区域内运行，承载游客游乐的载体。广义上除可包括具有动力的游乐器械外，还包括为游乐而设置的构筑物和其他附属装置以及无动力的游乐载体
	游乐设施工作原理及特点	游乐设施是通过各种动力驱动（液压、气动、电机、弹力等），使游乐设施的座舱或沿轨道运行，或沿垂直轴旋转，或沿水平轴旋转，或在水面上运行，或被弹射到空中，或产生多种运行的组合，来实现游乐功能。其特点有： （1）机构复杂，运动方式多样。既能上升下降，又能沿水平轴或垂直轴旋转。通常是多种运动方式组合在一起进行，技术难度较大。 （2）载荷变化范围较大。 （3）速度、加速度较大，运动方向变化急剧。 （4）游乐设施暴露的、活动的零部件较多，有可能与游客直接接触，存在许多偶发的危险因素。 （5）使用环境复杂。从南方到北方，从小公园到大游乐场，游乐设施的使用环境复杂多变。 （6）使用对象复杂。游乐设施的使用人群既有妇女儿童，又有青年和老人。 （7）游乐设施是游客直接在其上进行娱乐的设备，安全装置可靠性要求高
	游乐设施分类	游乐设施主要依据其结构及运动形式进行分类，而不是按游乐设施的名称划分。大型游乐设施共分成15类： （1）转马类游艺机：乘人部分绕垂直轴旋转及运动形式类似的游艺机。 （2）陀螺类游艺机：乘人部分绕可变倾角的轴旋转及运动形式类似的游艺机。 （3）飞行塔类游艺机：乘人部分用挠性件吊挂，边升降边绕垂直轴回转及运动形式类似的游艺机。 （4）自控飞机类游艺机：乘人部分绕中心垂直轴回转并升降及运动形式类似的游艺机。 （5）观览车类游艺机：乘人部分绕水平轴回转及运动形式类似的游艺机。 （6）滑行车类游艺机：沿轨道运行，有惯性滑行特征及运动形式类似的游艺机。 （7）架空游览车类游艺机：沿架空轨道运行。适用于人力、内燃机和电力等驱动及运动形式类似的游艺机。 （8）小火车类游艺机：沿地面轨道运行，适用于电力、内燃机及其他动力驱动及运动形式类似的游艺机。 （9）赛车类游艺机：沿地面指定线路运行及运动形式类似的游艺机

续表

项目	具体内容	
游乐设施基础知识	游乐设施分类	(10)电池车类游艺机:在规定的车场或车道内运行,以蓄电池为电源、电动机驱动及运动形式类似的游艺机。 (11)碰碰车类游艺机:在固定的车场内运行,用电力、内燃机及人力动力驱动,车体可互相碰撞的游艺机。 (12)光电打靶类游艺机:有信号、音响、灯光、数字显示、与机械动作、靶标、射击相互配合及其形式类似的游艺机。 (13)水上游乐设施:借助水域、水流或其他载体,为达到娱乐目的而建造的水上设施。如游乐池、水滑梯、造浪机、水上自行车、游船等。 (14)无动力类游艺机:本身无动力驱动,由乘客在其上操作或游乐的设施。 (15)其他类游乐设施:不适用于上述类别或由上述类别组合而成的游乐设施
	游乐设施现场工作条件	(1)游乐设施在每日投入运营前,使用单位必须进行试运行和相应的安全检查,并记录检查情况。 (2)每次运行前,作业和服务人员必须向游客讲解安全注意事项,并对安全装置进行检查确认。运行中要注意游客动态,及时制止游客的危险行为。 (3)室外游乐设施在暴风雨等危险的天气条件下不得操作和使用;高度超过 20 m 的游乐设施在风速大于 15 m/s 时,必须停止运行。 游乐设施在操作和使用时,全部通道和出口处都应有充足的照明,以防止发生人身伤害。 (4)在醒目之处张贴"乘客须知",其内容应包括该设施的运动特点,适应对象,禁止事宜及注意事项等。 (5)游乐设施的运行区域应用护栏或其他保护措施加以隔离,防止公众受到运行设施的伤害。当有人处于危险位置时,游乐设施禁止操作

考点 9　特种设备事故的类型

项目	具体内容	
锅炉事故特点	锅炉事故特点	(1)锅炉在运行中受高温、压力和腐蚀等的影响,容易造成事故,且事故种类呈现出多种多样的形式。 (2)锅炉一旦发生故障,将造成停电、停产、设备损坏,其损失非常严重。 (3)锅炉是一种密闭的压力容器,在高温和高压下工作,一旦发生爆炸,将摧毁设备和建筑物,造成人身伤亡
	锅炉事故发生原因	锅炉事故发生原因包括:超压运行;超温运行;锅炉水位过低会引起严重缺水事故,锅炉水位过高会引起满水事故,长时间高水位运行,还容易使压

续表

<table>
<tr><th>项目</th><th colspan="2">具体内容</th></tr>
<tr><td rowspan="3">锅炉事故特点</td><td>锅炉事故发生原因</td><td>力表管口结垢而堵塞，使压力表失灵而导致锅炉超压事故；水质管理不善；水循环被破坏；违章操作</td></tr>
<tr><td>锅炉事故应急措施</td><td>（1）锅炉一旦发生事故，司炉人员一定要保持清醒的头脑，不要惊慌失措，应立即判断和查明事故原因，并及时进行事故处理。
（2）发生锅炉爆炸事故时，必须设法躲避爆炸物和高温水、汽，在可能的情况下尽快将人员撤离现场；爆炸停止后立即查看是否有伤亡人员，并进行救助。
（3）发生锅炉重大事故时，要停止供给燃料和送风，减弱引风；熄灭和清除炉膛内的燃料（指火床燃烧锅炉），注意不能用向炉膛浇水的方法灭火，而用黄砂或湿煤灰将红火压灭；打开炉门、灰门，烟风道闸门等，以冷却炉子；切断锅炉同蒸汽总管的联系，打开锅筒上放空排放或安全阀以及过热器出口集箱和疏水阀；向锅炉内进水，放水，以加速锅炉的冷却；但是发生严重缺水事故时，切勿向锅炉内进水</td></tr>
<tr><td>典型锅炉事故及预防</td><td>1. 锅炉爆炸事故
（1）水蒸气爆炸。锅炉属于高温高压运行，炉体承压部件一旦破裂，内部压力失衡，一部分饱和水瞬间气化，体积骤然膨胀许多倍，在空间形成爆炸。
（2）超压爆炸。锅炉超压运行，压力超过锅炉的承载能力而造成的爆炸。
（3）缺陷导致爆炸。锅炉内压力未超过额定值，但因炉体承压部件缺陷（裂纹、变形、腐蚀、组织变化）导致其丧失承载能力，突然大面积破裂爆炸。
（4）严重缺水导致爆炸。严重缺水时往往锅炉内部金属温度上升甚至被烧红。应立即停炉。如果此时给锅炉上水，往往导致锅炉爆炸事故。长时间缺水干烧的锅炉也会爆炸。
2. 缺水事故
（1）锅炉缺水的后果。当锅炉水位低于水位表最低安全水位刻度线时，即形成了锅炉缺水事故。锅炉缺水处理不当，甚至会导致锅炉爆炸。
（2）常见的锅炉缺水原因。
①运行人员疏忽大意，对水位监视不严；或者操作人员擅离职守，放弃了对水位及其他仪表的监视。
②水位表故障造成假水位，而操作人员未及时发现。
③水位报警器或给水自动调节器失灵而又未及时发现。
④给水设备或给水管路故障，无法给水或水量不足。
⑤操作人员排污后忘记关排污阀，或者排污阀泄漏。
⑥水冷壁、对流管束或省煤器管子爆破漏水。
（3）锅炉缺水的处理。
发现锅炉缺水时，应首先判断是轻微缺水还是严重缺水，然后酌情予以不</td></tr>
</table>

续表

项目	具体内容	
锅炉事故	典型锅炉事故及预防	同的处理。通常判断缺水程度的方法是“叫水”。 轻微缺水时,可以立即向锅炉上水,使水位恢复正常。如果上水后水位仍不能恢复正常,应立即停炉检查。严重缺水时,必须紧急停炉。 “叫水”操作一般只适用于相对容水量较大的小型锅炉,不适用于相对容水量很小的电站锅炉或其他锅炉。 3. 满水事故 (1)锅炉满水的后果。锅炉水位高于水位表最高安全水位刻度线的现象,称为锅炉满水。 锅炉满水时,水位表内也往往看不到水位,但表内发暗,这是满水与缺水的重要区别。满水发生后,高水位报警器动作并发出警报,过热蒸汽温度降低,给水流量不正常地大于蒸汽流量。严重满水时,锅水可进入蒸汽管道和过热器,造成水击及过热器结垢。因而满水的主要危害是降低蒸汽品质,损害以致破坏过热器。 (2)常见的满水原因。 ①运行人员疏忽大意,对水位监视不严;或者运行人员擅离职守,放弃了对水位及其他仪表的监视。 ②水位表故障造成假水位,而运行人员未及时发现。 ③水位报警器及给水自动调节器失灵而又未能及时发现,等等。 (3)锅炉满水的处理。 发现锅炉满水后,应冲洗水位表,检查水位表有无故障;一旦确认满水,应立即关闭给水阀停止向锅炉上水,启用省煤器再循环管路,减弱燃烧,开启排污阀及过热器、蒸汽管道上的疏水阀;待水位恢复正常后,关闭排污阀及各疏水阀;查清事故原因并予以消除,恢复正常运行。如果满水时出现水击,则在恢复正常水位后,还须检查蒸汽管道、附件、支架等,确定无异常情况,才可恢复正常运行。 4. 汽水共腾 (1)汽水共腾的后果。锅炉蒸发表面(水面)汽水共同升起,产生大量泡沫并上下波动翻腾的现象,叫汽水共腾。 发生汽水共腾时,水位表内也出现泡沫,水位急剧波动,汽水界线难以分清;过热蒸汽温度急剧下降;严重时,蒸汽管道内发生水冲击。汽水共腾与满水一样,会使蒸汽带水,降低蒸汽品质,造成过热器结垢及水击振动,损坏过热器或影响用汽设备的安全运行。 (2)形成汽水共腾的原因。锅水品质太差;负荷增加和压力降低过快。 (3)汽水共腾的处理。发现汽水共腾时,应减弱燃烧力度,降低负荷,关小主汽阀;加强蒸汽管道和过热器的疏水;全开连续排污阀,并打开定期排污阀放水,同时上水,以改善锅水品质;待水质改善、水位清晰时,可逐渐恢复

续表

项目	具体内容	
锅炉事故	典型锅炉事故及预防	正常运行。 5. 锅炉爆管 (1)爆管后果。炉管爆破时,往往能听到爆破声,随之水位降低,蒸汽及给水压力下降,炉膛或烟道中有汽水喷出的声响,负压减小,燃烧不稳定,给水流量明显地大于蒸汽流量,有时还有其他比较明显的症状。 (2)爆管原因。 ①水质不良、管子结垢并超温爆破。 ②水循环故障。 ③严重缺水。 ④制造、运输、安装中管内落入异物,如钢球、木塞等。 ⑤烟气磨损导致管壁减薄。 ⑥运行或停炉的管壁因腐蚀而减薄。 ⑦管子膨胀受阻碍,由于热应力造成裂纹。 ⑧吹灰不当造成管壁减薄。 ⑨管路缺陷或焊接缺陷在运行中发展扩大。 (3)爆管处理。炉管爆破时,通常必须紧急停炉修理。 6. 省煤器损坏 (1)省煤器损坏的后果。省煤器损坏会造成锅炉缺水而被迫停炉。 (2)省煤器损坏原因。 ①烟速过高或烟气含灰量过大,飞灰磨损严重。 ②给水品质不符合要求,特别是未进行除氧,管子水侧被严重腐蚀。 ③省煤器出口烟气温度低于其酸露点,在省煤器出口段烟气侧产生酸性腐蚀。 ④材质缺陷或制造安装时的缺陷导致破裂。 ⑤水击或炉膛、烟道爆炸剧烈振动省煤器并使之损坏等。 (3)省煤器损坏处理。省煤器损坏时,如能经直接上水管给锅炉上水,并使烟气经旁通烟道流出,则可不停炉进行省煤器修理,否则必须停炉进行修理。 7. 过热器损坏 (1)过热器损坏的后果。事故发生后,蒸汽流量明显下降,且不正常的小于给水流量;过热蒸汽温度上升,压力下降;过热器附近有明显声响,炉膛负压减小,过热器后的烟气温度降低。 (2)过热器损坏的原因。 ①锅炉满水、汽水共腾或汽水分离效果差而造成过热器内进水结垢,导致过热爆管。 ②受热偏差或流量偏差使个别过热器管子超温而爆管

续表

项目	具体内容	
锅炉事故	典型锅炉事故及预防	③启动、停炉时对过热器保护不善而导致过热爆管。 ④工况变动(负荷变化、给水温度变化、燃料变化等)使过热蒸汽温度上升,造成金属超温爆管。 ⑤材质缺陷或材质错用(如在需要用合金钢的过热器上错用了碳素钢)。 ⑥制造或安装时的质量问题,特别是焊接缺陷。 ⑦管内异物堵塞。 ⑧被烟气中的飞灰严重磨损。 ⑨吹灰不当,损坏管壁等。 (3)过热器损坏处理。过热器损坏通常需要停炉修理。 8. 水击事故 (1)水击事故的后果。常常造成管道、法兰、阀门等的损坏。 (2)水击事故原因。锅炉中易于产生水击的部位有:给水管道、省煤器、过热器、锅筒等。 (3)水击事故的预防与处理。为了预防水击事故,给水管道和省煤器管道的阀门启闭不应过于频繁,开闭速度要缓慢;对可分式省煤器的出口水温要严格控制,使之低于同压力下的饱和温度 40 ℃;防止满水和汽水共腾事故,暖管之前应彻底疏水;上锅筒进水速度应缓慢,下锅筒进汽速度也应缓慢。发生水击时,除立即采取措施使之消除外,还应认真检查管道、阀门、法兰、支撑等,如无异常情况,才能使锅炉继续运行。 9. 炉膛爆炸事故 (1)炉膛爆炸的条件。炉膛爆炸(外爆)要同时具备三个条件:一是燃料必须以游离状态存在于炉膛中,二是燃料和空气的混合物达到爆燃的浓度,三是有足够的点火能源。炉膛爆炸常发生于燃油、燃气、燃煤粉的锅炉。 (2)炉膛爆炸事故预防。为防止炉膛爆炸事故的发生,应根据锅炉的容量和大小,装设可靠的炉膛安全保护装置。同时,尽量提高炉膛及刚性梁的抗爆能力。此外应加强使用管理,提高司炉工人技术水平。在启动锅炉点火时要认真按操作规程进行点火,严禁采用“爆燃法”,点火失败后先通风吹扫 5 ~ 10min 后才能重新点火;在燃烧不稳,炉膛负压波动较大时,如除大灰,燃料变更,制粉系统及雾化系统发生故障,低负荷运行时应精心控制燃烧,严格控制负压。 10. 尾部烟道二次燃烧 (1)尾部烟道二次燃烧事故结果。尾部烟道二次燃烧主要发生在燃油锅炉上。 (2)尾部烟道二次燃烧事故原因。尾部烟道二次燃烧易在停炉之后不久发生。 ①可燃物在尾部烟道积存

续表

项目		具体内容
锅炉事故	典型锅炉事故及预防	②可燃物着火的温度条件。 ③保持一定空气量。 (3)尾部烟道二次燃烧的预防。为防止产生尾部二次燃烧,要提高燃烧效率,尽可能减少不完全燃烧损失,减少锅炉的启停次数;加强尾部受热面的吹灰;保证烟道各种门孔及烟气挡板的密封良好;应在燃油锅炉的尾部烟道上装设灭火装置。 11. 锅炉结渣 (1)锅炉结渣结果。锅炉结渣,指灰渣在高温下黏结于受热面、炉墙、炉排之上并越积越多的现象。 ①燃煤锅炉结渣是个普遍性的问题,层燃炉、沸腾炉、煤粉炉都有可能结渣。由于煤粉炉炉膛温度较高,煤粉燃烧后的细灰呈飞腾状态,因而更易在受热面上结渣。 ②结渣使受热面吸热能力减弱,降低锅炉的出力和效率;局部水冷壁管结渣会影响和破坏水循环,甚至造成水循环故障。 ③结渣会造成过热蒸汽温度的变化,使过热器金属超温。 ④严重的结渣会妨碍燃烧设备的正常运行,甚至造成被迫停炉。 ⑤结渣对锅炉的经济性、安全性都有不利影响。 (2)锅炉结渣原因。煤的灰渣熔点低,燃烧设备设计不合理,运行操作不当等。 (3)锅炉结渣的预防。 ①设计上控制燃烧负荷。 ②运行上避免超负荷运行。 ③控制送煤量,均匀送煤。 ④发现锅炉结渣时要及时清除
压力容器事故	压力容器事故发生原因	(1)结构不合理、材质不符合要求、焊接质量不好、受压元件强度不够以及其他设计制造方面的原因。 (2)安装不符合技术要求,安全附件规格不对、质量不好,以及其他安装、改造或修理方面的原因。 (3)在运行中超压、超负荷、超温,违反劳动纪律、违章作业、超过检验期限没有进行定期检验、操作人员不懂技术,以及其他运行管理不善方面的原因
	典型压力容器事故及预防	1. 压力容器爆炸事故及危害 压力容器爆炸分为物理爆炸和化学爆炸。压力容器爆炸的危害: (1)冲击波及其破坏作用。 (2)爆破碎片的破坏作用。 (3)介质伤害

续表

项目	具体内容	
压力容器事故	典型压力容器事故及预防	(4)二次爆炸及燃烧危害。 (5)压力容器快开门事故危害。 2. 压力容器泄漏事故及危害 压力容器泄漏是指压力容器的元件开裂、穿孔、密封失效等造成容器内的介质泄漏的现象。压力容器泄漏的危害: (1)有毒介质伤害。 (2)爆炸及燃烧危害。 (3)高温灼烫伤。 3. 压力容器事故的预防 为防止压力容器发生爆炸、泄漏事故,应采取下列措施: (1)在设计上,应采用合理的结构,如采用全焊透结构,能自由膨胀等,避免应力集中、几何突变。 (2)制造、修理、安装、改造时,加强焊接管理,提高焊接质量并按规范要求进行热处理和探伤;加强材料管理,避免采用有缺陷的材料或用错钢材、焊接材料。 (3)在压力容器的使用过程中,加强管理,避免操作失误、超温、超压、超负荷运行、失检、失修、安全装置失灵等。 (4)加强检验工作,及时发现缺陷并采取有效措施。 (5)在压力容器的使用过程中,发生下列异常现象时,应立即采取紧急措施,停止容器的运行: ①超温、超压、超负荷时,采取措施后仍不能得到有效控制。 ②压力容器主要受压元件发生裂纹、鼓包、变形等现象。 ③安全附件失效。 ④接管、紧固件损坏,难以保证安全运行。 ⑤发生火灾、撞击等直接威胁压力容器安全运行的情况。 ⑥充装过量。 ⑦压力容器液位超过规定,采取措施仍不能得到有效控制。 ⑧压力容器与管道发生严重振动,危及安全运行
起重机械事故	起重机械事故特点	起重机械事故特点:事故大型化、群体化;事故类型集中;事故后果严重;伤害涉及的人员可能是司机、司索工和作业范围内的其他人员;在安装、维修和正常起重作业中都可能发生事故;事故高发行业中,建筑、冶金、机械制造和交通运输等行业较多;重物坠落是各种起重机共同的易发事故
	起重机械事故发生原因	起重机机械事故的发生原因主要包括人的因素、设备因素和环境因素等几个方面,其中人的因素主要是由于管理者或使用者心存侥幸、省事和逆反等心理原因从而产生非理智行为;物的因素主要是由于设备未按要求进行

续表

项目	具体内容	
起重机械事故	起重机械事故发生原因	设计、制造、安装、维修和保养,特别是未按要求进行检验,带“病”运行,从而埋下安全隐患。占比例较大的起重机械事故起因主要有: (1)重物坠落。 (2)起重机失稳倾翻。 (3)金属结构的破坏。 (4)挤压。 (5)高处跌落。 (6)触电。 (7)其他伤害
	典型起重机械事故及预防	1. 重物坠落事故 起重机械重物坠落事故是指起重作业中,吊载、吊具等重物从空中坠落所造成的人身伤亡和设备毁坏的事故。 常见的起重机械重物坠落事故的类型: (1)脱绳事故。脱绳事故是指重物从捆绑的吊装绳索中脱落引发的伤亡毁坏事故。 造成脱绳事故的主要原因有:重物的捆绑方法与要领不当;吊装重心选择不当;吊载遭到碰撞、冲击。 (2)脱钩事故。脱钩事故是指重物、吊装绳或专用吊具从吊钩口脱出而引起的重物失落事故。 造成脱钩事故的主要原因有:吊钩缺少护钩装置;护钩保护装置机能失效;吊装方法不当;吊钩钩口变形引起开口过大。 (3)断绳事故。断绳事故是指起升绳和吊装绳因破断造成的重物失落事故。 造成起升绳破断的主要原因有:超载起吊;起升限位开关失灵造成过卷拉断吊绳;斜吊、斜拉造成乱绳挤伤切断;钢丝绳因长期使用又缺乏维护保养,造成疲劳变形、磨损损伤;达到或超过报废标准仍然使用等。 造成吊装绳破断的主要原因有:吊装绳夹角太大(>120°),使吊装绳拉力超限;吊装钢丝绳品种规格选择不当,导致吊装绳破断;吊装绳与重物之间接触处无垫片等保护措施,造成棱角割断吊装绳。 (4)吊钩断裂事故。吊钩断裂事故是指吊钩断裂造成的重物失落事故。 造成吊钩断裂事故的原因有:吊钩材质有缺陷;吊钩因长期磨损,使断面减小;已达到报废极限标准却仍然使用。 2. 挤伤事故 挤伤事故的主要原因是安全管理不到位,多发生在作业人员和检修维护人员身上。挤伤事故的类型:

续表

<table>
<tr><th>项目</th><th colspan="2">具体内容</th></tr>
<tr><td>起重机械事故</td><td>典型起重机械事故及预防</td><td>(1)吊具或吊载与地面物体间的挤伤或冲撞事故。
(2)升降设备的挤伤事故。
(3)机体与建筑物间的挤伤事故。
(4)机体回转挤伤事故。
(5)翻转作业中的挤伤事故。
3. 坠落事故
(1)高空作业时失稳从机体上滑落摔伤事故。
(2)人员遭到其他作业的起重机机体撞击坠落事故。
(3)乘员随轿厢坠落摔伤事故。
(4)维修工具、零部件坠落砸伤事故。
(5)起重机个别零部件安装连接不牢,遇到冲击或振动时脱落。
(6)起升机构的制动器性能失效,导致刹车失灵或制动轴断裂,造成重物或轿厢急速下滑坠落于地面。
4. 触电事故
(1)室内作业的触电事故。室内起重机的动力电源是电击事故的根源,遭受触电电击伤害者多为操作人员和电气检修作业人员。
(2)室外作业的触电事故。主要是在作业现场往往有裸露的高压输电线;起重机的臂架或起升钢丝绳摆动触及高压输电线,使机体连电,进而造成操作人员或吊装作业人员遭到高压电线中的高压电击伤。
(3)触电安全防护措施。
①保证安全电压。目前起重机应采用低压安全操作(常采用36 V安全低压)。
②保证绝缘的可靠性。经常测量各种绝缘环节的可靠性。
③加强屏护防护。对起重机上的某些无法加装绝缘装置的部分,例如馈电的裸露滑触线等,必须加设护栏、护网等屏护设施。
④严格保证配电最小安全净距。起重机电气的设计与施工必须规定出保证配电安全的合理距离。
⑤保证接地与接零的可靠性。
⑥加强漏电触电保护。起重机电气系统中采用漏电保护装置、结构中使用绝缘站台、人员穿戴绝缘防护用品。
5. 机体毁坏事故
常见机体毁坏事故类型:
(1)断臂事故。
(2)倾翻事故。
(3)机体摔伤事故。
(4)相互撞毁事故</td></tr>
</table>

续表

<table>
<tr><th>项目</th><th colspan="2">具体内容</th></tr>
<tr><td>起重机械事故</td><td>典型起重机械事故及预防</td><td>6. 起重机械事故的预防措施
起重机械操作过程中要坚持“十不吊”原则，即：
(1)指挥信号不明或乱指挥不吊。
(2)物体质量不清或超负荷不吊。
(3)斜拉物体不吊。
(4)重物上站人或有浮置物不吊。
(5)工作场地昏暗，无法看清场地、被吊物及指挥信号不吊。
(6)遇有拉力不清的埋置物时不吊。
(7)工件捆绑、吊挂不牢不吊。
(8)重物棱角处与吊绳之间未加衬垫不吊。
(9)结构或零部件有影响安全工作的缺陷或损伤时不吊。
(10)钢(铁)水装得过满不吊</td></tr>
<tr><td rowspan="2">场(厂)内专用机动车辆事故</td><td>场(厂)内专用机动车辆事故特点</td><td>(1)场(厂)内机动车辆事故不但会造成车辆的损失和人员伤亡，还会影响场(厂)内的正常生产秩序。
(2)事故主要发生在车辆行驶、装卸作业、车辆维修和非驾驶员驾车等过程。
(3)事故类型繁多，不同车辆会造成不同事故，难以预防。
(4)伤害涉及的人员可能是司机、乘客、作业辅助人员和作业范围内的其他人员，其中，伤害他人的比例最高。
(5)游览区、机场等的乘人车辆发生事故，乘客受到伤害对社会造成不良影响。
(6)事故高发行业中，建筑、冶金、制造生产企业、铁路公路建设工地、仓储物流、旅游观光等行业较多，与这些行业相关的场(厂)内机动车辆数量多、使用频率高、作业条件复杂。
(7)易发生倾翻、货物坠落、工作装置损坏、起步伤人、行驶伤人、作业伤人等事故。
(8)部分事故与道路环境有关</td></tr>
<tr><td>场(厂)内专用机动车辆事故发生原因</td><td>(1)车辆安全技术状况不良。如车辆的安全装置存在问题；蓄电池车调速失控，造成飞车；翻斗车举升装置锁定机构工作不可靠；吊车起重机的安全防护装置，如制动器、限位器等工作不可靠；车辆维护修理不及时，带病行驶。
(2)驾驶员的安全技术素质不高。
(3)场(厂)内的作业环境复杂。如道路条件差；视线不良；恶劣的气候条件。
(4)管理不到位。如管理规章制度或操作规程不健全；非驾驶员驾车；交通信号、标志、设施缺陷</td></tr>
</table>

续表

<table>
<tr><th>项目</th><th colspan="2">具体内容</th></tr>
<tr><td rowspan="3">场(厂)内专用机动车辆事故</td><td>场(厂)内专用机动车辆事故应急措施</td><td>(1)车辆一旦肇事,驾驶员应努力减少事故损失,并配合有关部门及人员做好以下几项工作:迅速停车,积极抢救伤者,并迅速向主管部门报告;抢救受损物资,尽量减轻事故的损失程度,设法防止事故扩大;在不妨碍抢救受伤人员和物资的情况下,尽最大努力保护好事故现场。
(2)事故单位的领导或主管部门接到事故报告后,应立即赶赴事故现场,组织人员抢救伤员、物资,保护好事故现场,根据人员的伤势程度,按规定程序逐级上报。事故单位的安全管理部门,可在不破坏事故现场的情况下,对现场初步进行勘察,尤其是在主要干路上易被破坏的痕迹,物品的勘察应抓紧进行。事故现场勘察主要有下列几项内容:保护现场、寻找证人、看护肇事者、测量事故现场</td></tr>
<tr><td>场(厂)内专用机动车辆事故的种类</td><td>(1)按车辆事故的事态分:有碰撞、碾轧、刮擦、翻车、坠车、爆炸、失火、出轨和搬运、装卸中的坠落及物体打击等。
(2)按厂区道路分:有交叉路口、弯道、直行、坡道、铁路道口、狭窄路面、仓库、车间等行车事故。
(3)按伤害程度分:有车损事故、轻伤事故、重伤事故、死亡事故</td></tr>
<tr><td>典型场(厂)内机动车辆事故</td><td>(1)超速造成事故。
(2)无证驾驶造成事故。
(3)违章载人造成事故。
(4)违章作业造成事故。
(5)设备故障造成事故</td></tr>
<tr><td>压力管道事故</td><td>压力管道事故特点</td><td>(1)压力管道系统在运行过程中,经常会由于密封元件损坏、管道元件腐蚀穿孔、焊接或结构缺陷、过量变形等出现泄漏。
(2)压力管道在运行中由于物理原因的超压、过热,或者异常化学反应的压力、温度的急剧升高,而超出管道元件可以承受的压力,或腐蚀、磨损,而造成管道元件承受能力下降到不能承受正常压力的程度,发生爆炸、撕裂等事故。
(3)压力管道本体发生爆炸,或者泄漏的易燃易爆介质爆炸,不但事故设备毁坏和操作人员伤亡,而且还波及周围的设施和人员。其爆炸所产生的碎片,以及产生的巨大冲击波,破坏力与杀伤力极大。
(4)压力管道发生泄漏、爆炸、撕裂后,有毒物质的大量外溢会造成人畜中毒的恶性事故;而可燃性物质的大量泄漏,还会引起重大火灾和二次爆炸事故,后果也十分严重。
(5)由于疲劳断裂常常是突然发生的,所以对于长距离输送管道来说,管道断裂,尤其是高压输气管道的断裂,造成的危害是非常严重的</td></tr>
</table>

续表

项目	具体内容	
压力管道事故	压力管道事故发生原因	1. 随时间逐渐发展的缺陷导致的原因 腐蚀减薄、冲刷磨损、开裂、材质劣化、变形。 2. 设计制造原因 (1)设计原因。管系设计结构布置不合理,材料选用不符合要求,阀门和管件选型错误,应力分析失误,受压元件强度不够等,造成管道在运行中发生事故。 (2)制造原因。管子、管件、阀门制造中形成的缺陷,如原材料中的原始缺陷,焊接结构中的裂纹、气孔等焊接缺陷,管件制造过程中过度减薄和变形,阀门密封结构和操作机构不可靠等。 3. 安装质量原因 安装不符合技术要求,材料混用,焊接质量低劣,存在未焊透、未熔合、夹渣、气孔,甚至裂纹等缺陷,未按规定进行无损检测,弯管加工造成管内皱褶、变形超标,密封元件安装质量差,安全附件规格错误等。 4. 与时间无关,具有一定随机性的原因 在运行中超压、超温,违章作业,超过检验期限没有进行定期检验,操作人员不懂技术而进行误操作,第三方破坏,气候、外力作用等。 5. 长输管道事故的特殊原因 (1)自然条件恶劣地区,自然地质灾害严重的区域,如在地震断裂带、煤矿采空区、山体滑坡区、黄土冲沟区等,地震、泥石流、塌陷和洪水冲击等易对管道造成破坏。 (2)第三方破坏,即人为破坏造成压力管道泄漏爆炸事故。 (3)埋地长输管道一般采用防腐层和阴极保护联合进行保护。如果两者其中一个出现问题,都会加速管道腐蚀,腐蚀到一定程度管道发生泄漏事故
	典型压力管道事故及预防	1. 管道焊接缺陷造成破坏 (1)事故原因。此类破坏是由于管道系统中的焊接缺陷造成的。 (2)预防措施。 ①制造、修理、安装、改造时,加强焊接管理,完善焊接质量管理体系。 ②在压力管道运行中,加强管理,避免操作失误、超温、超压运行等。 ③加强检验工作,及时发现缺陷并采取有效措施。 2. 管系振动破坏 (1)事故原因。压力管道的振源多种多样,大致可分为来自系统自身和系统外两大类。系统自身的主要有与管道直接相连接机器、设备的振动引起的振动,管道流体的不稳定流动引起的振动;系统外的有风载荷、地震载荷引起的振动等。 (2)预防措施。 ①避免管道结构固有频率、管道内气柱固有频率与压缩机、机泵的激振频

续表

<table>
<tr><th>项目</th><th colspan="2">具体内容</th></tr>
<tr><td>压力管道事故</td><td>典型压力管道事故及预防</td><td>率相等而形成共振。
②减轻气液两相流的激振力。
③加强支架刚度。
3. 液击破坏
(1)事故原因。输送液体或气液两相介质的管道中，由于生产装置的开停和生产过程的调节，常需要启闭阀门、机泵，这时管道内的液体速度就会发生突然变化。
(2)预防措施。
①装置开停和生产调节过程中，尽量缓慢开闭阀门。
②缩短管子长度。
③在管道靠近液击源附近设安全阀、蓄能器等装置，释放或吸收液击的能量。
④采用具有防液击功能的阀门。
⑤采用自控保护装置。
4. 疲劳破坏
(1)破坏原因。应力集中、载荷的反复作用、温度的变化。
(2)预防措施。
①选用合适的抗疲劳材料。
②管道系统设计时需做疲劳分析。
③考虑结构的抗疲劳性能。
④制造及安装时应注意的问题。
⑤加强定期检验。
5. 蠕变破坏
(1)破坏原因。在一定的高温环境下，即使钢所受到的拉应力低于该温度下的屈服强度，也会随时间的延长而发生缓慢持续的伸长，即发生钢的蠕变现象。
(2)预防措施。
①根据使用温度选用合适的材料，并按材料的使用温度和相应寿命蠕变极限选取许用应力。
②合理设计管系布置和结构。
③严格控制焊接工艺和热处理。
④严格执行操作规程，杜绝超温超压运行，并加强检查，避免因局部过热而导致蠕变破坏。
⑤加强定期检验。
6. 地质灾害造成长输油气管道破坏
长输油气管道经常途经自然地质灾害严重的区域，如地震断裂带、煤矿采</td></tr>
</table>

续表

项目		具体内容
压力管道事故	典型压力管道事故及预防	空区、山体滑坡区、黄土冲沟区等，地震、泥石流、塌陷和洪水冲击等易对管道造成破坏。 7. 管道第三方破坏 第三方破坏会危害油气管道的安全平稳运行，是油气管道失效的主要因素之一。 8. 长输管道腐蚀破坏 腐蚀是长输管线事故的主要原因
客运索道事故	客运索道事故的特点	(1)事故大型化、群体化，客运索道一旦出现故障，可能造成人员被困、坠落等事故。 (2)事故后果严重，社会影响恶劣。 (3)伤害涉及的人员可能是游客和索道运行范围内的其他人员。 (4)在安装、维修和运行中都可能发生事故。 (5)与气候、天气有关
	客运索道事故发生原因	(1)设计上不合理。在设计具体索道时，也应充分考虑极限气温、风负荷、车身摇晃状况、负荷不均匀情况及站房和塔架之间的相互关系。 (2)制造上有误差。焊接质量差、润滑油选择不当以及各部分的装配发生错误都会涉及安全问题。 (3)质量控制不到位。在索道设备出厂前及定期检修时，必须对安全上至关重要的零部件如钢绳、抱索器等进行无损探伤检查。 (4)安装和装配上出现差错。索道在安装装配上一定要正确无误，若系统在安装和装配上出现差错，就会危及本来设计很好很安全的设备。 (5)维护和检修不正常。索道系统若维护和检修不正常，随着隐患扩大，可能会导致事故。因而对索道系统中重要零件必须进行预检。 (6)操作规程不合理。操作规程应清楚完整，简明易懂地提供给操作维护人员。 (7)操作人员对操作规程了解不全面
	典型客运索道事故及预防	1. 典型客运索道事故 (1)拖动失效。拖动失效指索道机械传动系统与电气拖动系统的失效，设备停转、不能启动，是客运索道中最常见的事故。 (2)脱索。脱索指运行中的钢丝绳从轨道中或托压索轮上脱落，是客运索道常见的一种事故，其后果通常是高空滞留、线路振荡等。 (3)坠落。坠落分为吊具坠落和作业人员高空坠落。 (4)撞击。客运索道撞击事故一般表现为人员与运行中的吊具(客车)的碰撞，以及吊具(客车)与站台或周围设施的撞击

续表

项目	具体内容	
客运索道事故	典型客运索道事故及预防	(5)机械伤害。机械伤害指人体与运转中的机械设备直接接触，或与运转中的机械设备上的脱落物直接接触，导致人员被挤压、剪切、剐蹭、砸中等伤害。 (6)振荡。客运索道运行中由于突然紧急停车(减速度很大)、脱索、吊具受阻、钢丝绳受外物碰砸等原因引起的钢丝绳的振荡。 (7)触电。索道电气设备高压侧一般是 10 kV，低压侧一般为 380 V/220 V，操作人员使用维护时，由于漏电、违规操作等原因，可能造成触电事故。 (8)电气火灾。短路、过负荷运行、接触电阻过大等原因可能导致电气火灾。 (9)外部环境带来的其他伤害。小净空通行伤害、雷电伤害、大风伤害，是很常见的索道事故。此外，还有雪崩、地震等因素危害。 2. 事故预防措施 (1)加强管理，认真执行客运索道各项管理制度和安全检查制度，做好客运索道的定期检查、维护、保养，及时消除隐患，使客运索道始终处于良好的运行状态。 (2)加强对客运索道操作人员的教育和培训，严格执行安全操作规程，提高操作技术能力和处理紧急情况的能力。 (3)乘坐前，认真阅读《乘客须知》，查看该索道有无安全检验合格标志。 (4)心脏病、高血压、恐高症患者不要乘坐客运索道。 (5)年老体弱及未成年人乘坐客运索道必须有成年人陪同。 (6)进入轿厢(吊椅)后，不要嬉戏，打闹，不要将头、手伸出窗(栏)外
大型游乐设施事故	大型游乐设施事故的特点	(1)大型游乐设施集知识性、趣味性、刺激性于一体，参与的游客面广、量大，一旦出现故障，可能造成人员被困、坠落、伤害等事故。 (2)随着科学技术的日新月异，许多大型游乐设施运用的技术更加先进，构造更加复杂，追求更高、更快、更刺激的同时，危险性也更高，出现故障或事故的后果更严重。 (3)参与者经常是少年儿童，参与过程中不易管理，容易出现意想不到的情况。 (4)一旦出现故障事故，伤害涉及的人员是游客，社会关注度高，社会影响恶劣。 (5)有些游乐设施是由个体经营，部分个体经营者的运营管理水平低下，以短期营利为目的，缺少日常检查和维护保养方面的投入，缺乏安全意识和自我保护意识，安全管理水平低下，而且躲避政府监管
	大型游乐设施事故发生原因	(1)设计中零件布置不合理。零件在结构中的位置或布置不合理，会造成载荷过于集中而不能均匀分布，使部分零件在运行中过早失效。 (2)零件的工艺设计不合理。零件的工艺设计不合理，不仅制造困难，不能保证质量，而且安装麻烦，在使用过程中极易产生失效。 (3)机械连接方式不当。由于连接方式不当或配合精度不够，会造成结构

续表

<table>
<tr><th>项目</th><th colspan="2">具体内容</th></tr>
<tr><td rowspan="2">大型游乐设施事故</td><td>大型游乐设施事故发生原因</td><td>的失效。
(4)零件的精度不够。由于精度低,使零件无法固定或由于定位元件在反复装卸中损坏,使零件不能保持准确的位置,导致结构失效。
(5)安装不到位。在安装装配上出现超差,或由于设计结构不合理,使得安装无法保证到位或者易造成误安装,都会导致结构失效。
(6)维护和检修不正常。游乐设施的重要零件在使用中有可能产生裂纹、磨损减薄、变形等,如不及时发现处理,就可能继续发展而导致发生破坏。
(7)操作人员违规操作。有些事故发生的原因是操作人员不熟悉操作运行程序,违规操作引起的</td></tr>
<tr><td>典型大型游乐设施事故及预防</td><td>1. 大型游乐设施事故
(1)倒塌(倾覆倾翻)。游乐设施运动时或因碰撞发生倾翻事故的主要原因有:违反操作规程、零部件损坏、机构失灵、超速等,还有结构失稳,基础塌陷,结构强度、刚度不够。
(2)坠落。大型游乐设施坠落事故是指设施零部件、游客等从空中坠落至地面所造成的设备毁坏和人身伤亡的事故,也包括零部件等从高空坠落,致使地面人员受伤的事故。
(3)挤压。挤压事故是指在大型游乐设施中,乘客被挤压在两个物体之间,造成挤伤、压伤、击伤等人身伤亡事故。
(4)碰撞。游乐设施之间相互撞击造成的事故。
(5)火灾。游乐设施失火,被困游客、人员无法逃生造成的事故。
(6)触电。游客触电(动力电源、装饰照明电源、动作控制电源等),其他人员(检验、维修、维护)触电。
(7)物体打击。受设备本身物体打击、受外来物打击造成的事故。
(8)溺水。游乐过程中游客在游乐水域中溺水。
(9)失控。游乐设施机构突然失灵、失控造成的事故。
(10)高空滞留事故。游乐设施机构突然停止运动,乘客被迫滞留在空中,也包括乘客被遗忘。
2. 事故预防措施
(1)加强对大型游乐设施的管理。
(2)制定正确详细的制造、安装、操作规程。
(3)加强对大型游乐设施操作人员的教育和培训,严格执行安全操作规程,提高操作技术能力和处理紧急情况的能力。
(4)编制详细正确的《乘客须知》,参与者乘坐前认真阅读,对少年儿童进行嘱托教育,并在参与过程中严格遵守。
(5)身体不适应者不乘坐大型游乐设施</td></tr>
</table>

第二节　锅炉和压力容器安全技术

考点1　锅炉压力容器使用安全管理

<table>
<tr><th>项目</th><th>具体内容</th></tr>
<tr><td>锅炉压力容器使用安全管理</td><td>1. 使用许可厂家的合格产品
锅炉压力容器实行设计文件鉴定制度，由国家市场监督管理总局核准的鉴定机构对锅炉压力容器设计文件中的安全性能和节能是否符合特种设备安全技术规范和有关规定进行审查。未经鉴定的设计文件，不得用于制造安装。锅炉压力容器的制造单位，必须具备保证产品质量所必需的加工设备、技术力量、检验手段和管理水平，并取得《特种设备生产许可证》，才能生产相应种类的锅炉或者压力容器。购置、选用的锅炉压力容器应是许可厂家的合格产品，并有齐全的技术文件、产品质量合格证明书、监督检验证书和产品竣工图。
2. 登记建档
锅炉压力容器在正式使用前，必须到当地特种设备安全监察机构登记，经审查批准登记建档、取得使用证方可使用。使用单位也应建立锅炉压力容器的设备档案，保存设备的设计、制造、安装、使用、修理、改造和检验等过程的技术资料。
3. 专责管理
使用锅炉的单位，应对设备进行专责管理；使用压力容器的单位，应设置安全管理机构，配备安全管理负责人和安全管理人员。
4. 建立制度
使用单位必须建立一套科学、完整、切实可行的锅炉压力容器管理制度。管理制度应该包括管理制度和操作规程两方面。
5. 持证上岗
锅炉司炉、水质化验人员，应接受专业安全技术培训并考试合格，持证上岗；压力容器安全管理负责人和安全管理人员，应当按照规定持有相应的特种设备管理人员证。
6. 定期检验
定期检验是指在设备的设计使用期限内，每隔一定的时间对其承压部件和安全装置进行检测检查，或做必要的试验。
使用单位应按照锅炉的检验周期，按时向取得国家质量监督检验检疫总局（现已改为国家市场监督管理总局）核准资格的特种设备检验机构申请检验。压力容器的安全检查每月进行一次。
7. 监控水质
水中杂质会使锅炉结垢、腐蚀及产生汽水共腾，降低锅炉效率、寿命及供汽质量。必须严格监督、控制锅炉给水及锅炉水质，使之符合锅炉水质标准的规定</td></tr>
</table>

考点 2 锅炉压力容器安全附件

项目	具体内容
锅炉安全附件	1. 安全阀 安全阀是锅炉上的重要安全附件之一，它对锅炉内部压力极限值的控制及对锅炉的安全保护起着重要的作用。安全阀应按规定配置，合理安装，结构完整，灵敏、可靠。 (1)安全阀的设置 每台锅炉至少应当装设 2 个安全阀(包括锅筒和过热器安全阀)。符合下列规定之一的，可以只装设 1 个安全阀： ①额定蒸发量小于或者等于 0.5t/h 的蒸汽锅炉。 ②额定蒸发量小于 4t/h 且装设有可靠的超压联锁保护装置的蒸汽锅炉。 ③额定热功率小于或者等于 2.8MW 的热水锅炉。 (2)安全阀的安装 ①安全阀应当铅直安装，并且应当安装在锅筒(壳)、集箱的最高位置，在安全阀和锅筒(壳)之间或者安全阀和集箱之间，不应当装设阀门和取用介质的管路。 ②多个安全阀如果共同装在一个与锅筒(壳)直接相连的短管上，短管的流通截面积应当不小于所有安全阀的流通截面积之和。 ③采用螺纹连接的弹簧安全阀时，安全阀应当与带有螺纹的短管相连接，而短管与锅筒(壳)或者集箱筒体的连接应当采用焊接结构。 (3)安全阀的校验 ①在用锅炉的安全阀每年至少校验 1 次，校验一般在锅炉运行状态下进行。 ②如果现场校验有困难或者对安全阀进行修理后，可以在安全阀校验台上进行，校验后的安全阀在搬运或者安装过程中，不能摔、砸、碰撞。 ③新安装的锅炉或者安全阀检修、更换后，应当校验其整定压力和密封性。 ④安全阀经过校验后，应当加锁或者铅封。 ⑤控制式安全阀应当分别进行控制回路可靠性试验和开启性能检验。 ⑥安全阀整定压力、密封性等检验结果应当记入锅炉安全技术档案。 (4)锅炉运行中安全阀的使用 ①锅炉运行中安全阀应当定期进行排放试验，电站锅炉安全阀每年进行 1 次，对控制式安全阀，使用单位应当定期对控制系统进行试验。 ②锅炉运行中安全阀不允许解列，不允许提高安全阀的整定压力或使安全阀失效。 2. 压力表 压力表用于准确地测量锅炉上所需测量部位压力的大小。 (1)压力表的设置 锅炉的以下部位应当装设压力测量装置： ①蒸汽锅炉锅筒(壳)的蒸汽空间。 ②给水调节阀前  压力表

续表

项目	具体内容
锅炉安全附件	③省煤器出口。 ④过热器出口和主汽阀之间。 ⑤再热器出口、进口。 ⑥直流蒸汽锅炉的启动(汽水)分离器或其出口管道上。 ⑦直流蒸汽锅炉省煤器进口、储水箱和循环泵出口。 ⑧直流蒸汽锅炉蒸发受热面出口截止阀前(如果装有截止阀)。 ⑨热水锅炉的锅筒(壳)上。 ⑩热水锅炉的进水阀出口和出水阀进口。 ⑪热水锅炉循环水泵的出口、进口。 ⑫燃油锅炉、燃煤锅炉的点火油系统的油泵进口(回油)及出口。 ⑬燃气锅炉、燃煤锅炉的点火气系统的气源进口及燃气阀组稳压阀(调压阀)后。 (2)压力表的选用 ①A 级锅炉压力表精确度应当不低于 1.6 级,其他锅炉压力表精确度应当不低于 2.5 级。 ②压力表的量程应当根据工作压力选用,一般为工作压力的 1.5~3.0 倍,最好选用 2 倍。 (3)压力表的安装 ①应当装设在便于观察和吹洗的位置,并且应当防止受到高温、冰冻和震动的影响。 ②锅炉蒸汽空间设置的压力表应当有存水弯管或者其他冷却蒸汽的措施,热水锅炉用的压力表也应当有缓冲弯管,弯管内径应当不小于 10 mm。 ③压力表与弯管之间应当装设三通阀门,以便吹洗管路、卸换、校验压力表。 3. 水位测量与示控装置 (1)水位表的设置 每台蒸汽锅炉锅筒(壳)至少应当装设 2 个彼此独立的直读式水位表,符合下列条件之一的锅炉可以只装设 1 个直读式水位表: ①额定蒸发量小于或者等于 0.5 t/h 的锅炉。 ②额定蒸发量小于或者等于 2 t/h,且装有一套可靠的水位示控装置的锅炉。 ③装设两套各自独立的远程水位测量装置的锅炉。 ④电加热锅炉。 (2)水位表的结构、装置 ①水位表应当有指示最高、最低安全水位和正常水位的明显标志,水位表的下部可见边缘应当比最高火界至少高 50 mm,并且应当比最低安全水位至少低 25 mm,水位表的上部可见边缘应当比最高安全水位至少高 25 mm。 ②玻璃管式水位表应当有防护装置,并且不应当妨碍观察真实水位,玻璃管的内径应当不小于 8 mm

续表

项目	具体内容
锅炉安全附件	③锅炉运行中能够吹洗和更换玻璃板(管)、云母片。 ④2 个以上(含 2 个)玻璃板或者云母片组成的一组水位表,能够连续指示水位。 ⑤水位表或者水表柱和锅筒(壳)之间阀门的流道直径应当不小于 8 mm,汽水连接管内径应当不小于 18 mm,连接管长度大于 500 mm 或者有弯曲时,内径应当适当放大,以保证水位表灵敏准确。 ⑥连接管应当尽可能短,如果连接管不是水平布置时,汽连管中的凝结水能够流向水位表,水连管中的水能够自行流向锅筒(壳)。 ⑦水位表应当有放水阀门和接到安全地点的放水管。 ⑧水位表或者水表柱和锅筒(壳)之间的汽水连接管上应当装设阀门,锅炉运行时,阀门应当处于全开位置。 4. 温度测量装置 温度是锅炉热力系统的重要参数之一,为了掌握锅炉的运行状况,确保锅炉的安全、经济运行,在锅炉热力系统中,锅炉的给水、蒸汽、烟气等介质均需依靠温度测量装置进行测量监视。 5. 保护装置 (1)超温报警和联锁保护装置。超温报警装置安装在热水锅炉的出口处,当锅炉的水温超过规定的水温时,自动报警,提醒司炉人员采取措施减弱燃烧。超温报警和联锁保护装置联锁后,还能在超温报警的同时,自动切断燃料的供应和停止鼓、引风,以防止热水锅炉发生超温而导致锅炉损坏或爆炸。 (2)高低水位警报和低水位联锁保护装置。当锅炉内的水位高于最高安全水位或低于最低安全水位时,水位警报器就自动发出警报,提醒司炉人员采取措施防止事故发生。 (3)超压报警装置。当锅炉出现超压现象时,能发出警报,并通过联锁装置控制燃烧,如停止供应燃料、停止通风,使司炉人员能及时采取措施,以免造成锅炉超压爆炸事故。 (4)锅炉熄火保护装置。当锅炉炉膛熄火时,锅炉熄火保护装置能切断燃料供应,并发出相应信号。 6. 排污阀或放水装置 排污阀或放水装置的作用是排放锅水蒸发而残留下的水垢、泥渣及其他有害物质,将锅水的水质控制在允许的范围内,使受热面保持清洁,以确保锅炉的安全、经济运行。 7. 防爆门 为防止炉膛和尾部烟道再次燃烧造成破坏,常采用在炉膛和烟道易爆处装设防爆门。 8. 锅炉自动控制装置 通过工业自动化仪表对温度、压力、流量、物位、成分等参数进行测量和调节,达到监视、控制、调节生产的目的,使锅炉在最安全、经济的条件下运作

续表

<table>
<tr><th>项目</th><th>具体内容</th></tr>
<tr><td>压力容器安全附件</td><td>1. 安全阀
压力容器安全阀分全启式安全阀和微启式安全阀。根据安全阀的整体结构和加载方式可以分为静重式、杠杆式、弹簧式和先导式4种。
安全阀如果出现故障，尤其是不能开启时，有可能会造成压力容器失效甚至爆炸的严重后果。安全阀的主要故障有：
(1)泄漏。在压力容器正常工作压力下，阀瓣与阀座密封面之间发生超过允许程度的泄漏。
(2)到规定压力时不开启。安全阀锈死、阀瓣与阀座黏住、杠杆被卡住等都会造成安全阀不开启；如果安全阀定压不准，也会造成到规定压力时不开启。
(3)不到规定压力时开启。安全阀定压不准，或者弹簧老化。
(4)排气后压力继续上升。选用的安全阀排量太小，或者排气管截面积太小，不能满足压力容器的安全泄放量要求。
(5)排放泄压后阀瓣不回座。阀杆、阀瓣安装位置不正或者被卡住。
2. 爆破片
爆破片装置是一种非重闭式泄压装置，由进口静压使爆破片受压爆破而泄放出介质，以防止容器或系统内的压力超过预定的安全值。
爆破片又称为爆破膜或防爆膜，是一种断裂型安全泄放装置。与安全阀相比，它具有结构简单、泄压反应快、密封性能好、适应性强等特点。
3. 爆破帽
爆破帽为一端封闭，中间有一薄弱层面的厚壁短管，爆破压力误差较小，泄放面积较小，多用于超高压容器。超压时其断裂的薄弱层面在开槽处。由于其工作时通常还有温度影响，因此，一般均选用热处理性能稳定，且随温度变化较小的高强度材料制造，其破爆压力与材料强度之比一般为0.2～0.5。
4. 易熔塞
易熔塞属于“熔化型”（“温度型”）安全泄放装置，它的动作取决于容器壁的温度，主要用于中、低压的小型压力容器，在盛装液化气体的钢瓶中应用更为广泛。
5. 紧急切断阀
紧急切断阀是一种特殊结构和特殊用途的阀门，它通常与截止阀串联安装在紧靠容器的介质出口管道上。其作用是在管道发生大量泄漏时紧急止漏，一般还具有过流闭止及超温闭止的性能，并能在近程和远程独立进行操作。紧急切断阀按操作方式的不同，可分为机械（或手动）牵引式、油压操纵式、气压操纵式和电动操纵式等多种，前两种目前在液化石油气槽车上应用非常广泛</td></tr>
<tr><td>压力容器仪表</td><td>1. 压力表
压力表是指示容器内介质压力的仪表，是压力容器的重要安全装置。按其结构和作用原理，压力表可分为液柱式、弹性元件式、活塞式和电量式四大类。活塞式压力计通</td></tr>
</table>

续表

项目	具体内容
压力容器仪表	常用作校验用的标准仪表,液柱式压力计一般只用于测量很低的压力,压力容器广泛采用的是各种类型的弹性元件式压力计。 2. 液位计 液位计又称液面计,是用来观察和测量容器内液体位置变化情况的仪表。特别是对于盛装液化气体的容器,液位计是一个必不可少的安全装置。 3. 温度计 温度计是用来测量物质冷热程度的仪表,可用来测量压力容器介质的温度。对于需要控制壁温的容器,还必须装设测试壁温的温度计

考点 3 锅炉压力容器使用安全技术

项目		具体内容
锅炉使用安全技术	锅炉启动步骤	(1)检查准备。新装、移装和检修后的锅炉,启动前要进行全面检查。 主要内容有:检查受热面、承压部件的内外部,看其是否处于可投入运行的良好状态;检查燃烧系统各个环节是否处于完好状态;检查各类门孔、挡板是否正常,使之处于启动所要求的位置;检查安全附件和测量仪表是否齐全、完好并使之处于启动所要求的状态;检查锅炉架、楼梯、平台等钢结构部分是否完好;检查各种辅机特别是转动机械是否完好。 (2)上水。上水温度最高不超过 90 ℃,水温与筒壁温差不超过 50 ℃,避免产生过大应力。冷炉上水至最低水位应停止上水,防止炉水受热膨胀后水位过高。 (3)烘炉。新装、移装、大修或长期停用的锅炉,其炉膛和烟道墙壁潮湿,骤然接触高温会引起坍塌。因此启动前要进行烘炉。 (4)煮炉。对新装、移装、大修或长期停用的锅炉,在正式启动前必须煮炉,以清除蒸发受热面中的铁锈、油污等。 (5)点火升压。一般锅炉上水后即可点火升压。层燃炉一般用木材引火,严禁用挥发性强烈的油类或易燃物引火,以免造成爆炸事故。 (6)暖管与并汽。暖管,即用蒸汽慢慢加热管道、阀门、法兰等部件,避免向冷态或较低温度的管道突然供入蒸汽,以防止热应力过大而损坏管道、阀门等部件;同时将管道中的冷凝水驱出,防止在供汽时发生水击。并汽也叫并炉、并列,是将新投入运行的锅炉向共用的蒸汽母管供入蒸汽

续表

<table>
<tr><th>项目</th><th colspan="2">具体内容</th></tr>
<tr><td rowspan="2">锅炉使用安全技术</td><td>锅炉点火升压阶段的安全注意事项</td><td>1. 防止炉膛爆炸
燃气锅炉、燃油锅炉、煤粉锅炉等点火时必须特别注意防止炉膛爆炸。
防止炉膛爆炸的措施：
(1)点火前，开动引风机给锅炉通风 5 ~ 10 min，没有风机的可自然通风 5 ~ 10 min，以清除炉膛及烟道中的可燃物质。
(2)点燃气、油、煤粉炉时，应先送风，之后投入点燃火炬，最后送入燃料。
(3)一次点火未成功需重新点燃火炬时，一定要在点火前给炉膛烟道重新通风，待充分清除可燃物之后再进行点火操作。
2. 控制升温升压速度
因受热面的金属热膨胀和热应力问题，升温升压过程一定要缓慢，时刻监督承压部件的膨胀情况。
3. 严密监视和调整仪表
首先是对运行参数进行监督，其次很多仪表也一并承受锅炉升温升压的变化，因此对这些仪表本身也要进行膨胀监督。
4. 保证强制流动受热面的可靠冷却
锅炉启动升温升压的过程中，由于不向用户提供蒸汽，因此省煤器、过热器等强制流动受热面没有连续流动的水汽介质对其冷却，因而可能被连续流过烟气烧坏。
(1)省煤器保护措施：在省煤器和锅筒间连接再循环管，点火升压期间，打开再循环管阀门，形成循环流动。
(2)过热器保护措施：升压过程中，开启过热器相应阀门，使一部分蒸汽流经过热器后被排出，从而使过热器冷却</td></tr>
<tr><td>锅炉正常运行中的监督调节</td><td>1. 锅炉水位的监督调节
水位允许正常范围内波动，其与气压、蒸发量的调节联系在一起。
2. 锅炉气压的监督调节
锅炉气压的变动通常是由负荷变动引起的。负荷小于蒸发量，气压上升；负荷大于蒸发量，气压下降。
3. 气温的调节
锅炉负荷、燃料及给水温度的改变，都会造成过热器温度的改变。
4. 燃烧的监督调节
燃烧调节的任务是：维持气压稳定；使燃烧完好充分；保证操作安全和减少排烟损失</td></tr>
</table>

续表

项目	具体内容	
锅炉使用安全技术	锅炉正常运行中的监督调节	5. 排污和吹灰 锅炉运行中,为了保持受热面内部清洁,避免锅水发生汽水共腾及蒸汽品质恶化,除了对给水进行必要而有效的处理外,还必须坚持排污。 燃煤锅炉的烟气中含有许多飞灰微粒,一部分烟灰就沉积到受热面上,不及时吹扫清理,往往越积越多。受热面上积灰会严重影响锅炉传热,降低锅炉效率,影响锅炉运行工况。特别是蒸汽温度,对锅炉安全也造成不利影响
	停炉及停炉保养	1. 停炉 停炉中应注意的主要问题是防止降压降温过快,以避免锅炉部件因降温收缩不均匀而产生过大的热应力。 停炉操作应按规程规定的次序进行。锅炉正常停炉的次序应该是:先停燃料供应,随之停止送风,减少引风;与此同时,逐渐降低锅炉负荷,相应地减少锅炉上水,但应维持锅炉水位稍高于正常水位。对于燃气、燃油锅炉,炉膛停火后,引风机至少要继续引风 5 min 以上。锅炉停止供汽后,应隔断与蒸汽母管的连接,排气降压。为保护过热器,防止其金属超温,可打开过热器出口集箱疏水阀适当放气。降压过程中,司炉人员应连续监视锅炉,待锅内无气压时,开启空气阀,以免锅内因降温形成真空。 停炉时应打开省煤器旁通烟道,关闭省煤器烟道挡板,但锅炉进水仍需经省煤器。对钢管省煤器,锅炉停止进水后,应开启省煤器再循环管;对无旁通烟道的可分式省煤器,应密切监视其出口水温,并连续经省煤器上水、放水至水箱中,使省煤器出口水温低于锅筒压力下饱和温度 20 ℃。 为防止锅炉降温过快,在正常停炉的 4 ~ 6 h 内,应紧闭炉门和烟道挡板。之后打开烟道挡板,缓慢加强通风,适当放水。停炉 18 ~ 24 h,在锅水温度降至 70 ℃以下时,方可全部放水。 锅炉遇有下列情况之一者,应紧急停炉:锅炉水位低于水位表的下部可见边缘,严重缺水时;不断加大向锅炉进水及采取其他措施,但水位仍继续下降;锅炉水位超过最高可见水位(满水),经放水仍不能见到水位;给水泵全部失效或给水系统故障,不能向锅炉进水;水位表或安全阀全部失效;设置在汽空间的压力表全部失效;锅炉元件损坏,危及操作人员安全;燃烧设备损坏、炉墙倒塌或锅炉构件被烧红等,严重威胁锅炉安全运行;其他异常情况危及锅炉安全运行。 紧急停炉的操作次序是:立即停止添加燃料和送风,减弱引风。与此同时,设法熄灭炉膛内燃料,对于一般层燃炉可以使用砂土或湿灰灭火。灭火后即把炉门、灰门及烟道挡板打开,以加强通风冷却;锅内可以较快降压并更换锅水,锅水冷却至 70 ℃左右允许排水。因缺水紧急停炉时,严禁给锅炉上水,并不得开启空气阀及安全阀快速降压

续表

项目		具体内容
锅炉使用安全技术	停炉及停炉保养	2. 停炉保养 (1)压力保养。当停炉时间不超过一周时,可采用压力保养。即在停炉过程终止之前使汽水系统灌满水,维持余压为0.05~0.1 MPa,维持锅水温度在100 ℃以上,这样可阻止空气进入锅炉内。 (2)湿法保养。当锅炉停用时间不超过一个月时,可采用湿法保养。湿法保养是使锅炉汽水系统中注满含碱液的软水,不留汽空间。因为具有适当碱度的水溶液能与金属表面形成一层稳定的氧化膜,从而防止腐蚀继续进行。 (3)干法保养。当锅炉停用时间较长时,可采用干法保养。具体做法是:停炉后将锅水放净,利用炉膛余温将锅炉烘干,及时清除锅内垢渣,然后将装有干燥剂的托盘放入锅筒内及炉排上,最后关闭所有阀门和人孔、手孔门。定期检查保养情况,及时更换失效的干燥剂。 (4)充气保养。充气保养可用于长期停炉保养。锅炉停炉后,不要放水,使水位保持在高水位线上,采取措施使锅炉脱氧,然后将锅水与外界隔绝。通入氮气或氨气,使充气后的压力维持在0.2~0.3 MPa。氮能与氧生成氧化氮,使氧不能与钢板接触。氨溶于水后使水呈碱性,能有效地防止氧腐蚀。充气保养效果较好,但要求锅炉汽水系统具有好的严密性
压力容器使用安全技术	压力容器安全操作	1. 基本要求 (1)平稳操作。加载和卸载应缓慢,并保持运行期间载荷的相对稳定。过高的加载速度会降低材料的断裂韧性,可能使存在微小缺陷的容器在压力的快速冲击下发生脆性断裂。 (2)防止超载。防止压力容器过载主要是防止超压。压力来自外部(如气体压缩机、蒸汽锅炉等)的容器,超压大多是由于操作失误而引起的。 除了防止超压以外,压力容器的操作温度也应严格控制在设计规定的范围内,长期的超温运行也可以直接或间接地导致容器的破坏。 2. 压力容器运行期间的检查 (1)工艺条件方面:主要检查操作压力、操作温度、液位,容器工作介质的化学组成。 (2)设备状况方面:主要检查各连接部位有无泄漏、渗漏现象,容器的部件和附件有无塑性变形、腐蚀以及其他缺陷或可疑迹象,容器及其连接道有无振动、磨损等现象。 (3)安全装置方面:主要检查安全装置以及与安全有关的计量器具是否保持完好状态。 3. 压力容器的紧急停止运行 压力容器在运行中出现下列情况时,应立即停止运行:

续表

项目	具体内容	
压力容器使用安全技术	压力容器安全操作	(1)容器的操作压力或壁温超过安全操作规程规定的极限值,而且采取措施仍无法控制,并有继续恶化的趋势。 (2)容器的承压部件出现裂纹、鼓包变形、焊缝或可拆连接处泄漏等危及容器安全的迹象。 (3)安全装置全部失效,连接管件断裂,紧固件损坏等,难以保证安全操作。 (4)操作岗位发生火灾,威胁到容器的安全操作。 (5)高压容器的信号孔或警报孔泄漏
	压力容器的维护保养	做好压力容器的维护保养工作,可以使容器经常保持完好状态,提高工作效率,延长容器使用寿命。 容器的维护保养主要包括以下几方面的内容: (1)保持完好的防腐层。工作介质对材料有腐蚀作用的容器,常采用防腐层来防止介质对器壁的腐蚀。要常检查,保持防腐层完好无损。若发现防腐层损坏,即使是局部的,也应该先经修补等妥善处理以后再继续使用。 (2)消除产生腐蚀的因素。有些工作介质只有在某种特定条件下才会对容器的材料产生腐蚀。因此要尽力消除这种能引起腐蚀的、特别是应力腐蚀的条件。 ①一氧化碳气体只有在含有水分的情况下才可能对钢制容器产生应力腐蚀,应尽量采取干燥、过滤等措施。 ②碳钢容器的碱脆需要具备温度、拉伸应力和较高的碱液浓度等条件,介质中含有稀碱液的容器,必须采取措施消除使稀液浓缩的条件。 ③盛装氧气的容器,常因底部积水造成水和氧气交界面的严重腐蚀,要防止这种腐蚀,最好使氧气经过干燥,或在使用中经常排放容器中的积水。 (3)消灭容器的"跑、冒、滴、漏",经常保持容器的完好状态。"跑、冒、滴、漏"不仅浪费原料和能源,污染工作环境,还常常造成设备的腐蚀,严重时还会引起容器的破坏事故。 (4)加强容器在停用期间的维护。对于长期或临时停用的容器,应加强维护。停用的容器,必须将内部的介质排除干净,腐蚀性介质要经过排放、置换、清洗等技术处理。要注意防止容器的"死角"积存腐蚀性介质。 要经常保持容器的干燥和清洁,防止大气腐蚀。试验证明,在潮湿的情况下,钢材表面有灰尘、污物时,大气对钢材才有腐蚀作用。 (5)经常保持容器的完好状态。容器上所有的安全装置和计量仪表,应定期进行调整校正,使其始终保持灵敏、准确;容器的附件、零件必须保持齐全和完好无损,连接紧固件残缺不全的容器,禁止投入运行

考点4　锅炉压力容器检验检修安全技术

项目		具体内容
锅炉检验检修安全技术	锅炉定期检验类别	锅炉定期检验工作包括外部检验、内部检验和水压试验三种： (1)外部检验是指锅炉在运行状态下对锅炉安全状况进行的检验。 (2)内部检验是指锅炉在停炉状态下对锅炉安全状况进行的检验。 (3)水压试验是指以水为介质,以规定的试验压力对锅炉受压部件强度和严密性进行的检验
	锅炉定期检验周期	锅炉的外部检验一般每年进行一次,内部检验一般每两年进行一次,水压试验一般每六年进行一次。 除进行正常的定期检验外,还应进行下述的检验： (1)锅炉有下列情况之一时,应进行外部检验。 ①移装锅炉开始投运时。 ②锅炉停止运行一年以上恢复运行时。 ③锅炉的燃烧方式和安全自控系统有改动后。 (2)锅炉有下列情况之一时,应进行内部检验。 ①新安装的锅炉在运行一年后。 ②移装锅炉投运前。 ③锅炉停止运行一年以上恢复运行前。 ④受压元件经重大修理或改造后及重新运行一年后。 ⑤根据上次内部检验结果和锅炉运行情况,对设备安全可靠性有怀疑时。 ⑥根据外部检验结果和锅炉运行情况,对设备安全可靠性有怀疑时。 (3)锅炉有下列情况之一时,应进行水压试验。 ①移装锅炉投运前。 ②受压元件经重大修理或改造后
	锅炉定期检验内容	1. 内部检验内容 (1)检验锅炉承压部件是否在运行中出现裂纹、起槽、过热、变形、泄漏、腐蚀、磨损、水垢等影响安全的缺陷。承压部件包括：锅筒(壳)、封头、管板、炉胆、回燃室、水冷壁、烟管、对流管束、集箱、过热器、省煤器、外置式汽水分离器、下降管、下脚圈、冲天管和锅炉范围内的管道等部件。对于高温承压部件还应进行金属监测,检验材质劣化情况。 (2)检验承受锅炉本身质量的主要支撑件是否有过热、过烧、变形等现象。 (3)检验燃烧设备(如:燃烧器、炉排等)是否有烧损、变形;炉拱、保温是否有脱落;炉排是否有卡死;燃油、燃气锅炉是否有漏油、气现象。 (4)检验成型件和阀体(如:水位示控装置、安全阀、排污阀、主蒸汽阀等)的外部件是否有明显缺陷。 (5)检验安全附件是否有明显缺陷

续表

<table>
<tr><th>项目</th><th colspan="2">具体内容</th></tr>
<tr><td rowspan="2">锅炉检验检修安全技术</td><td>锅炉定期检验内容</td><td>2. 外部检验内容
外部检验包括锅炉管理检查、锅炉本体检验、安全附件、自控调节及保护装置检验、辅机和附件检验、水质管理和水处理设备检验等方面；检验方法以宏观检验为主，并配合对一些安全装置、设备的功能确认。
3. 水压试验内容
缓慢升压至工作压力，检查是否有泄漏或异常现象；继续升压至试验压力，至少保持 20 min，再缓慢降压至工作压力，检查所有参加水压试验的承压部件表面、焊缝、胀口等处是否有渗漏、变形，以及管道、阀门、仪表等连接部位是否有渗漏</td></tr>
<tr><td>锅炉定期检验结论</td><td>1. 外部检验结论
(1)允许运行：未发现或只有轻度不影响安全的缺陷问题。
(2)监督运行：发现一般缺陷问题，经使用单位采取措施后能保证锅炉安全运行。
(3)停止运行：发现严重的缺陷问题，不能保证锅炉安全运行。
2. 内部检验结论
(1)允许运行：内部检验合格，未发现缺陷或只有轻度不影响安全的缺陷。
(2)整改后运行：发现影响锅炉安全运行的缺陷，必须对缺陷部位进行处理。
(3)限制条件运行：不能保证锅炉在原额定参数下安全运行，或需缩短检验周期。
(4)停止运行：锅炉损坏严重，不能保证锅炉安全运行。
3. 水压试验结论
检查结果符合下列情况时判定为合格：
(1)在受压元件金属壁和焊缝上没有水珠和水雾。
(2)当降到工作压力后胀口处不滴水珠。
(3)铸铁锅炉锅片的密封处在到额定出水压力后不滴水珠。
(4)水压试验后，没有明显残余变形。
如果出现不符合上述结果的情况，水压试验为不合格。水压试验不合格的锅炉不得投入运行</td></tr>
<tr><td>压力容器检验检修安全技术</td><td>压力容器定期检验类别</td><td>压力容器定期检验分为年度检查和全面检验。
(1)年度检查，是指为了确保压力容器在检验周期内的安全而实施的运行过程中的在线检查，每年至少一次。
(2)全面检验是指压力容器停机时的检验</td></tr>
</table>

续表

项目	具体内容	
压力容器检验检修安全技术	压力容器定期检验周期	(1)压力容器一般于投用后3年内进行首次定期检验。以后的检验周期由检验机构根据压力容器的安全状况等级,按照以下要求确定: ①安全状况等级为1、2级的,一般每6年检验一次。 ②安全状况等级为3级的,一般每3年至6年检验一次。 ③安全状况等级为4级的,监控使用,其检验周期由检验机构确定,累计监控使用时间不得超过3年,在监控使用期间,使用单位应当采取有效的监控措施。 ④安全状况等级为5级的,应当对缺陷进行处理,否则不得继续使用。 (2)有下列情况之一的压力容器,定期检验周期可以适当缩短: ①介质对压力容器材料的腐蚀情况不明或者腐蚀情况异常的。 ②具有环境开裂倾向或者产生机械损伤现象,并且已经发现开裂的。 ③改变使用介质并且可能造成腐蚀现象恶化的。 ④材质劣化现象比较明显的。 ⑤使用单位没有按照规定进行年度检查的。 ⑥检验中对其他影响安全的因素有怀疑的。 (3)安全状况等级为1、2级的压力容器,符合下列条件之一的,定期检验周期可以适当延长: ①介质腐蚀速率每年低于0.1 mm、有可靠的耐腐蚀金属衬里或者热喷质涂金属涂层的压力容器,通过1次至2次定期检验,确认腐蚀轻微或者衬里完好的,其检验周期最长可以延长至12年。 ②装有催化剂的反应容器以及装有充填物的压力密器,其检验周期根据设计图样和实际使用情况,自使用单位和检验机构协商确定(必要时征求设计单位的意见),报办理特种设备使用登记证的市场监督管理部门备案
	压力容器定期检验内容	1. 年度检查内容 压力容器年度检查包括对使用单位压力容器安全管理情况检查、压力容器本体及运行状况检查和压力容器安全附件检查等 检查方法以宏观检查为主,必要时进行测厚、壁温检查和腐蚀介质含量测定、真空度测试等。 安全附件的检验包括对压力表、液位计、测温仪表、爆破片装置、安全阀的检查和校验,安全阀一般每年至少校验一次。 2. 全面检验内容 检验的具体项目包括宏观(外观、结构以及几何尺寸)、保温层隔热层衬里、壁厚、表面缺陷、埋藏缺陷、材质、紧固件、强度、安全附件以及其他必要的项目

续表

项目	具体内容	
压力容器检验检修安全技术	压力容器定期检验内容	有以下情况之一的压力容器,定期检验时应当进行耐压试验: (1)用焊接方法更换主要受压元件的。 (2)主要受压元件补焊深度大于二分之一厚度的。 (3)改变使用条件,超过原设计参数并且经过强度校核合格的。 (4)需要更换衬里的(耐压试验在更换衬里前进行)。 (5)停止使用 2 年后重新复用的。 (6)从外单位移装或者本单位移装的。 (7)使用单位或者检验机构对压力容器的安全状况有怀疑,认为应当进行耐压试验的
	压力容器定期检验结论	1. 年度检查结论 (1)允许运行,系指未发现或者只有轻度不影响安全的缺陷。 (2)监督运行,系指发现一般缺陷,经过使用单位采取措施后能保证安全运行,结论中应当注明监督运行需解决的问题及完成期限。 (3)暂停运行,仅指安全附件的问题逾期仍未解决的情况。问题解决并且经过确认后,允许恢复运行。 (4)停止运行,系指发现严重缺陷,不能保证压力容器安全运行的情况,应当停止运行或者由检验机构持证的压力容器检验人员做进一步检验。 年度检查一般不对压力容器安全状况等级进行评定,但如果发现严重问题,应当由检验机构持证的检验人员按规定进行评定,适当降低压力容器安全状况等级。 2. 全面检验结论 全面检验工作完成后,检验人员根据实际检验情况,结合耐压试验结果,按相关规定评定压力容器的安全状况等级,出具检验报告,给出允许运行的参数及下次全面检验的日期。 3. 压力容器的安全状况等级划分 按照《压力容器定期检验规则》的规定,压力容器的安全状况分为 1 级至 5 级。安全状况等级根据压力容器检验结果综合评定,以其中项目等级最低者为评定等级。需要改造或者维修的压力容器,按照改造或者维修结果进行安全状况等级评定。安全附件检验不合格的压力容器不允许投入使用。 (1)主要受压元件材料与原设计不符、材质不明或材质劣化时,按照在以下要求进行安全状况等级评定: ①用材与原设计不符,如果材质清楚,强度校核合格,经过检验查出新生缺陷(不包括正常的均匀腐蚀);检验人员认为可以安全使用的,不影响定级;如果使用中产生缺陷,并且确认是用材不当所致,可以定为 4 级或者 5 级。 ②材质不明,对于经过检验未查出新生缺陷(不包括正常的均匀腐蚀),强

续表

项目	具体内容	
压力容器检验检修安全技术	压力容器定期检验结论	度校核合格的(按照同类材料的最低强度进行),在常温下工作的一般压力容器,可以定为3级或者4级;罐车和液化石油气储罐,定为5级。 ③材质劣化,发现存在表面脱碳、渗碳、石墨化、蠕变、回火脆化、高温氢腐蚀等材质劣化现象并且已经产生不可修复的缺陷或者损伤时,根据材质劣化程度,定为4级或者5级;如果劣化程度轻微,能够确认在规定的操作条件下和检验周期内安全使用的,可以定为3级。 (2)有不合理结构的,按照以下要求评定安全状况等级: ①封头主要参数不符合相应制选标准,但是经过检验未查出新生缺陷(不包括正常的均匀腐蚀),可以定为2级或者3级;如果有缺陷,可以根据相应的条款进行安全状况等级评定。 ②封头与筒体的连接,如果采用单面焊对接结构,而且存在未焊透时,罐车定为5级,其他压力容器,可以根据未焊透情况,按照规定定级;如果采用搭接结构,可以定为4级或者5级;不等厚度板(锻件)对接接头未按照规定进行削薄(或者堆焊)处理,经过检验未查出新生缺陷(不包括正常的均匀腐蚀)的,可以定为3级,否则定为4级或者5级。 ③焊缝布置不当(包括采用"十"字焊缝),或者焊缝间距不符合相应标准的要求,经过检验来查出新生缺陷(不包括正常的均匀腐蚀),可以定为3级;如果查出新生缺陷,并且确认是由于焊缝布置不当引起的,则定为4级或者5级。 ④按照规定应当采用全熔透结构的角接焊或者接管角焊缝,而没有采用全焊透结构的,如果未查出新生缺陷(不包括正常的均匀腐蚀),可以定为3级,否则定为4级或者5级。 ⑤如果开孔位置不当,经过检验未查出新生缺陷(不包括正常的均匀腐,可以定为3级或者4级;如果开孔的几何参数不符合相应标准的要求,其计算和补强结构经过特殊考虑的,不影响定级,未做特殊考虑的,可以定为4级或者5级

第三节 起重机械安全技术

考点1 起重机械使用安全管理

项目	具体内容
起重机械使用安全管理	在使用许可厂家的合格产品、登记建档、建立制度、定期检验等方面与锅炉使用安全管理基本相同

续表

项目	具体内容
起重机械使用安全管理	作业人员方面，要求起重作业人员不仅应具备基本文化和身体条件，还必须了解有关法规和标准，学习起重作业安全技术理论和知识，掌握实际操作和安全救护的技能。 起重机械检查方面，使用单位还应进行起重机械的自我检查、每日检查、每月检查和年度检查

考点 2　起重机械安全装置

项目	具体内容
起重机械安全装置	1. 抗风防滑装置 露天工作于轨道上运行的起重机，如门式起重起、装卸桥、塔式起重机和门座起重机，均应装设抗风防滑装置。 起重机抗风防滑装置主要有 3 类：夹轨器、锚定装置和铁鞋。 2. 起重量限制器 起重量限制器也称超载限制器，它的工作原理是：当起升机构吊起的质量超过预警质量时，装置能发出报警信号；当吊起的质量超过允许的起质量时，能切断起升机构的工作电源，使起重机停止运行。 3. 起重力矩限制器 常用的起重力矩限制器有机械式和电子式等。臂架式起重机的工作幅度是一个重要参数。起重量与工作幅度的乘积称为起重力矩。当起重力矩大于允许的极限力矩时，会造成臂架折弯或折断，甚至还会造成起重机整机失稳而倾覆或倾翻。 4. 防坠安全器 防坠安全器是非电气、气动和手动控制的防止吊笼或对重坠落的机械式安全保护装置。主要用于施工升降机等起重设备上，其作用是限制吊笼的运行速度，防止吊笼坠落。设备正常工作时，防坠安全器不应动作。当吊笼超速运行，其速度达到防坠安全器的动作速度时，防坠安全器应立即动作，并可靠地制停吊笼。在安全器发生作用的同时切断传动装置的电源。 5. 防碰撞装置 同层多台起重机同时作业比较普遍，还有两层、甚至三层起重机共同作业的场所。工况环境复杂，要求安装防撞装置，用来防止起重机在交会时发生碰撞事故。防撞装置通常采用红外线、超声波、微波等无触点式开关与起重机电气控制系统相配合，发出警号或直接切断运行机构的动力源，由起重机的操作员操作或由机构自动停止工作。 6. 制动器 制动器是停止或限制起重机的运动或功能的装置。动力驱动的起重机，其起升、变幅、运行、旋转机构都必须装设机械式制动器。在传动装置中有自锁环节的特殊场合，倘若

续表

项目	具体内容
起重机械安全装置	确保不会发生超额定应力或运动,则可以不用制动器。 起重机所用的制动器是多种多样的。按结构特性可分为块式、带式和盘式三种,其中块式用得最多。 7. 极限力矩限制器 极限力矩限制器主要作用为防止回转驱动装置偶尔过载,保护电动机、金属结构及传动零部件免遭破坏。 对有自锁功能的回转机构,应设极限力矩限制装置。保证当回转运动受到阻碍时,能由此力矩限制器发生的滑动而起到对超载的保护作用。 8. 起升高度限制器 起升高度限制器,用于限制起升高度的安全保护装置,也称吊钩高度限位器。一般都装在起重臂的头部,当吊钩滑升到极限位置,便托起杠杆。起升高度限制器作用于当取物装置上升到设计规定的上极限位置时,应能自动切断起升动力源。在此极限位置的上方,还应留有足够的空余高度,以适应上升制动行程的要求。在特殊情况下,还可装设防止越程冲顶的第二级起升高度限位器

考点 3　起重机械使用安全技术

项目	具体内容
起重机械使用安全技术	1. 吊运前的准备 吊运前的准备工作包括: (1)正确佩戴个人防护用品,包括安全帽、工作服、工作鞋和手套,高处作业还必须佩戴安全带和工具包。 (2)检查清理作业场地,确定搬运路线,清除障碍物;室外作业要了解当天的天气预报;流动式起重机要将支撑地面垫实垫平,防止作业中地基沉陷。 (3)对使用的起重机和吊装工具、辅件进行安全检查;不使用报废元件,不留安全隐患;熟悉被吊物品的种类、数量、包装状况以及周围联系。 (4)根据有关技术数据(如质量、几何尺寸、精密程度、变形要求),进行最大受力计算,确定吊点位置和捆绑方式。 (5)编制作业方案(对于大型、重要的物件的吊运或多台起重机共同作业的吊装,事先要在有关人员参与下,由指挥、起重机司机和司索工共同讨论,编制作业方案,必要时报请有关部门审查批准)。 (6)预测可能出现的事故,采取有效的预防措施,选择安全通道,制定应急对策。 2. 起重机司机安全操作技术 认真交接班,对吊钩、钢丝绳、制动器、安全防护装置的可靠性进行认真检查,发现异常情况及时报告

续表

项目	具体内容
起重机械使用安全技术	(1)开机作业前,应确认处于安全状态方可开机:所有控制器是否置于零位;起重机上和作业区内是否有无关人员,作业人员是否撤离到安全区;起重机运行范围内是否有未清除的障碍物;起重机与其他设备或固定建筑物的最小距离是否在0.5 m以上;电源断路装置是否加锁或有警示标牌;流动式起重机是否按要求平整好场地,支脚是否牢固可靠。 (2)开车前,必须鸣铃或示警;操作中接近人时,应给断续铃声或示警。 (3)司机在正常操作过程中,不得利用极限位置限制器停车;不得利用打反车进行制动;不得在起重作业过程中进行检查和维修;不得带载调整起升、变幅机构的制动器,或带载增大作业幅度;吊物不得从人头顶上通过,吊物和起重臂下不得站人。 (4)严格按指挥信号操作,对紧急停止信号,无论何人发出,都必须立即执行。 (5)吊载接近或达到额定值,或起吊危险器(液态金属、有害物、易燃易爆物)时,吊运前认真检查制动器,并用小高度、短行程试吊,确认没有问题后再吊运。 (6)起重机各部位、吊载及辅助用具与输电线的最小距离应满足安全要求。 (7)有下述情况时,司机不应操作:起重机结构或零部件(如吊钩、钢丝绳、制动器、安全防护装置等)有影响安全工作的缺陷和损伤;吊物超载或有超载可能,吊物质量不清;吊物被埋置或冻结在地下、被其他物体挤压;吊物捆绑不牢,或吊挂不稳,被吊重物棱角与吊索之间未加衬垫;被吊物上有人或浮置物;作业场地昏暗,看不清场地、吊物情况或指挥信号。在操作中不得歪拉斜吊。 (8)工作中突然断电时,应将所有控制器置零,关闭总电源。重新工作前,应先检查起重机工作是否正常,确认安全后方可正常操作。 (9)有主、副两套起升机构的,不允许同时利用主、副钩工作(设计允许的专用起重机除外)。 (10)用两台或多台起重机吊运同一重物时,每台起重机都不得超载。吊运过程应保持钢丝绳垂直,保持运行同步。吊运时,有关负责人员和安全技术人员应在场指导。 (11)露天作业的轨道起重机,当风力大于6级时,应停止作业;当工作结束时,应锚定住起重机。 3. 司索工安全操作技术 司索工主要从事地面工作,其操作工序要求如下:准备吊具、捆绑吊物、挂钩起钩、摘钩卸载、搬运过程的指挥。 4. 高处作业的安全防护 在起重机上,凡是高度不低于2 m的一切合理作业点,包括进入作业点的配套设施,如高处的通行走台、休息平台、转向用的中间平台,以及高处作业平台等,都应予以防护。安全防护的结构和尺寸应根据人体参数确定。其强度、刚度要求应根据走道、平台、楼梯和栏杆可能受到的最不利载荷考虑

第四节　场(厂)内专用机动车辆安全技术

考点1　场(厂)内专用机动车辆使用安全管理

项目	具体内容
场(厂)内专用机动车辆使用安全管理	在使用许可厂家的合格产品、登记建档、建立制度、定期检验等方面与锅炉使用安全管理基本相同。作业人员要求方面与起重机械使用安全管理基本相同。 场(厂)内机动车辆检查方面,使用单位应进行场(厂)内机动车辆的自我检查、每日检查、每月检查和年度检查

考点2　场(厂)内专用机动车辆涉及安全的主要部件

项目	具体内容
场(厂)内专用机动车辆涉及安全的主要部件	1. 高压胶管 叉车等车辆的液压系统,一般都使用中高压供油。高压油管应通过耐压试验、长度变化试验、爆破试验、脉冲试验、泄漏试验等。 2. 货叉 叉车承载装置,也称取物装置。货叉应通过重复加载的载荷试验检测。 3. 链条 起升货叉架的链条,主要有板式链和套筒滚子链两种。链条应进行极限拉伸载荷和检验载荷试验。 4. 转向器 控制车辆行驶方向的部件。当左右转动方向盘时,转向力通过转向器传递到转向传动机构使车辆改变行驶方向。 5. 制动器 产生阻止车辆运动或运动趋势的力的部件。分为行车制动器和停车制动器。 6. 轮胎 轮胎是支撑车辆,实现车辆行驶,减小地面冲击、振动的部件。表面的花纹能提高车辆行驶附着能力。分为充气轮胎和实心轮胎。 7. 安全阀 系统中必须设置安全阀,用于控制系统最高压力。最常用的是溢流安全阀。 8. 护顶架 对于叉车等起升高度超过 1.8 m 的工业车辆,必须设置护顶架,以保护司机免受重物落下造成伤害。护顶架一般都是由型钢焊接而成,必须能够遮掩司机的上方,还应保证司机有良好的视野。护顶架应进行静态和动态两种载荷试验检测

续表

项目	具体内容
场(厂)内专用机动车辆涉及安全的主要部件	9. 其他 挡货架,为防止货物向后坠落而设置的框架。货物稳定器,压住货叉上的货物,以防货物倒塌、滑落的属具。(翻)料斗锁定装置,使料斗锁定在运料位置的装置。前倾自锁阀,当油泵停止工作或发生其他故障时,自动锁闭门架倾斜油路的阀。下降限速阀,控制下降速度的阀。稳定支腿,装卸作业时,为保证和增加车辆的稳定性而设置的辅助支腿

考点3　场(厂)内专用机动车辆使用安全技术

项目	具体内容
场(厂)内专用机动车辆使用安全技术	1. 作业前的准备 (1)正确佩戴个人防护用品,包括安全帽、工作服、工作鞋和手套,高处作业还必须佩戴安全带和工具包。 (2)检查清理作业场地,确定搬运路线,清除障碍物;室外作业要了解天气情况。 (3)对使用的场(厂)内专用机动车辆和辅助工具、辅件进行安全检查;不使用报废元件,不留安全隐患;熟悉物品的种类、数量、包装状况以及周围环境。 (4)场(厂)内专用机动车辆必须按照出厂使用说明书规定的技术性能、承载能力和使用条件,正确操作,合理使用,严禁超载作业或任意扩大使用范围。 (5)场(厂)内专用机动车辆上的各种安全防护装置及监测、指示、仪表、报警等自动报警、信号装置应完好齐全,有缺损时应及时修复。安全防护装置不完整或已失效的场(厂)内专用机动车辆不得使用。 (6)预测可能出现的事故,采取有效的预防措施,选择安全通道,制定应急对策。 (7)启动前应进行重点检查。灯光、喇叭、指示仪表等应齐全完整;燃油、润滑油、冷却水等应添加充足;各连接件不得松动;轮胎气压应符合要求,确认无误后,方可启动。 (8)起步前,车旁及车下应无障碍物及人员。 2. 典型场(厂)内专用机动车辆安全操作技术 叉车: (1)叉装物件时,被装物件重量应在该机允许载荷范围内。当物件重量不明时,应将该物件叉起离地100 mm后检查机械的稳定性,确认无超载现象后,方可运送。 (2)叉装时,物件应靠近起落架,其重心应在起落架中间,确认无误,方可提升。 (3)物件提升离地后,应将起落架后仰,方可行驶。 (4)两辆叉车同时装卸一辆货车时,应有专人指挥联系,保证安全作业。 (5)不得单叉作业和使用货叉顶货或拉货。 (6)叉车在叉取易碎品、贵重品或装载不稳的货物时,应采用安全绳加固,必要时,应有专人引导,方可行驶

续表

项目	具体内容
场(厂)内专用机动车辆使用安全技术	(7)以内燃机为动力的叉车,进入仓库作业时,应有良好的通风设施。严禁在易燃、易爆的仓库内作业。 (8)严禁货叉上载人。驾驶室除规定的操作人员外,严禁其他任何人进入或在室外搭乘。 非公路旅游观光车辆: (1)行驶前检查灯光、喇叭、安全带等是否正常,确认安全后方可行驶。 (2)应在指定的运营区域内驾驶观光车。 (3)应遵守观光车的安全操作规程及运营区域内的安全管理规定。 (4)观光车停稳前,不允许乘客上、下车。 (5)观光车启动前,应检查乘客是否系好安全带。 (6)观光车行驶过程中,应告知乘客不应离开座位,不应将身体探出车体轮廓之外。 (7)驾驶员在指定区域内驾驶观光车,应特别注意行人、车辆及周围的建筑物,保证行车安全。 (8)观光车启动后,驾驶员应对其技术状况(发动机、离合器、传动系、行驶系、转向器、制动器)进行检查,确认正常后,方可运行。 (9)驾驶员驾驶观光车,应避免突然起步、停车及高速转弯。在车辆起步时,方向盘不应处在极限位置(特殊情况除外)。 (10)观光车行驶在十字路口和视线受阻的地段或其他危险场合,应降低车速,鸣笛示警通过;应保持正常行驶,不应超越同向行驶的其他车辆。 (11)观光车运行时,驾驶员不应将身体探出车体的外轮廓线。 (12)观光车在指定区域内行驶,应遵守有关路面承载能力等标牌的指示要求。 (13)观光车在坡道上运行,应遵守下列规则:①缓慢地通过上、下坡道;②不应在坡面上调头,不应横跨坡道运行;③下坡时不应空挡滑行;④靠近坡道、高站台或平台边缘时,车身与站台或平台边缘之间的距离至少为观光车一个轮胎的宽度。 (14)驾驶观光车通过桥梁、孔洞之前,驾驶员应确认有足够的通过空间。 (15)驾驶员离开观光车时,应使观光车处于空挡位置;关闭动力源;拉紧停车制动器;拔出钥匙。 (16)内燃观光车燃料加注。加燃料前,驾驶员应关闭发动机,制动观光车。 蓄电池车辆: (1)车辆行驶前要检查蓄电池壳体有否裂纹,极板是否提起,电解质是否渗漏,电解液密度是否合适。 (2)蓄电池一般为铅酸蓄电池,电解质为硫酸和水溶液,其为酸性、有毒物质,因此,在蓄电池周围工作时,应穿防护服,戴防护镜。 (3)不要把蓄电池暴露在火花和明火中,以免引起爆炸

第五节 电梯安全技术

考点1 电梯的组成

项目	具体内容
电梯的组成	1. 曳引系统 曳引系统的主要功能是输出与传递动力,使电梯运行。曳引系统主要由曳引钢丝绳,导向轮,反绳轮组成。 2. 导向系统 导向系统的主要功能是限制轿厢和对重的活动自由度,使轿厢和对重只能沿着导轨作升降运动。导向系统主要由导轨,导靴和导轨架组成。 3. 轿厢 轿厢是运送乘客和货物的电梯组件,是电梯的工作部分。轿厢由轿厢架和轿厢体组成。 4. 门系统 门系统的主要功能是封住层站入口和轿厢入口。门系统由轿厢门、层门、开门机、门锁装置组成。 5. 重量平衡系统 系统的主要功能是相对平衡轿厢重量,在电梯工作中能使轿厢与对重间的重量差保持在限额之内,保证电梯的曳引传动正常。系统主要由对重和重量补偿装置组成。 6. 电力拖动系统 电力拖动系统的功能是提供动力,实行电梯速度控制。电力拖动系统由曳引电动机,供电系统,速度反馈装置,电动机调速装置等组成。 7. 电气控制系统 电气控制系统的主要功能是对电梯的运行实行操纵和控制。电气控制系统主要由操纵装置,位置显示装置,控制屏(柜),平层装置,选层器等组成。 8. 安全保护系统 保证电梯安全使用,防止一切危及人身安全的事故发生。由限速器,安全钳,缓冲器,端站保护装置组成

考点2 电梯使用安全技术

项目	具体内容
电梯使用安全技术	1. 与处于不同位置人员相关的通用电梯基本安全要求 (1)电梯设备的支撑。在正常和紧急操作期间,用于支撑电梯设备的装置应能承受所施加的所有载荷和力(包括冲击力)。 上述内容中的力是指在正常操作(装载、卸载、加速、制动等)和紧急操作(安全钳动

续表

<table>
<tr><th>项目</th><th>具体内容</th></tr>
<tr><td>电梯使用安全技术</td><td>作、撞击缓冲器等)期间,由电梯的预期使用和可预见的超载产生的。
(2)电梯维护。当需要维护以确保持续安全时,应提供适当的说明,且应由经过相应培训的人员进行所要求的维护工作。
上述要求适用于受损的电梯、电梯部件和功能,而不适用于免维护操作。适当的维护是保持电梯处于安全运行状态的重要因素。其目的是避免由不胜任的人员实施维护工作。
(3)使用人员和非使用人员不可接近的设备。可能带来危险的设备对使用人员和非使用人员不应是直接可接近的。
不可接近的位置包括围护装置后面的区域、锁住的盖或门、不可到达的区域。
(4)运载装置和工作区域的地面。运载装置地面和工作区域的地面应减少绊倒和滑倒的风险。
运载装置地面和工作区域的地面应是适当的水平面,即:它们不呈现明显的斜面。当考虑使用防滑材料时,应注意到材料的粗糙程度不会长期保持一致,可能随清理操作(如清扫)而变化。
(5)因相对运动引起的危险。应防止使用人员或非使用人员因以下原因产生剪切、挤压、擦伤或其他伤害的后果:
①运载装置与外部物体相对运动。
②电梯设备相对运动。
上述内容是针对位于运载装置内、外的人员的安全而言,被授权的专业人员的安全另有规定。
(6)锁闭层门和关闭运载装置门。如果任何井道门打开、未锁住或运载装置门没有关闭,应停止对人员有危险的运载装置的任何运行。
井道门包括电梯层门、井道安全门或仅供被授权的专业人员使用的门(如疏散门);平层和再平层(以及对接操作)不认为是危险运行。
(7)疏散。应提供能使被困的使用人员或被授权的专业人员安全地解救和疏散的措施和规程。电梯系统应具有在被授权的专业人员控制下允许运载装置运行到疏散位置的措施。同时也不排除无须运载装置运行的其他可能的措施。运载装置卡住的极端情况(因安全钳动作、因地震引起材料损坏等)可能需要外部手段、适当说明和工具。
(8)锐边。应提供充分降低使用人员和非使用人员暴露在锐边风险中的措施。
对于被授权的专业人员另有规定。
(9)由于触电风险引起的危害。对于带电部位,应提供充分降低使用人员和非使用人员暴露在触电风险中的措施。对于被授权的专业人员另有规定。
(10)电磁兼容性。电梯的安全操作不应受电磁干扰的影响。电梯的电磁发射应被限制在规定的范围内。
如果电梯受到可预见的辐射作用,抗扰性应足以防止不安全的情况。“抗扰性”包括对内部影响(自己产生的辐射)的抗扰性和对外部影响的抗扰性。电磁发射的容许的量</td></tr>
</table>

续表

项目	具体内容
电梯使用安全技术	取决于电梯运行环境和在有关标准中的规定。 (11)运载装置和层站照明。在使用期间,运载装置和层站应提供足够的照明。 足够的照明是指对于安全通道和电梯控制装置的操作有充分的照度,包括: ①察觉平层的不准确度。 ②操作层站和运载装置控制装置。 ③在断电情况下,减少使用者惊慌。 (12)地震的影响。在容易发生地震的地区,对于地震对电梯设备产生的可预见的影响,应提供降低运载装置内使用人员和被授权的专业人员的风险的措施。 假定没有严重的建筑物损坏时,对使用人员和被授权的专业人员安全的影响需要考虑的阶段有:在地震期间(尽可能地多加以考虑),在从停止的运载装置中救援期间,以及当电梯恢复正常操作时。 (13)危险材料。用于电梯构成的材料的特性和数量不应导致危险状态发生。 对于使用人员、非使用人员和被授权的专业人员的危险状态涉及毒性、烟雾、易燃物及暴露的化学物和石棉等。 (14)环境影响。应保护使用人员和被授权的专业人员免受环境影响。 环境影响包括可预见的电梯安装地区的气候状况。应保护使用人员和被授权的专业人员以免直接暴露于该影响(如运载装置或工作空间的加热或冷却)之中。另外,对气候状况敏感的、与安全相关的电梯部件也应适当防护。 2. 与接近电梯的人员相关的电梯基本安全要求 坠入井道的安全要求:应提供防止使用人员、非使用人员和被授权的专业人员坠入井道的措施。 上述要求针对下列坠入井道的风险: (1)从周围的地面。 (2)从层门,当运载装置不在该层站时。 3. 与位于入口处人员相关的电梯基本安全要求 (1)进入和离开。应提供进入和离开停层的运载装置的安全措施。 上述要求适用于在正常使用电梯期间进入和离开运载装置的过程。建议为运载装置停层时提供足够的空间、尺寸、说明以及正确的相对位置。 (2)地坎间水平间隙。应限制运载装置地坎与层站地坎之间的水平间隙。 在垂直于运载装置运行方向进行测量。应考虑能够走路的儿童,以及轮椅车和助行器的尺寸。 (3)运载装置的平层。当使用人员进入和离开运载装置时,运载装置的地面和层站的地面应基本上是平齐的。 由运载装置载荷变化引起的台阶应被限制,以避免部分使用人员绊倒;该台阶应足够小,以使包括行动不便人员在内的所有使用人员的安全进入。 (4)从运载装置自行疏散。只有当运载装置位于层站或接近层站时,使用人员才有可

续表

项目	具体内容
电梯使用安全技术	能自行疏散。 “接近层站”指运载装置离层站不远，并且绊倒和坠落的风险很小。另外，当运载装置的入口由试图自行疏散的使用人员手动打开时，运载装置的入口和面对开着的运载装置入口的井道或层站入口的任何间隙应尽可能小，以防止使用人员通过该间隙坠入井道。 （5）层门和运载装置门之间的间隙。层门和运载装置之间的间隙不应有容纳使用人员的可能。 上述要求的目的是防止人员（包括儿童）进入层门和运载装置门之间的空间。在下列条件下，这种情况可能出现： ①层门和运载装置门有多个门扇，且不同步时。 ②铰链式层门和滑动运载装置门的组合时。 （6）当运载装置在层站时的再开门措施。当运载装置处在层站时，如果运载装置门和层门的关闭受阻，应提供再打开运载装置门和层门的措施。 应检测妨碍门运动的障碍物。在障碍物被清除前，应防止门的关闭和运载装置的运动。障碍物如使用人员身体的一部分、手推车、轮椅车等等。 4. 与运载装置内人员相关的电梯基本安全要求 （1）强度和尺寸。运载装置应能容纳和承受额定的载重量以及合理的可预见的超载。 上述内容主要针对人员运送。“容纳”指考虑了使用人员的尺寸和质量，为一定的使用人员人数提供空间（体积）。 在使用人员方面，可预见的超载指： ①使用人员通常携带的载荷（如公文包、行李，但不包括手推车等工具）。 ②使用人员身高和体重比平均值大的可能性。 ③比运载装置设计的使用人员人数多的可能性。 （2）运载装置支撑/悬挂。应提供支撑满载运载装置和合理的可预见的超载的装置。 上述内容针对当运载装置有额定载重量时的悬挂装置的强度和失效。然而，当达到可预见的超载状态时，应保持电梯的整体性。但是，如果超出额定载重量，可能影响所设计的某些性能。 （3）运载装置超载。应提供防止超载的运载装置离开层站的措施。 “防止离开层站”是指使提升主机的驱动系统不工作。当检测到超载状态时，不响应任何指令。这不包括绳的伸长、曳引力不足等等。然而，如果达到可预见的超载状态，则应保持电梯的整体性。 （4）从运载装置坠落。应提供防止使用人员从运载装置坠落的措施。 通过在运载装置底周围设置防护、栅栏或围壁，可达到上述要求。上述内容也要求对运载装置和井道间使用人员可能通过的任何开口进行防护。典型的开口是运载装置边缘和层门门扇间的间隙。 （5）运载装置运行路径限制。应限制运载装置的垂直行程，以防止运载装置失控运行

续表

项目	具体内容
电梯使用安全技术	超过运行路径。 在运行路径端部，应提供使运载装置安全停止的装置。“安全停止”包括不损坏设备和不伤害运载装置中的乘客。“运行路径端部”包括从正常端站位置起的一定的越程。 (6)运载装置失控运行。应提供限制运载装置失控运行的措施。 上述要求的目的是防止运载装置以超出设计速度运行所导致的影响，也防止意外启动运载装置产生的影响。如运载装置以超出额定速度向端站运行，或当门打开且使用人员正进入或离开时，运载装置意外运行离开层站。可能引起这些情况的可预见的故障，如速度控制、驱动或制动系统等电梯部件出现故障。 (7)运载装置与运行路径中或运行路径外的物体碰撞。应提供避免运载装置与位于运行路径中任何设备碰撞的措施，该碰撞发生可能伤害使用人员。 应提供防止运载装置与位于井道中任何设备碰撞的措施。运载装置防护或围壁应具有足够强度以避免因水平方向力引起危险的变形。应限制防护或围壁的倾斜和变形，避免产生危险状态。上述内容也针对运载装置或对重运行到井道终端的情况，为了使其不具有伤害性，应缓冲最终的碰撞。 (8)运载装置水平和旋转运动。应限制运载装置水平和旋转运动，以充分地降低对使用人员和被授权的专业人员造成伤害的危险。 应限制运载装置自由的水平和旋转运动，以防止使用人员失去平衡和坠落。 (9)速度和加速度的变化。应提供措施确保运载装置速度和加速度的变化受到限制，以使对使用人员造成伤害的风险降到最小。 上述内容包括在运载装置正常和紧急操作情况下运载装置速度和加速度的变化。在极端的紧急操作(如使自由坠落的运载装置停止)情况下，由于发生该情况概率非常小，因此可允许有较小伤害的可能性。 (10)物体坠落到运载装置上。应保护运载装置内的使用人员免受坠落物体的伤害。 “坠落物体”是指可预见的由于错误行为、携带工具或类似的行为引起的结果。未封闭井道安装的电梯也可能受到故意破坏行为(如从外部投入物体)的作用。上述内容不包括水落入井道的情况。 (11)运载装置的通风。应给运载装置提供足够的通风。 上述内容的目的是向被困乘客提供足够的空气交换。由于开关门时可以提供空气的交换以及运行过程的时间比较短，因此允许在正常运行时不需要特殊的措施。 (12)运载装置中的火/烟。运载装置内部应由阻燃且只会产生少量烟雾的材料制造。 运载装置内所采用材料(如装潢)的特性和数量在火灾期间可能是产生伤害的非常重要的根源。需要考虑的因素包括材料的阻燃、毒性等方面。然而，在运载装置内，可以少量使用不完全满足上述要求的材料(如控制按钮和遮光板等)。 (13)在被淹区域的运载装置。当存在运载装置可能下降进入被淹区域的风险时，应提供措施检测且防止运载装置下降进入被淹区域。 (14)运载装置内的停止装置。位于运载装置内由使用人员操纵的停止装置(如果需

续表

项目	具体内容
电梯使用安全技术	要）应仅允许在部分封闭运载装置的电梯或特殊用途的电梯上设置。 具有对接操作的载货/乘客电梯属于特殊用途的电梯。 （15）层站指示。应提供给运载装置内的使用人员识别层站的措施。 使用人员不知其位置可能产生混乱和不可预知的反应。在正常情况下，没有层站显示可能没有安全问题，但是在紧急情况（如救火等）下提供层站显示是重要的。 5. 与工作区域内人员相关的电梯基本安全要求 （1）工作空间。应提供足够的和安全的工作空间。 “足够的”是指考虑了与所进行作业相关的人类工效学原理。 （2）设备可接近性。所有需要维修的电梯设备对被授权的专业人员应可安全地接近。 如果需要维修的电梯部件是不可接近的，则它们可能被忽视，这将致使电梯的使用不安全。设计电梯部件时应考虑上述要求。“安全地”表示安全且容易接近以便维修操作。 （3）进入和离开井道内的工作空间。进入和离开在运行路径内或外的工作空间应是安全的。 运载装置处于任何位置，被授权的专业人员应有可能从任何工作空间离开，工作空间包括运载装置的顶。 （4）工作区域的强度。在任何指定的工作区域，都应提供容纳和支撑被授权的专业人员及相关设备的重量的措施。 应确定被授权的专业人员的数量和他们为了完成预计的工作活动而携带或使用的设备。这些活动不包括工作区域需要被扩大和加强的重大的修理。 （5）电梯空间内设备的限制。只有与电梯或电梯防护有关的设备才能放置在容纳电梯设备的空间中。 上述要求的目的是排除非授权人员（及不熟悉电梯操作危险的人员）从通道进入电梯设备需要的空间（机房和井道），以及防止用这些空间作为储藏间。 （6）从工作区域坠落。应提供充分地降低授权的专业人员从任何工作区域坠落风险的措施。 如果井道内的工作区域（如运载装置顶，临时的平台）存在坠落的风险（如运载装置顶和井道壁之间的间隙），则这些区域应设置防护装置（如护栏），且防护措施（如护栏）应有足够的高度和强度。 （7）在被授权的专业人员控制下的运载装置运行。对于在运行路径中的被授权的专业人员，应提供只有他们能防止或使运载装置运行的措施。当被授权的专业人员接近未防护的电梯运动部件时，他应能防止或启动电梯设备运行。 设备包括所有可能运动部件，如运载装置、对重。 （8）井道内设备的失控或意外运动。应提供措施防止被授权的专业人员遭受因井道内设备的失控或意外运动产生的后果。由于失控或意外运动引起的被授权的专业人员承受的任何加速度或减速度应被限制以充分地降低伤害风险

续表

项目	具体内容
电梯使用安全技术	如果被授权的专业人员接触到运动的部件可能是有危害的,应提供保护措施,以降低此类危险。如完全控制设备移动或提供永久的防护屏,该防护屏使运动部件与工作区域隔离,以防止意外接触。"设备"包括所有可能的运动部件,如运载装置、对重。 (9)防止各种危险的措施。应提供措施充分地防止工作区域的被授权的专业人员遭受剪切、挤压、擦伤、划破、高温或被困产生的后果。 (10)井道内坠落物。当被授权的专业人员在井道内时,应充分地防止其遭受坠落物的危害。 物体可能由于与人员身体某一部分的意外触碰而坠落,如手持工具、放置在运载装置顶的不牢固的材料等。 (11)工作区域内的触电。设备的设计和安装应减小触电而引起的对被授权的专业人员的伤害。 有时电梯维修需要被授权的专业人员接近电气设备的带电部分。 (12)工作空间的照明。所有工作空间及其通道应有足够的照明,以便被授权的专业人员工作。 "足够的照明"指对于电梯设备的安全通道和维修操作有足够的照度。被授权的专业人员不在时,照明可关闭。在被授权的专业人员活动有危险的黑暗的地方应提供紧急照明

第六节　气瓶安全技术

考点1　气瓶概述

项目	具体内容
气瓶分类	把容积不超过3000 L,用于储存和运输压缩气体、液化气体、溶解气体、吸附气体的可重复充装的可移动的容器称为气瓶,是运输压缩气体和液化气体最常用的容器。 (1)气瓶按瓶体结构可分为5类:①无缝气瓶;②焊接气瓶;③纤维缠绕气瓶;④低温绝热气瓶;⑤内装填料气瓶。 (2)气瓶按照公称工作压力,可分为2类:①高压气瓶,是指公称工作压力大于或者等于10 MPa的气瓶;②低压气瓶,是指公称工作压力小于10 MPa的气瓶。 (3)气瓶按照公称容积(指水容积),可分为3类:①小容积气瓶,是指公称容积小于或者等于12 L的气瓶;②中容积气瓶,是指公称容积大于12 L并且小于或者等于150 L的气瓶;③大容积气瓶,是指公称容积大于150 L的气瓶。 (4)气瓶按照用途一般分为6类:①工业用气瓶;②医用气瓶;③燃气气瓶;④车用气瓶;⑤呼吸器用气瓶;⑥消防灭火用气瓶

续表

项目	具体内容
气瓶附件	气瓶附件包括瓶阀、瓶帽、保护罩、安全泄压装置、防震圈、气瓶专用爆破片、安全阀、液位计、紧急切断和充装限位装置等。 1. 瓶阀 瓶阀是装在气瓶瓶口上的，用于控制气体进入或排出气瓶的组合装置。气瓶瓶体只有装有瓶阀，才能构成一个完整的密闭容器，才能具有盛装气体的功能。可以说瓶阀是气瓶的主要附件。 瓶阀应满足下列要求： (1)瓶阀上与气瓶连接的螺纹，与瓶体螺纹匹配并保证密封可靠性。 (2)瓶阀出气口的连接型式和尺寸，设计成能够防止气体错装、错用的结构，盛装助燃和不可燃气体瓶阀的出气口螺纹为右旋，可燃气体瓶阀的出气口螺纹为左旋。 (3)工业用非重复充装焊接气瓶瓶阀设计成不可重复充装的结构，瓶阀与瓶体的连接采用焊接方式。 (4)公称容积大于100 L的液化石油气瓶使用的气相瓶阀，宜设计成带有液位限定功能或者带有电子防伪识读功能的直阀或者角阀，液相瓶阀宜设计成单向阀。 (5)在规定的操作条件下，任何与气体接触的金属或者非金属瓶阀材料与气瓶内所充装的气体具有相容性。 (6)与乙炔接触的瓶阀材料，选用含铜量小于70%的铜合金(质量比)；这是因为铜会与乙炔起反应，生成乙炔铜，乙炔铜是一种爆炸性化合物。 (7)盛装易燃气体的气瓶瓶阀的手轮，选用阻燃材料制造。 (8)盛装氧气或者其他强氧化性气体的气瓶瓶阀的非金属密封材料，具有阻燃性和抗老化性。 2. 瓶帽和保护罩 瓶帽是装在气瓶顶部、阀门之外的帽罩式安全附件，是气瓶保护帽的简称。其功能在于避免气瓶在搬运、运输或者使用过程中，受碰撞或冲击损伤阀门。 保护罩是保护瓶帽、瓶阀或易熔塞免受撞击而设置的敞口屏罩式零件，也可兼作提升零件，多用于焊接气瓶及液化石油气钢瓶，所有保护罩应为不可拆卸结构。 瓶帽和保护罩应满足下列要求： (1)无缝气瓶出厂时，应当装配不影响瓶阀手轮正常使用的保护罩，并且不得装配螺纹式瓶帽。 (2)公称容积大于或者等于10 L的钢质焊接气瓶(含溶解乙炔气瓶)，应当装配不可拆卸的保护罩或者固定式瓶帽。 (3)气瓶保护罩或者固定式瓶帽应当具有良好的抗撞击性，不得用铸铁制造；公称容积小于或者等于5 L的钢质无缝气瓶和公称容积小于或者等于15的铝合金无缝气瓶的保护罩，可以用工程塑料制造。 3. 安全泄压装置 安全泄压装置是包括气瓶在内的所有承压设备的保护装置。它在设备超压运行时能迅速自动泄放气体，降低压力，以保护设备不因过量超压而发生爆炸

续表

项目	具体内容
气瓶附件	(1)安全泄压装置的装设及选用原则： ①车用气瓶、溶解乙炔气瓶、焊接绝热气瓶、液化气体气瓶集束装置，以及长管拖车和管束式集装箱用大容积气瓶，应当装设安全泄压装置。 ②盛装剧毒气体、自燃气体的气瓶，禁止装设安全泄压装置。 ③盛装有毒气体的气瓶不应当单独装设安全阀，盛装高压有毒气体的气瓶应当选用爆破片－易熔合金塞复合装置。 ④燃气气瓶和氧气、氮气以及惰性气体气瓶，一般不装设安全泄压装置。 ⑤盛装易于分解或者聚合的可燃气体、溶解乙炔气体的气瓶，应当装设易熔合金塞装置。 ⑥盛装液化天然气以及其他可燃气体的低温绝热气瓶内胆，至少装设2只安全阀；盛装其他低温液化气体的低温绝热气瓶，应当装设爆破片装置和安全阀。 ⑦车用液化石油气钢瓶、车用二甲醚钢瓶，应当装设带安全阀的组合阀或者分立的安全阀；车用压缩天然气气瓶，应当装设爆破片－易熔合金塞串联复合装置或者玻璃泡装置。 ⑧工业用非重复充装焊接钢瓶应当装设爆破片。 (2)安全泄压装置的设计要求： ①安全泄压装置结构应当与使用条件相适应，在正常的使用条件下应当具有良好的密封性能，安全泄压装置开启时产生的反作用力不应当对气瓶产生不良影响。 ②盛装可燃气体的气瓶安全泄压装置的结构与装设，应当使所排出的气体直接排向大气空间，不会被阻挡或者冲击到其他设备上。 ③爆破片装置(或者爆破片)的设计爆破压力应当根据气瓶的耐压试验压力确定；对于可重复充装气瓶用爆破片，一般不大于气瓶的耐压试验压力。 ④安全阀的开启压力不小于气瓶水压试验压力的75%，并且不大于气瓶水压试验压力。 (3)安全泄压装置的装设部位： ①安全泄压装置的气体泄放出口装设位置和方式，不得对气瓶本体的安全性能以及气瓶正常使用、搬运造成影响。 ②无缝气瓶的安全泄压装置，应当装设在瓶阀上。 ③焊接气瓶的安全泄压装置，应当单独设置在气瓶封头上或者装设在瓶阀或者阀座上。 ④工业用非重复充装焊接钢瓶的爆破片装置，应当焊接在气瓶封头上。 ⑤低温绝热气瓶的安全泄压装置，应当装设在气瓶外壳的封头部位。 ⑥溶解乙炔气瓶安全泄压装置，应当将易熔合金塞装设在气瓶上封头、阀座或者瓶阀上。 ⑦爆破片－易熔合金塞复合装置中的爆破片，应当置于与瓶内介质接触的一侧

续表

项目	具体内容
气瓶附件	4. 防震圈 防震圈是指套在气瓶外面的弹性物质，是气瓶防震圈的简称。防震圈的主要功能是防止气瓶受到直接冲撞。 防震圈的基本要求： (1)材料应具有一定的抗拉强度，使其制成的防震圈在装配时不致轻易被拉断。 (2)材料应具有一定的弹性和塑性，使其制成的防震圈能紧紧套在气瓶上而不会自动脱落。 (3)材料应具有一定的硬度，使防震圈能够经受撞击

考点2 气瓶充装

项目	具体内容
充装管理要求	气瓶使用单位一般指气瓶的充装单位，车用气瓶、非重复充装气瓶、呼吸器用气瓶的使用单位是产权单位和充装单位。 (1)气瓶使用单位应当按照规定申请办理气瓶使用登记。 (2)盛装易燃、助燃、有毒、腐蚀性气体气瓶的充装单位以及非重复充装气瓶的充装单位，应当按照《特种设备生产和充装单位许可规则》(TSG07－2019)的规定取得气瓶充装许可。 (3)气瓶充装单位办理所充装气瓶的使用登记后，方可从事气瓶充装。 (4)气瓶充装单位只能充装本单位办理使用登记的气瓶，以及使用登记机关同意充装的气瓶。 (5)气瓶充装单位应当向气体使用者提供安全用气使用说明，对气体使用者进行气瓶安全使用指导，并且对所充装气瓶满足本规程所规定的基本安全要求负责。 (6)充装作业人员应当取得相应资格，方可从事气瓶充装以及检查工作
充装基本要求	(1)充装单位应当在充装检查合格的气瓶上，牢固粘贴充装产品合格标签，标签上至少注明充装单位名称和电话、气体名称、实际充装量、充装日期和充装检查人员代号。 (2)充装单位应当在充装气瓶上标示警示标签，燃气气瓶警示标签上应当注明“人员密集的室内禁用”字样。 (3)使用单位应当根据气瓶使用特点和充装安全要求，制定操作规程。气瓶使用的操作规程一般包括气瓶的使用参数、使用程序和方法、维护保养要求、安全注意事项、日常检查和异常情况处置、相应记录等内容。气瓶充装的操作规程，应当包括充装工作程序、充装控制参数、安全事项要求、异常情况处理以及记录等内容。 (4)气瓶充装单位应当为其所充装的气瓶建立充装电子档案，对充装前后检查情况以及充装情况进行记录，纳入充装电子档案记录。 (5)使用单位应当按照气瓶出厂资料、维护保养说明，对气瓶进行经常性检查和维护保养。检查、维护保养一般包括以下内容：

续表

项目	具体内容
充装基本要求	①检查规定的气瓶标志、外观涂层完好情况、定期检验有效期是否符合安全技术规范及其相关标准的规定。 ②检查气瓶附件是否齐全、有无损坏,是否超出设计使用年限或者检验有效期。 ③检查气瓶是否出现变形、异常响声、明显外观损伤等情况。 ④检查气体压力显示是否出现异常情况。 ⑤使用单位根据检查情况,采取表面涂敷、送检气瓶、更换瓶阀等方式进行气瓶的维护保养,并将维护保养情况记录到档案中。 (6)严禁充装未经定期检验合格、非法改装、翻新以及报废的气瓶。 (7)充装单位应当按照有关规定制定事故应急救援预案,并且每年至少组织一次事故应急演练并记录
充装检查与记录	(1)基本要求: ①充装前(后),应当逐只对气瓶进行检查,并且填写检查记录。 ②气瓶充装过程中,应当逐只进行检查,并且填写充装记录。 ③检查记录和充装记录可以采用电子记录方式,并且应当由作业人员签字确认。 (2)检查发现以下情况的气瓶,应当先进行处理,否则严禁充装: ①出厂标志、颜色标记不符合规定,瓶内介质未确认。 ②气瓶附件损坏、不全或者不符合规定。 ③气瓶内无剩余压力。 ④超过检验期限。 ⑤外观存在明显损伤,需检查确认能否使用。 ⑥充装氧化或者强氧化性气体气瓶沾有油脂。 ⑦充装可燃气体的新气瓶首次充装或者定期检验后的首次充装,未经过置换或者抽真空处理
充装特殊规定	1. 充装压缩气体 (1)应当考虑充装温度对最高充装压力的影响,压缩气体充装后的压力(换算成20℃时)不得超过气瓶的公称工作压力。 (2)充装单位采用电解法制取氢气、氧气,应当装设氢、氧浓度自动测定仪器和超标报警装置,测定氢、氧浓度,同时应当定期对氢、氧浓度进行人工检测;当氢气中含氧量或者氧气中含氢量超过0.5%(体积比)时,应当停止充装作业,同时查明原因并采取有效措施进行处置。 (3)充装氟或者二氟化氧的气瓶,最大充装量不得大于5 kg,充装压力不得大于3 MPa(20℃时)。 2. 充装高(低)压液化气体 (1)充装前应当逐瓶称重(车用气瓶除外)。 (2)应当配置与充装接头相适应的衡器

续表

项目	具体内容
充装特殊规定	(3)衡器的选用、规格以及检定等,应当符合相关技术规范以及相关标准的规定,衡器应当装设有超装警报或者自动切断气源的装置。 (4)应当采用复检用衡器,对充装量逐瓶复检;自动化充装的,按照批量抽样有关规定进行复检;充装超量的气瓶应当及时采取有效措施进行处置,否则不允许出充装站。 3. 充装低温液化气体及低温液体 充装单位应当采用衡器逐瓶(车用焊接绝热气瓶除外)复检充装低温液化气体及低温液体的气瓶,充装超量的气瓶应当及时采取有效措施进行处置,否则不允许出充装站。 4. 充装溶解乙炔 (1)溶解乙炔气体充装量以及乙炔气体与溶剂的质量比,应当符合相关标准的要求。 (2)充装前,充装单位应当按照相关标准的要求测定溶剂补加量,对于溶剂量未满足相关标准要求的,应当补加。 (3)溶解乙炔气体充装过程中,气瓶瓶壁温度不得超过40℃,充装溶解乙炔气体的容积流速应当小于0.015 m^3(h·L)。 (4)溶解乙炔气体充装应当采取多次充装的方式进行,每次充装间隔时间不少于8 h,静置8 h后的气瓶压力符合相关标准的要求时,方可再次充装。 5. 充装混合气体 (1)充装前,应当采用加温、抽真空等适当方式进行预处理,并且按照相应混合气体充装标准的规定,确定各气体组分的充装顺序。 (2)充装每一气体组分之前,应当使用待充装的气体对充装装置和管道进行置换。 6. 其他要求 (1)禁止将移动式压力容器内的气体直接对气瓶进行倒装或者将气瓶内的气体直接对气瓶进行充装。 (2)车用气瓶充装装置应当具有识读汽车牌照和气瓶电子识读标志的功能,并且只能对符合相应规定的气瓶进行充装。 (3)车用液化天然气气瓶充装站应当具备向气瓶充装蒸气压力不小于0.8 MPa的饱和液体的能力

考点3　充装站对气瓶的日常管理

项目	具体内容
气瓶的装卸运输	气瓶的运输单位要建立相应的安全管理、应急预案制度,对气瓶的押运员、驾驶人员、装卸人员都应进行相关的气体知识教育,并应会使用消防器材、防毒面具等。 (1)熟知气体性质。 (2)检查气瓶的气体产品合格证、警示标签是否与充装气体及气瓶标志的介质名称一致,要配带瓶帽、防震圈。 (3)严禁用叉车、翻斗车或铲车搬运气瓶

续表

项目	具体内容
气瓶的装卸运输	(4)在气瓶运输车上,应注意:①氧气瓶不可与可燃气体气瓶同车。②运输车辆应具有固定气瓶的相应装置,散装直立气瓶高出栏板部分不应大于气瓶高度的1/4。③运输气瓶的车上严禁烟火。④夏季时气瓶要防晒。 (5)化学性质相抵触的气体(如氧气、氯气与氢气;乙炔和液化石油气)不得同车运输,氧化或强氧化气体气瓶不准和易燃品、油脂及沾有油脂的物品同车运输。 (6)严禁用自卸汽车、挂车或长途客运汽车运送气瓶,同时也不准许装运气瓶的货车载客。 (7)运送气瓶的汽车应遵守公安、交通部门有关危险品运输的安全规定,严禁在首脑机关、居民密集处、超市闹市区及学校等处停车。 (8)司机、装卸及押运员均应明确所运输的气体性质,安全注意事项和紧急处置措施
气瓶的贮存、保管	气瓶的贮存场所应符合建设规范,管理人员应有一定的素质。还应建立健全贮存气瓶的各项规章制度。 (1)气瓶瓶库的建设必须经有关部门的批准。 (2)气瓶瓶库屋顶应为轻型结构,应有足够的泄压面积,透明的玻璃上应涂白漆,应有通风换气装置,地面平坦且不打滑,瓶库内不得有地沟、暗道,严禁明火和其他热源;冬季集中供暖库房设计温度为10 ℃,严禁采用煤炉、电热器取暖。 (3)气瓶入库应按照气体的性质、公称工作压力及空实瓶严格分类存放,应有明确的标志。 (4)气瓶的库房应与其他建筑物保持一定的距离,应为单层建筑,墙壁及屋顶的建筑材料应为防火材料。 (5)应当遵循先入库先发出的原则。 (6)库房应设有相应的灭火器材,库房周围严禁存放易燃易爆物品。 (7)盛装易发生聚合反应或分解反应的气瓶,必须根据气体性质控制瓶库内的温度,规定储存期限,避开放射源。 (8)空、实瓶应分开放置,并有明显标志,毒性气体气瓶和瓶内气体相互接触能引起燃烧、爆炸、产生毒物的,应分室存放,并设置防毒用具。 (9)气瓶放置应整齐,并佩戴瓶帽,立放时,应有防倾倒措施;横放时,头部朝向一方
气瓶的发送	充装单位气瓶的出库、发送应有专人负责,建立气瓶出库安全管理制度。瓶库的账目应准确,做到账物相符。气瓶发送前应检查: (1)气瓶发送应检查安全附件是否齐全,不全的应补齐。 (2)发送前,应检查气瓶警示标签是否齐全。 (3)气瓶发送应随带气体质量证明或气体检验合格证

续表

项目	具体内容
气瓶的报废	1. 气瓶进行报废的要求 (1)气瓶或者瓶阀使用时间超过其设计使用年限的。 (2)车用气瓶随报废车辆一同报废,其中出租车使用的车用压缩天然气瓶使用时间最长为8年。 (3)低温绝热气瓶的绝热性能无法满足使用要求并且无法修复的。 2. 报废气瓶的处理 使用单位不得使用存在严重事故隐患、经检验不合格或者应当予以报废的气瓶。对需要报废的气瓶,应当依法履行报废义务,自行或者将其送交气瓶检验机构进行消除使用功能的报废处理。 (1)消除报废气瓶使用功能的破坏性处理,应当采用压扁或者将瓶体解体等不可修复的方式。 (2)进行气瓶消除使用功能处理的机构应当对所处理的气瓶逐只进行记录,并且每年向负责办理气瓶使用登记的市场监管部门报告消除使用功能的气瓶数量。 (3)禁止任何单位或个人将报废气瓶(包括气瓶附件)修理、翻新后销售、使用。(4)禁止任何单位或个人采用钻孔或者破坏瓶口螺纹的方式,对报废气瓶进行消除使用功能处理。 (5)禁止任何单位或个人将报废气瓶未经消除使用功能处理,而销售、交给其他单位或者个人

第七节　压力管道安全技术

考点 1　压力管道使用安全管理

项目	具体内容
压力管道使用安全管理	在使用许可厂家的合格产品、登记建档、建立制度、定期检验方面与锅炉使用安全管理基本相同。 持证上岗方面,使用单位管理层应配备一名人员负责压力管道安全管理工作。管道数量较多的使用单位,应设置安全管理机构或者配备专职安全管理人员,安全管理人员应具备管道的专业知识,熟悉国家相关法规标准,经过管道安全教育和培训,取得相应的特种设备管理人员资格证。压力管道操作人员,应接受专业安全技术培训并考试合格,取得特种设备作业人员证

考点 2　压力管道安全附件

项目	具体内容
压力管道安全附件	1. 安全泄压装置 (1)长输输气管道一般应设置安全泄放装置。 (2)热力管道的超压保护装置。 (3)工业管道安全泄压装置的通用要求。 ①除特殊情况外,处于运行中可能超压的管道系统均应设置泄压装置。 ②不宜使用安全阀的场合可以使用爆破片。 ③安全阀应按照需要排放的气(汽)体或液体介质进行选用,并考虑背压的影响。 2. 用于控制介质压力和流动状态的装置 (1)调压装置。调压装置主要用在输气管道、输油管道、蒸汽管道和城镇燃气管道系统中。 (2)止回阀。在需防止流体倒流的工业管道上,应设置止回阀。 (3)切断装置。紧急切断装置、线路截断阀、切断阀。 3. 阻火器 阻火器是用来阻止易燃气体、液体的火焰蔓延和防止回火而引起爆炸的安全装置。通常安装在可燃易爆气体、液体的管路上,当某一段管道发生事故时,阻止火焰影响另一段管道和设备。 4. 防静电设施 可燃介质管道应有静电接地设施,并测量各连接接头间的电阻值和管道系统的对地电阻值。这些电阻值超过标准或者设计文件规定时,应当设置跨接导线(在法兰和螺纹接头间)和接地引线

续表

项目	具体内容
压力管道安全附件	5. 凝水缸 为排除燃气管道中的冷凝水和天然气管道中的轻质油，管道敷设时应有一定坡度，以便在低处设凝水缸，将汇集的水或油排出。 6. 放散管 放散管是一种专门用来排放管道中的空气或燃气的装置。在管道投入运行时利用放散管排空管内的空气，防止在管道内形成爆炸性的混合气体。 7. 泄漏气体安全报警装置 在易燃易爆场所，通常要安装泄漏气体安全报警装置。输油输气管道的泄漏监测报警装置一般采用固定装置（在管道上安装传感器）实时监测，可以实现对管道从不漏到发生泄漏的过程监测，一旦发生泄漏立即报警。 8. 阴极保护装置 在埋地敷设的线路中，设置阴极保护装置是目前防止管道受地下外部环境影响而产生腐蚀破坏的最重要措施之一。 9. 压力表、温度计 压力管道上装设的压力表必须与使用介质相适应。压力管道上使用的温度计，主要用于测量介质的温度

考点3　压力管道使用安全技术

项目	具体内容
压力管道的安全操作	1. 基本要求 （1）操作工艺条件的控制。压力和温度是管道运行过程中的两个主要工艺控制指标，只有严格按照安全操作规程进行操作，才能保证管道系统的稳定运行。 （2）交变载荷控制。管道交变载荷的特点是应力较大而交变频率较低。在交变载荷的作用下，在几何结构不连续和焊缝附近存在应力集中的地方，材料容易发生低周疲劳破坏。 （3）腐蚀性介质含量控制。在用压力管道对腐蚀性介质含量及工况应有严格的工艺指标进行控制。 2. 管线巡查 操作人员和维修人员均要按照各自的责任和要求定期按巡回检查路线完成每个部位、每个项目的检查，并做好巡回检查记录。检查中发现的异常情况应及时汇报和处理。 巡回检查的项目主要有： （1）各项工艺操作指标参数、系统平稳运行情况。 （2）管道接头、阀门及各管件密封情况。 （3）防腐层、保温层完好情况

续表

项目	具体内容
压力管道的安全操作	(4)管道振动情况。 (5)管道支吊架的紧固、腐蚀和支承情况,管架、基础完好情况。 (6)阀门等操作机构润滑状况。 (7)安全阀、压力表等安全保护装置运行状况。 (8)静电跨接、静电接地、抗腐蚀阴极保护装置的运行和完好状况。 (9)地表环境情况。 (10)其他缺陷
压力管道维护保养	(1)经常检查管道的腐蚀防护系统,确保管道腐蚀防护系统有效。 (2)阀门操作机构要经常除锈上油并定期进行活动,保证其开关灵活。 (3)安全阀、压力表要经常擦拭,确保其灵活、准确,并按时进行检查和校验。 (4)定期检查紧固螺栓完好状况,做到数量齐全、不锈蚀、丝扣完整,连接可靠。 (5)发现管道因外来因素产生较大振动或摩擦等情况时,应分析原因并消除异常振动和摩擦。 (6)静电跨接和接地装置要保持良好完整,及时消除缺陷,防止故障发生。 (7)及时消除跑冒滴漏。 (8)管道的底部和弯曲处是系统的薄弱环节,最易发生腐蚀和磨损,因此必须经常对这些部位进行检查,发现损坏时,应及时采取修理措施。 (9)禁止将管道及支架作为电焊的零线或起重工具的锚点和撬抬重物的支撑点。 (10)停用的管道应排除管内有毒、可燃介质,并进行置换,必要时作惰性介质保护。管道外表面应涂刷油漆,防止环境因素腐蚀
压力管道故障处理	(1)操作维修人员在可拆卸接头和密封填料处发现问题后,一般可采取紧固措施消除泄漏,但不得带压紧固连接件。 (2)管道发生异常振动和摩擦时,应采取隔断振源、调整支承、使相互摩擦的部位隔离等措施。 (3)安全阀动作失灵时,应停车或泄压后对安全阀进行检查和调试,如发现阀座处有异物、密封副损坏、弹簧锈死或损坏等情况,应进行修理。 (4)工业管道内部堵塞往往是由于操作条件控制不当造成介质的黏度过大而引发的,应停车进行清理。 (5)仪表失灵可能是仪表本身质量问题或由于操作条件超出仪表的最大测量能力而发生的,应由专业人员进行检查和更换
管道完整性管理	1. 管道完整性管理的主要内容 完整性管理的主要内容包括:管道完整性管理信息系统、安全评价与检测、风险评估、管道的维修、事故的应急处理等

续表

项目	具体内容
管道完整性管理	2. 管道完整性管理实施 (1)建立和运行完整性管理信息系统。 (2)识别高后果区。 (3)数据采集。 (4)风险评估。 (5)完整性评价。 (6)建立可接受风险标准。 (7)风险控制和减缓。 (8)定期风险评估。 (9)完整性管理体系的变更与管理

第八节　客运索道安全技术

考点1　客运索道使用安全管理

项目	具体内容
客运索道使用安全管理	在使用许可厂家的合格产品、登记建档、建立制度、定期检验等方面与锅炉使用安全管理基本相同。 作业人员要求方面,客运索道作业人员应经特种设备安全监督管理部门考核合格,取得客运索道作业人员证书,方可从事相应的作业和管理工作;使用单位应对客运索道作业人员进行安全教育培训,保证作业人员具备必要的客运索道安全知识。 日常检查方面,在设备每日投入使用前,使用单位应进行试运行和例行安全检查,并对安全装置进行检查确认

考点2　客运索道应具备的安全装置

项目	具体内容
单线循环固定抱索器客运架空索道应具备的安全装置	1. 站内机械设施及安全装置 (1)站内机械设备、电气设备及钢丝绳应有必要的防护、隔离措施,防止危及乘客和工作人员的安全;非公共交通的空间应有隔离,非工作人员不得入内。 (2)站台(尤其出站侧)应有栏杆或防护网,防止乘客跌落。 (3)驱动迂回轮应有防止钢丝绳滑出轮槽飞出的装置。 (4)制动液压站和张紧液压站应设有手动泵,当液压系统出现故障时可以用手动泵临时进行工作。并设有油压上下限开关,上限泄油、下限补油。 (5)张紧小车前后均应装设缓冲器防止意外撞击

续表

项目	具体内容
单线循环固定抱索器客运架空索道应具备的安全装置	(6)吊厢门应安装闭锁系统,不能由车内打开,也不能由于撞击或大风的影响而自动开启。 (7)应设行程保护装置,在张紧小车、重锤或油缸行程达到极限之前,发出报警信号或自动停车。 2. 站内电气设施及安全装置 (1)减速机应设有润滑油保护装置。 (2)站台、机房、控制室应设蘑菇头带自锁装置的紧急停车按钮。 (3)有负力的索道应设超速保护,在运行速度超过额定速度15%时,能自动停车。 (4)应在风力最大处设风向风速仪,在有人的站房设置风速显示装置。 (5)站房之间应有独立的专用电话,至少要有一个站房或在站房附近有外线电话。 (6)沿线路应有通信方式(如支架上或吊厢中设扬声器),在特殊情况(特别是故障时)下,可以及时通知乘客。 (7)所有沿线的安全装置和站内的安全装置组成联锁安全电路,在线路中任何位置出现异常时,应能自动停车并显示故障位置。索道紧急制动或突然断电后,在事故开关复位之前,不能重新启动驱动装置。 (8)如索道夜间运行时,站内及线路上应有针对性照明,支架上电力线不允许超过36 V。 (9)对于单线循环固定抱索器脉动式索道还应增加两条要求:①应配备至少两套不同类型、来源及独立控制的进站减速控制装置;每套装置应能可靠减速。②应设有进站速度检测开关,当索道减速后,应能按设定减速曲线可靠减速至低速进站,若未按设计减速或设定的低速进站时,检测开关控制自动紧急停车。 (10)对于单线固定抱索器往复式索道另应增加两条要求:①应设越位开关,在客车超越停车位置时,索道应能自动紧急停车。②开车时站台间应设有信号联络控制系统,在站台未发开车信号前,索道不能启动。 3. 线路机电设施及安全装置 (1)应根据地形情况配备救护工具和救护设施,沿线路不能垂直救护时,应配备水平救护设施。吊具距地大于15 m时,应有缓降器救护工具,绳索长度应适应最大高度救护要求。 (2)压索支架应有防脱索二次保护装置及地锚。 (3)托压索轮组内侧应设有防止钢丝绳往回跳的挡绳板,外侧应安装捕捉器和U型开关,脱索时接住钢丝绳并紧急停车
单线循环脱挂抱索器客运架空索道应具备的安全装置	1. 站内机械设施及安全装置 (1)站内机械设备、电气设备及钢丝绳应有必要的防护、隔离措施,防止危及乘客和工作人员的安全;非公共交通的空间应有隔离,非工作人员不得入内。 (2)站台(尤其出站侧)应有栏杆或防护网,防止乘客跌落

续表

项目	具体内容
单线循环脱挂抱索器客运架空索道应具备的安全装置	(3)驱动迂回轮应有防止钢丝绳滑出轮槽飞出的装置。 (4)制动液压站和张紧液压站应设有手动泵,当液压系统出现故障时可以用手动泵临时进行工作。并设有油压上下限开关,上限泄油、下限补油。 (5)张紧小车前后均应装设缓冲器防止意外撞击。 (6)吊厢门应安装闭锁系统,不能由车内打开,也不能由于撞击或大风的影响而自动开启。 2. 站内电气设施及安全装置 (1)站台、机房、控制室应设蘑菇头带自锁装置的紧急停车按钮。 (2)应设行程保护装置,在张紧小车、重锤或油缸行程达到极限之前,发出警报信号或自动停车。 (3)有负力的索道应设超速保护,在运行速度超过额定速度15%时,能自动停车。 (4)道岔应设有闭锁安全监控装置,保证道岔在发车和收车位置时的安全。 (5)应设有钢丝绳位置检测开关,当钢丝绳偏离设定位置时,索道应自动停车。 (6)应设有开关门检测开关,当已过开关门轨道后,吊厢门未关闭或打开时,索道应自动停车。 (7)应设有抱索器松开和闭合状态检测开关,当抱索器在挂结前未打开钳口,或过了脱开段后,抱索器未脱开钢丝绳,索道应自动停车。 (8)应设有抱索器抱紧力和外形监测装置,钳口抱索形状若不符合要求自动停车。 (9)应设有接地棒,解决钢丝绳防雷接地问题。 (10)站房检查维修平台上应有维修闭锁开关。 3. 线路机电设施及安全装置 (1)应根据地形情况配备救护工具和救护设施,沿线路不能垂直救护时,应配备水平救护设施。吊具距地大于15 m时,应有缓降器救护工具,绳索长度应适应最大高度救护要求。 (2)压索支架应有防脱索二次保护装置及地锚。 (3)高度10 m以上支架爬梯应设护圈,超过25 m时,每隔10 m设休息平台,检修平台应有扶手或护栏。 (4)托压索轮组内侧应设有防止钢丝绳往回跳的挡绳板,外侧应安装捕捉器和U型开关,脱索时接住钢丝绳并紧急停车
双线往复式客运架空索道应具备的安全装置	1. 站内机械设施及安全装置 (1)站内机械设备、电气设备及钢丝绳应有必要的防护、隔离措施,防止危及乘客和工作人员的安全;非公共交通的空间应有隔离,非工作人员不得入内。站台(尤其出站侧)应有栏杆,防止乘客跌落。 (2)单承载索道鞍座托索轮组应设牵引索自动复位装置,在牵引索滑出托索轮复位时,不会卡住

续表

项目	具体内容
双线往复式客运架空索道应具备的安全装置	(3)水平驱动轮导向轮应有防止钢丝绳滑出轮槽飞出的装置。 (4)制动液压站和张紧液压站应设有手动泵,当液压系统出现故障时可以用手动泵临时进行工作。并设有油压上下限开关,上限泄油、下限补油。 (5)承载索与张紧索的连接应有二次保护装置及防止自行旋转的装置。 (6)承载索两端锚固的索道,应采用可测可调的双重锚固装置。 (7)对于重锤行程大,牵引索跳动大的索道,应加液压缓冲装置。 (8)车厢门应安装闭锁系统,不能由车内打开,也不能由于撞击或大风的影响而自动开启。 (9)吊架与车厢连接处应有减震措施。车厢定员大于 15 人和运行速度大于 3 m/s 的索道客车吊架与运行小车之间应设减摆器。 (10)运行小车两端应设防止出轨的导靴和缓冲挡块,多冰雪地区设刮雪器或破冰装置。 2. 站内电气设施及安全装置 (1)应有两套独立电源供电,可采用双回路电源或柴油发动机作备用电源,也可用内燃机作备用动力。 (2)减速机应设有润滑油保护装置。 (3)站台、机房、控制室应设蘑菇头带自锁装置的紧急停车按钮。 (4)应设行程保护装置,在承载索、牵引索张紧重锤或油缸达到极限之前,发出报警信号或自动停车。 (5)应设有牵引索断裂以及双牵引索道速度差、长度差检测开关,及时自动紧急停车。 (6)应设超速保护,在运行速度超过额定速度 15% 时,能自动停车。 (7)应配备至少两套不同类型、来源及独立控制的进站减速控制装置;每套装置应能可靠减速。 (8)应设有进站速度检测开关,当索道减速后,应能按设定减速曲线可靠减速至低速进站,若未按设计减速或设定的低速进站时,检测开关控制自动紧急停车。 (9)应设越位开关,在客车超越停车位置时,索道应能自动紧急停车。 (10)开车时站台间应设有信号联络控制系统,在站台未发开车信号前,索道不能启动。 (11)应在风力最大处设风向风速仪,在有人的站房设置风速显示装置。 (12)站房之间应有独立的专用电话,至少要有一个站房或在站房附近有外线电话。紧急情况(如主电网断电)电话仍可正常使用。并应配备足够的无线对讲机,满足运行和检查维修工作的需要。 (13)客车与站内应有通信方式,在特殊情况(特别是故障时)下,可以及时通知乘客。 3. 线路机电设施及安全装置 (1)根据地形情况配备救护工具和救护设施,沿线路无法用缓降器救护时,应设救

续表

项目	具体内容
双线往复式客运架空索道应具备的安全装置	援车。 (2)高度 10 m 以上支架爬梯应设护圈，超过 25 m 时，每隔 10 m 设休息平台，检修平台应有扶手或护栏
客运拖牵索道应具备的安全装置	(1)人可以触及的转动部件及人体可能碰撞的设施应当有保护栏杆或防护网。 (2)应设有制动器或防倒转装置。 (3)钢丝绳张紧系统应当有二次保护装置。 (4)张紧液压站应有上下限开关，超出上下限时，索道应能自动停车。 (5)支架高度从地面算起超过 4 m 的支架应有固定爬梯，并且装设工作平台，爬梯不得与滑雪者挂碰；支架立柱应装设防止滑雪者碰伤的软质护套。 (6)托压索轮组内侧应设有防止钢丝绳往回跳的挡绳板，外侧应安装捕捉器和 U 型开关，脱索时接住钢丝绳并紧急停车。 (7)站台、机房、控制室应设蘑菇头带自锁装置的紧急停车按钮。 (8)应设行程保护装置，在张紧小车、重锤或油缸行程达到极限之前，发出报警信号或自动停车
客运缆车应具备的安全装置	1. 站内机械设施及安全装置 (1)凹曲线段和水平曲线段应设置绳索捕捉装置。 (2)站内机械设备、电气设备及钢丝绳应有必要的防护、隔离措施，防止危及乘客和工作人员的安全；非公共交通的空间应有隔离，非工作人员不得入内。 (3)站台终点应设弹簧或液(气)压缓冲器。 (4)驱动轮与迂回轮水平布置(驱动轴垂直布置)时，应有防止钢丝绳滑出轮槽的措施。 (5)制动液压站和张紧液压站应设有手动泵，当液压系统出现故障时可以用手动泵临时进行工作。并设有油压上下限开关，上限泄油、下限补油。 (6)在控制台上应有手动装置通过机械方式或电气方式使安全制动器工作。 (7)脱挂抱索器式缆车车厢门应设关闭到位检测开关，门未关闭到位不得开车。 (8)张紧小车前后均应装设缓冲器防止意外撞击。 (9)车厢乘务员操作位应设有防止乘客滥动操纵系统的保护装置。 (10)行走机构应设防止脱轨的装置，行走机构两端应装设缓冲器挡板和清轨器。 2. 站内电气设施及安全装置 (1)应配备至少两套不同类型、来源及独立控制的进站减速控制装置；每套装置应能可靠减速。 (2)站台、机房、控制室和需要乘务员的客车应设带自锁装置的紧急停车按钮。 (3)应设到站停车开关和过卷越位开关。 (4)应设超速保护，在运行速度超过额定速度 10% 时，能自动停车

续表

项目	具体内容
客运缆车应具备的安全装置	(5)应设制动系统及润滑系统的油压、油位和油温保护,当出现异常时,能自动停车。 (6)应设置维修急停开关,在进行设备维修时,维修急停开关动作,缆车无法启动。 3.线路机电设施及安全装置 (1)在个别有危树的地方应装设检测树倒的装置,一旦树倒立即报警并停车。 (2)线路上应设有钢丝绳脱槽安全检测装置,一旦钢丝绳脱槽,应能自动停车

考点3 客运索道使用安全技术

项目	具体内容
客运索道使用安全技术	1.制订安全操作规程,建立健全安全管理制度 (1)管理机关所规定的定期技术检验制度。 (2)各岗位的安全操作规程。 (3)信号系统的检查制度。 (4)应急救护预案。 (5)自动停车、紧急停车及其安全设备动作时,排除故障及重新运行的措施。 (6)安全电路断电时需要再运行时的措施。 (7)机械设备、钢丝绳、客车等发生故障时如何排除的措施。 (8)风速超过规定值,或者天气条件威胁到安全运行时停车处理办法。 (9)能见度不足时的运行措施。 (10)夜间运行的措施。 (11)消除钢丝绳或机械部件上的冰和积雪的措施。 2.客运索道的日常检查 (1)客运索道每天开始运行之前,应彻底检查全线设备是否处于完好状态,在运送乘客之前应进行一次试车,确认安全无误并经值班站长或授权负责人签字后方可运送乘客。司机除按运转维护规程操作外,对驱动机、操作台每班至少检查一次。 (2)值班电工、钳工对专责设备每班至少检查一次,线路润滑巡视工每班至少全线巡视一周(线路长的索道,可分段分工检查)。 (3)若设备停运期间遇到恶劣天气(风暴、暴雪、冰雹),应对线路进行彻底的检查,证明一切正常后方可运送乘客。 (4)索道每天停止运营前,操作人员应检查并确认索道线路上或上车区域是否仍有乘客,并关闭索道的入口。 3.客运索道的检查和维修 (1)对架空索道的机电设备进行定期检查和合理的维修,能够保证索道的安全运转,并充分发挥设备的效能,延长使用年限。 (2)应在规定的时期内对钢丝绳和抱索器进行无损探伤。 (3)运营后每1~2年应对支架各相关位置(如中心点、托压索轮及支架横担水平度、垂直度、支架形变等)进行检测,以防止发生脱索等重大事故

第九节　大型游乐设施安全技术

考点1　大型游乐设施使用安全管理

项目	具体内容
大型游乐设施使用安全管理	在使用许可厂家的合格产品、登记建档、建立制度、定期检验等方面与锅炉使用安全管理基本相同。 作业人员要求方面,大型游乐设施安全管理人员和操作人员,必须取得相应资质后,方能从事相关工作。 大型游乐设施检查方面,使用单位应进行大型游乐设施的自我检查、每日检查、每月检查和年度检查

考点2　大型游乐设施的安全装置

项目	具体内容
大型游乐设施的安全装置	1. 乘人安全束缚装置(安全带、安全杠和挡杆) 游乐设施运行时,乘人可能在乘坐物内被移动、碰撞、被甩出或者滑出时,必须设有乘人安全束缚装置。对危险性较大的大型游乐设施,必要时应考虑设两套独立的束缚装置。束缚装置可采用安全带、安全压杠、挡杆等。 对束缚装置的要求是: (1)束缚装置应可靠地固定在游乐设备的结构件上。 (2)乘人装置的设计,其座位结构和型式,自身应具有一定的束缚功能。 (3)束缚装置的锁紧装置在游乐设施出现功能性故障或急停刹车的情况下,仍能保持其闭锁状态,除非采取疏导乘人的紧急措施。 (4)束缚装置应可靠、舒适,与乘人直接接触的部件有适当的柔软性。 2. 锁紧装置(锁具) 锁具是人体束缚装置的另一个重要组件,影响到人体安全保护装置正常发挥作用。锁具形式有很多种,最常见的有棘轮棘爪、曲柄摇块机构等锁具。 3. 吊挂乘坐的保险装置 (1)吊挂座椅的保险装置。吊挂座椅除用4根钢丝绳吊挂外,还必须另设4根保险钢丝绳。当悬挂钢丝绳或吊挂该绳的销轴断裂时,还有保险钢丝绳牵引,保证乘客安全。 (2)吊挂摆动舱的保险装置。在摆动过程中,若吊挂臂或上下销轴断裂,摆动舱就会坠落,加保险绳后,可防止事故发生。 4. 止逆行装置(止逆装置) 沿斜坡牵引的提升系统,必须设有防止载人装置逆行的装置,止逆行装置逆行距离的设计应使冲击负荷最小,在最大冲击负荷时必须止逆可靠

续表

项目	具体内容
大型游乐设施的安全装置	5. 制动装置 为了使游乐设施安全停止或减速，大部分运行速度较快的设备都采用了制动系统。游乐设施的制动包括对电动机的制动和对车辆的制动。电动机的制动有机械制动和电气制动两种方式，车辆制动的方式主要采用机械制动。 6. 超速限制装置（限速装置） 在游乐设施中，采用直流电机驱动或者设有速度可调系统时，必须设有防止超出最大设定速度的限速装置，限速装置必须灵敏可靠。 7. 运动限制装置（限位装置） 绕水平轴回转并配有平衡重的游乐设施，乘人部分在最高点有可能出现静止状态时，应有防止或处理该状态的措施；油缸或气缸行程的终点，应设置限位装置，且灵敏可靠。 8. 防碰撞及缓冲装置 同一轨道、滑道、专用车道等有两组以上（含两组）无人操作的单车或列车运行时，应设防止相互碰撞的自动控制装置和缓冲装置。当有人操作时，应设有效的缓冲装置。 （1）防碰撞装置工作原理是：当游乐设施车辆运行到危险距离范围时，防碰撞装置便发出警报，进而切断电源，制动器制动，使车辆经过时停止运行，避免车辆之间的相互碰撞。 （2）游乐设施常见的缓冲器分蓄能型缓冲器和耗能型缓冲器，前者主要以弹簧和聚氨酯材料等为缓冲元件，后者主要是油压缓冲器

考点 3　大型游乐设施使用安全技术

项目	具体内容
大型游乐设施使用安全技术	1. 建立健全安全管理制度和操作规程 根据不同游乐设施的使用特点，科学建立管理制度和操作规程，一般应包括下列内容： （1）作业人员守则。 （2）安全操作规程。 （3）设备管理制度。 （4）日常安全检查制度。 （5）维修保养制度。 （6）定期报检制度。 （7）安全培训考核制度。 （8）紧急救援演习制度。 （9）意外事件和事故处理制度。 （10）技术档案管理制度

续表

<table>
<tr><th>项目</th><th>具体内容</th></tr>
<tr><td>大型游乐设施使用安全技术</td><td>2. 游乐设施在运营前按规程做好安全检查
检查内容包括：
(1)安全带、安全杠、把手是否牢固可靠，有无损坏情况。
(2)座舱门开关是否灵活、关牢，保险装置是否起作用。
(3)关键位置的销轴和焊缝有无明显变形、开裂或其他异常情况。
(4)螺栓卡板等紧固件有无松动及脱落现象。
(5)限位开关有无失灵情况。
(6)各润滑点是否润滑良好。
(7)电线有无断头裸露现象。
(8)接地板连接是否良好。
(9)制动装置是否起作用。
3. 游乐设施运营中操作、服务人员应特别注意事项
操作人员应特别注意事项：
(1)游乐设备正式运营前，操作员应将空车按实际工况运行 2 次以上，确认一切正常再开机营业。
(2)开机前，先鸣铃以示警告，让等待上机的乘客及服务员远离游乐设施，以防开机后碰伤。确认乘客都已坐好并符合安全要求，确认周围环境无安全隐患，场内无闲杂人员再开机。
(3)设备运行中，在乘客产生恐惧、大声叫喊时，操作员应立即停机，让恐惧乘客下来。
(4)设备运行中，操作人员不能离开岗位。要随时注意观察乘客及设备情况，遇有紧急情况时，要及时停机并采取相应的措施。
(5)紧急停止按钮的位置，必须让本机台所有取得证件的操作人员都知道，以便需要紧急停车时，每个操作员都能操作。
(6)营业终了时，关掉总电源，并对设备设施进行安全检查。
服务人员应特别注意事项：
(1)开机前安全栅栏内不准站人，服务人员要维持好秩序，让等待上机的乘客站到栅栏外面，避免开机时刮伤。
(2)开机前服务人员必须逐个检查乘客的安全带是否系好(安全压杠是否压好)，以避免设备运行时发生安全事故。
(3)对座舱在高空中旋转的游乐设施，服务人员负责疏导乘客，尽量使其均匀乘坐，不要造成偏载。
(4)要准备好常用的急救工具及药品。
服务人员应特别注意劝阻的事项：
(1)劝阻游客不要抢上，游乐设施未停稳前不要抢下。
(2)有人翻越安全栅栏时要进行劝阻。
(3)不准超员乘坐。遇到此种情况时，服务人员要进行说服劝阻，超员时操作人员不</td></tr>
</table>

续表

项目	具体内容
大型游乐设施使用安全技术	要开机。 (4)不准幼儿乘坐的游乐设施,要劝阻家长不要抱幼儿乘坐。 (5)劝阻乘客不要围长围巾乘坐游乐设施。留长辫的女乘客要戴上帽子或将辫子包好,以防围巾或辫子与运行的游乐设施绞在一起发生安全事故。 (6)服务人员要劝阻酗酒者不要乘坐游乐设施。 (7)劝阻乘客不要将头、胳膊伸到座舱外面,以免碰到周围物体而致伤。 (8)禁止乘客在安全栅栏内拍照,以防被运转的游乐设施撞伤

跟踪训练

一、单项选择题

1. 按照《特种设备安全监察条例》的定义,特种设备包括锅炉、压力容器、压力管道等设备。下列设备中,不属于特种设备的是(　　)。

A. 旅游景区观光车辆　　B. 建筑工地升降机

C. 场(厂)内专用机动车辆　　D. 浮顶式原油储罐

2. 锅炉缺水是锅炉运行中最常见的事故之一,通常判断缺水程度的方法是“叫水”。对相对容水量小的电站锅炉或其他锅炉,以及最高火界在水连管以上的锅壳锅炉,一旦发现缺水,应(　　)。

A. 立即给锅炉上水　　B. 关闭水位表的汽连接管旋塞

C. 立即停炉　　D. 关闭给水阀

3. 锅炉蒸发表面(水面)汽水共同升起,产生大量泡沫并上下波动翻腾的现象叫汽水共腾。汽水共腾会使蒸汽带水,降低蒸汽品质,造成过热器结垢,损坏过热器或影响用汽设备的安全运行。下列锅炉运行异常状况中,可导致汽水共腾的是(　　)。

A. 蒸汽管道内发生水冲击

B. 过热蒸汽温度急剧下降

C. 锅水含盐量太低

D. 负荷增加和压力降低过快

4. 水在锅炉管道内流动,因速度突然发生变化导致压力突然变化,形成压力波在管道内传播的现象叫水击。水击现象常发生在给水管道、省煤器、过热器、锅筒等部位,会造成管道、法兰、阀门等的损坏。下列关于预防水击事故的措施中,正确的是(　　)。

A. 快速开闭阀门

B. 使可分式省煤器的出口水温高于同压力下饱和温度 40 ℃

C. 暖管前彻底疏水

D. 上锅筒快速进水,下锅筒慢速进汽

5. 叉车护顶架是为保护司机免受重物落下造成伤害而设置的安全装置。下列关于叉车护顶架的说法中,错误的是(　　)。

A. 起升高度超过 1.8 m,必须设置护顶架　　B. 护顶架一般都是由型钢焊接而成

C. 护顶架必须能够遮掩司机的上方　　D. 护顶架应进行疲劳载荷试验检测

6. 起重机械,是指用于垂直升降或者垂直升降并水平移动重物的机电设备。分为轻小型起重设备、升降机和起重机三类,下列属于升降机的是(　　)。

A. 千斤顶　　B. 绞车　　C. 电梯　　D. 手拉葫芦

7. 某单位司炉班长巡视时发现一台运行锅炉的水位低于水位表最低水位刻度,同时有人报告锅炉水泵故障,已停止运转多时,司炉班长判断锅炉已缺水,立即按紧急停炉程序进行处置。下列紧急停炉处置方法中,正确的是(　　)。

A. 立即停止添加燃料和送风,减弱引风,同时设法熄灭炉膛内的燃料,灭火后即把炉门、灰门及烟道挡板打开,启动备用泵给锅炉上水

B. 立即停止添加燃料和送风,减弱引风,同时设法熄灭炉膛内的燃料,灭火后即把炉门、灰门及烟道挡板打开,开启空气阀及安全阀快速降压

C. 立即停止添加燃料和送风,加大引风,同时设法熄灭炉膛内的燃料,灭火后即把炉门、灰门及烟道挡板打开,启动备用泵给锅炉上水,并开启空气阀及安全阀快速降压

D. 立即停止添加燃料和送风,减弱引风,同时设法熄灭炉膛内的燃料,灭火后即把炉门、灰门及烟道挡板打开

8. 锅炉正常停炉时,为避免锅炉部件因高温收缩不均匀产生过大的热应力,必须控制降温速度。下列关于停炉操作的说法中,正确的是(　　)。

A. 对燃油燃气锅炉,炉膛停火后,引风机应停止引风

B. 对无旁通烟道的可分式省煤器,应密切监视其出口水温,并连续经省煤器上水、放水至水箱中,使省煤器出口水温高于锅筒压力下饱和温度 20 ℃

C. 在正常停炉的 4 到 6 小时内,应紧闭炉门和烟道挡板

D. 当锅炉降到 90 ℃时,方可全部放水

9. 下列关于锅炉水压试验程序的说法中,正确的是(　　)。

A. 缓慢升压至试验压力。至少保持 20 min,检查是否有泄漏和异常现象

B. 缓慢升压至试验压力。至少保持 20 min,再缓慢降压至工作压力进行检查

C. 缓慢升压至工作压力。检查是否有泄漏和异常现象,继续升压至试验压力,至少保持 20 min,再缓慢降压至工作压力进行检查

D. 缓慢升压至工作压力,检查是否有泄漏和异常现象,继续升压至试验压力进行检查,至少保持 20 min

10. 压力容器一般泛指工业生产中用于盛装反应、传热、分离等生产工艺过程的气体或溶液,并能承载一定压力的密闭设备。下列关于压力容器压力设计的说法中,正确的是(　　)。

A. 设计操作压力应高于设计压力　　B. 设计压力应高于最高工作压力

C. 设计操作压力应高于最高工作压力　　D. 安全阀起跳压力应高于设计压力

11. 压力容器专职操作人员在容器运行期间应经常检查容器的工作状况,以便及时发现设备上的不正常状态,采取相应的措施进行调整或消除,保证容器安全运行。压力容器运行中出现下列异常情况时,应立即停止运行的是(　　)。

A. 操作压力达到规定的标称值　　B. 运行温度达到规定的标称值

C. 安全阀起跳　　D. 承压部件鼓包变形

12. 在盛装危险介质的压力容器上,经常进行安全阀和爆破片的组合设置。下列关于安全阀和爆破片组合设置的说法中,正确的是(　　)。

A. 并联设置时,爆破片的标定爆破压力不得小于容器的设计压力

B. 并联设置时,安全阀的开启压力应略高于爆破片的标定爆破压力

C. 安全阀出口侧串联安装爆破片时,爆破片的泄放面积不得小于安全阀的进口面积

D. 安全阀进口侧串联安装爆破片时,爆破片的泄放面积应不大于安全阀进口面积

13. 安全附件是为了使压力容器安全运行而安装在设备上的一种安全装置,应根据压力容器自身的特点安装不同的安全附件。在盛装液化气体的钢瓶上,应用最广泛的安全附件是(　　)。

A. 爆破片　　B. 易熔塞　　C. 紧急切断阀　　D. 减压阀

14. 压力容器专职操作人员在容器运行期间应经常检查容器的工作状况,以便及时发现设备的不正常状态。下列检查项目中,属于运行期间检查的是(　　)。

A. 容器及其连接管道的振动情况　　B. 容器材质劣化现象

C. 容器耐压试验　　D. 容器受压元件缺陷扩展情况

15. 发生锅炉重大事故时,下列做法错误的是(　　)。

A. 停止供给燃料和送风　　B. 确定是严重缺水事故时,向锅炉内进水

C. 熄灭和清除炉膛内的燃料　　D. 可以用黄砂或湿煤灰将红火压灭

16. 腐蚀是造成压力容器失效的一个重要因素,对于有些工作介质来说,只有在特定的条件下才会对压力容器的材料产生腐蚀。因此,要尽力消除这种能够引起腐蚀的条件,下列关于压力容器日常保养的说法中,错误的是(　　)。

A. 盛装一氧化碳的压力容器应采取干燥和过滤的方法

B. 盛装压缩天然气的钢制容器只需采取过滤的方法

C. 盛装氧气的碳钢容器应采取干燥的方法

D. 介质含有稀碱液的容器应消除碱液浓缩的条件

17. 锅炉是一种密闭的压力容器,在高温高压下工作,可能引发锅炉爆炸的原因包括水循环遭破坏、水质不良、长时间低水位运行、超温运行和(　　)等。

A. 超时运行　　B. 超压运行　　C. 低压运行　　D. 排水管自动排放

18. 在压力容器受压元件的内部,常常存在不易发现的缺陷,需要采用无损检测的方法进行探查。射线检测和超声波检测是两种常用于检测材料内部缺陷的无损检测方法。下列关于这两种无损检测方法特点的说法中,错误的是(　　)。

A. 射线检测对面积型缺陷检出率高,对体积型缺陷有时容易漏检

B. 超声波检测易受材质、晶粒度影响

C. 射线检测适宜检验对接焊缝,不适宜检验角焊缝

D. 超声波检测对位于工件厚度方向上的缺陷定位较准确

19. 起重机械重物失落事故主要发生在起重卷扬系统中,如脱绳、脱钩、断绳和断钩。下列状况中,可能造成重物失落事故的是(　　)。

A. 钢丝绳在卷筒上的余绳为1圈　　B. 有下降限位保护

C. 吊装绳夹角小于120°　　D. 钢丝绳在卷筒上用压板固定

20. 关于起重机械安全装置的说法中,错误的是(　　)。

A. 位置限制与调整装置属于起重机械安全装置

B. 设备正常工作时,防坠安全器不应动作

C. 露天工作于轨道上运行的起重机,均应装设防风防爬装置

D. 回转锁定器常见形式有机械锁定器和气压锁定器两种

21. 同层多台起重机同时作业情况比较普遍,也存在两层,甚至三层起重机共同作业的情况。能保证起重机交叉作业安全的是(　　)。

A. 位置限制与调整装置　　B. 力矩限制器

C. 回转锁定装置　　D. 防碰撞装置

22. 下列关于用两台或多台起重机吊运同一重物的说法中,正确的是(　　)。

A. 吊运过程中保持两台或多台起重机运行同步

B. 若单台超载5%以内,两台或多台起重机的额定起重载荷需超过起重量的10%以上

C. 吊运过程中应当保持钢丝绳倾斜,减少钢丝绳受力

D. 吊运时,除起重机司机和司索工外,其他人员不得在场

二、多项选择题

1. 起重机械触电事故是指从事起重操作和检修作业的人员,因触电而导致人身伤亡的事故,为防止此类事故,主要应采取的防护措施有(　　)。

A. 照明使用安全电压　　B. 与带电体保持安全距离

C. 保护线可靠连接　　D. 电源滑触线断电

E. 加强屏护

2. 锅炉事故中常见的满水原因包括(　　)。

A. 运行人员疏忽大意,对水位监视不严

B. 水位表故障造成假水位,而运行人员未及时发现

C. 水位报警器及给水自动调节器失灵而又未能及时发现

D. 操作人员排污后忘记关排污阀,或者排污阀泄漏

E. 水冷壁、对流管束或省煤器管子爆破漏水

3. 根据安全阀的整体结构和加载方式可以分为(　　)。

A. 静重式　　B. 密封式　　C. 杠杆式　　D. 弹簧式

E. 先导式

4. 气瓶安全附件是气瓶的重要组成部分，对气瓶安全使用起着至关重要的作用。下列部件中，属于气瓶安全附件的有（　　）。

A. 易熔塞　　B. 瓶阀　　C. 瓶帽　　D. 汽化器

E. 防震圈

5. 压力管道带压堵漏是利用合适的密封件，彻底切断介质泄漏的通道，或堵塞，或隔离泄漏介质通道，或增加泄漏介质通道中流体流动阻力，以便形成一个封闭的空间，达到阻止流体外泄的目的。下列情况中不能使用带压堵漏方法进行补救的是（　　）。

A. 焊口有砂眼而产生泄漏　　B. 压力管道内的介质属于高毒介质

C. 管道受压元件因裂纹而产生泄漏　　D. 管道受压元件因未做防腐层而产生泄漏

E. 管道腐蚀、冲刷壁厚状况不清

6. 客运索道是景区承载乘客的重要设施，根据《客运索道安全监督管理规定》可知，下列关于客运索道的安全管理中，符合要求的是（　　）。

A. 使用单位应设置兼职的安全管理人员，对客运索道使用情况进行经常性的检查

B. 每天开始运行前，应彻底检查全线设备是否处于完好状态，运送乘客之前应进行一次试车，确认无误并经值班站长签字或授权负责人签字后方可运送乘客

C. 司机除按运转维护规程操作外，对驱动机、操作台每月检查一次，对当月所发生的故障是否排除，应写在运行日记中

D. 值班电工、钳工对专责设备每月至少检查一次，线路润滑巡视工每周至少全线巡视一次

E. 若设备停运期间遇到恶劣天气，应对线路进行彻底的检查，证明一切正常后方可运送乘客

7. 安全员李某是天津市某游乐场大型游乐设施的安全监管员，对于李某负责的大型游乐设施检查记录中，不符合安全管理要求的是（　　）。

A. 每日正式运营前，操作员将空车按实际工况运行三次

B. 每次开机前，操作员先鸣铃以示警告

C. 设备运行中，乘客产生恐惧而大声叫喊时，操作员判定为正常情况不停车

D. 设备运行中，操作人员选择运营平稳时段回到遮阴篷休息

E. 每日营业结束，操作人员对设备设施进行安全检测

参考答案及解析

一、单项选择题

1. D **【解析】**特种设备是指涉及生命安全、危险性较大的锅炉、压力容器（含气瓶）、压力管道、电梯、起重机械、客运索道、大型游乐设施和场（厂）内专用机动车辆。

2. C **【解析】**对于相对容水量小的电站锅炉或其他锅炉，以及最高火界在水连管以上的锅壳锅炉，一旦发现缺水，应立即停炉。

3. D **【解析】**汽水共腾的后果：过热蒸汽温度急剧下降；严重时，蒸汽管道内发生水冲

击。形成汽水共腾的原因:(1)锅水品质太差。锅水黏度大,形成大量泡沫。(2)负荷增加和压力降低过快。

4. C 【解析】为了预防水击事故,给水管道和省煤器管道的阀门启闭不应过于频繁,开闭速度要缓慢;对可分式省煤器的出口水温要严格控制,使之低于同压力下的饱和温度40 ℃;防止满水和汽水共腾事故,暖管之前应彻底疏水;上锅筒进水速度应缓慢,下锅筒进汽速度也应缓慢。

5. D 【解析】对于叉车等起升高度超过1.8 m的工业车辆,必须设置护顶架。护顶架一般都是由型钢焊接而成,必须能够遮掩司机的上方,还应保证司机有良好的视野。护顶架应进行静态和动态两种载荷试验检测。

6. C 【解析】起重机械分类:(1)轻小型起重设备包括千斤顶、电动或手拉葫芦、绞车、滑车等。(2)升降机包括垂直升降机、电梯等。(3)起重机包括桥架类型起重机和臂架类型起重机。

7. D 【解析】紧急停炉的操作次序是:立即停止添加燃料和送风,减弱引风。与此同时,设法熄灭炉膛内燃料,层燃炉可以使用砂土或湿灰灭火。灭火后,把炉门、灰门及烟道挡板打开,以加强通风冷却;锅内可以较快降压并更换锅水。因缺水紧急停炉时,严禁给锅炉上水,并不得开启空气阀及安全阀快速降压。

8. C 【解析】选项A,对于燃气、燃油锅炉,炉膛停火后,引风机至少要继续引风5 min以上。选项B,对无旁通烟道的可分式省煤器,应密切监视其出口水温,并连续经省煤器上水、放水至水箱中,使省煤器出口水温低于锅筒压力下饱和温度20 ℃。选项D,在锅水温度降至70 ℃以下时,方可全部放水。

9. C 【解析】水压试验内容:(1)缓慢升压至工作压力,检查是否有泄漏或异常现象。(2)继续升压至试验压力,至少保持20 min。(3)再缓慢降压至工作压力,检查所有参加水压试验的承压部件表面、焊缝、胀口等处是否有渗漏、变形,以及管道、阀门、仪表等连接部位是否有渗漏。

10. B 【解析】设计压力高于最高工作压力,最高工作压力高于操作压力,安全阀起跳压力小于设计压力。

11. D 【解析】在压力容器的使用过程中,发生下列异常现象时,应立即采取紧急措施,停止容器的运行:(1)超温、超压、超负荷时,采取措施后仍不能得到有效控制。(2)压力容器主要受压元件发生裂纹、鼓包、变形等现象。(3)安全附件失效。(4)接管、紧固件损坏,难以保证安全运行。(5)发生火灾、撞击等直接威胁压力容器安全运行的情况。(6)充装过量。(7)压力容器液位超过规定,采取措施仍不能得到有效控制。(8)压力容器与管道发生严重振动,危及安全运行。

12. C 【解析】选项AB,安全阀与爆破片装置并联组合时,爆破片的标定爆破压力不得超过容器的设计压力。安全阀的开启压力应略低于爆破片的标定爆破压力。选项D,安全阀进口和容器之间串联安装爆破片装置时,爆破片破裂后的泄放面积应不小于安全阀进口面积。

13. B 【解析】易熔塞属于“熔化型”(“温度型”)安全泄放装置,它的动作取决于容器壁的温度,主要用于中、低压的小型压力容器,在盛装液化气体的钢瓶中应用更为广泛。

14. A 【解析】设备状况方面:各连接部位有无泄漏、渗漏现象,容器的部件和附件有无塑性变形、腐蚀以及其他缺陷或可疑迹象,容器及其连接道有无振动、磨损等现象。

15. B 【解析】发生锅炉重大事故时,要停止供给燃料和送风,减弱引风;熄灭和清除炉膛内的燃料(指火床燃烧锅炉),注意不能用向炉膛浇水的方法灭火,而用黄砂或湿煤灰将红火压灭;打开炉门、灰门,烟风道闸门等,以冷却炉子;切断锅炉同蒸汽总管的联系,打开锅筒上放空排放或安全阀以及过热器出口集箱和疏水阀;向锅炉内进水,放水,以加速锅炉的冷却;但是发生严重缺水事故时,切勿向锅炉内进水。

16. B 【解析】天然气主要组成是甲烷,其中含有少量的乙烷、丙烷、丁烷、氮、硫化氢、二氧化碳、水和一氧化碳,因此只采取过滤的方法是不行的。

17. B 【解析】锅炉事故发生的原因包括:超压运行、超温运行、锅炉水位过低会引起严重缺水事故、水质管理不善、水循环被破坏和违章操作。

18. A 【解析】射线检测对体积型缺陷(气孔、夹渣类)检出率高,对面积型缺陷(裂纹、未熔合类)如果照相角度不适当,容易漏检;适宜检验厚度较薄的工件,不适宜较厚的工件;适宜检验对接焊缝,不适宜检验角焊缝以及板材、棒材和锻件等。检测成本高、速度慢、射线对人体有害。超声波检测对面积性缺陷的检出率较高,而体积性缺陷检出率较低;适宜检验厚度较大的工件;适用于各种试件,包括对接焊缝、角焊缝、板材、管材、棒材、锻件以及复合材料等。检验成本低、速度快。

19. A 【解析】钢丝绳在卷筒上的极限安全圈必须保证在 2 圈以上,应有下降限位保护,钢丝绳在卷筒装置上的压板固定及楔块固定安全可靠。吊装绳破断的原因有,吊装绳夹角太大($>120°$),使吊装绳拉力超限。

20. D 【解析】回转锁定器常见形式有机械锁定器和液压锁定器两种。

21. D 【解析】同层多台起重机同时作业比较普遍,还有两层、甚至三层起重机共同作业的场所。工况环境复杂,要求安装防撞装置,用来防止起重机在交会时发生碰撞事故。

22. A 【解析】用两台或多台起重机吊运同一重物时,每台起重机都不得超载。吊运过程应保持钢丝绳垂直,保持运行同步。吊运时,有关负责人员和安全技术人员应在场指导。

二、多项选择题

1. ABE 【解析】触电安全防护措施:(1)保证安全电压。(2)保证绝缘的可靠性。(3)加强屏护防护。(4)严格保证配电最小安全净距。(5)保证接地与接零的可靠性。(6)加强漏电触电保护。

2. ABC 【解析】锅炉事故中常见的满水原因:(1)运行人员疏忽大意,对水位监视不严;或者运行人员擅离职守,放弃了对水位及其他仪表的监视。(2)水位表故障造成假水位,而运行人员未及时发现。(3)水位报警器及给水自动调节器失灵而又未能及时发现,等等。

3. ACDE 【解析】根据安全阀的整体结构和加载方式可以分为静重式、杠杆式、弹簧式和先导式 4 种。

4. ABCE 【解析】气瓶的安全附件：瓶阀、瓶帽、安全泄压装置（如爆破片－易熔塞复合装置）、防震圈。

5. BCE 【解析】不能采取带压堵漏的方法情况：介质毒性极大；管道受压元件因裂纹而产生泄漏；管道腐蚀、冲刷壁厚状况不清；由于介质泄漏使螺栓承受高于设计使用温度的管道；泄漏特别严重，压力高、介质易燃易爆或有腐蚀性的管道；现场安全措施不符合要求的管道。

6. BE 【解析】客运索道安全管理规定如下：(1)使用单位应设置安全管理机构或者配备专职的安全管理人员，对客运索道使用情况进行经常性的检查，发现问题立即处理，情况紧急时，可以决定停止使用客运索道。(2)每天开始运行前，应彻底检查全线设备是否处于完好状态，运送乘客之前应进行一次试车，确认无误并经值班站长签字或授权负责人签字后方可运送乘客。(3)司机除按运转维护规程操作外，对驱动机、操作台每班至少检查一次，对当班所发生的故障是否排除，应写在运行日记中。交接班时按规定的检查次序进行，并查看前一班正在操作运转的情况。值班电工、钳工对专责设备每班至少检查一次，线路润滑巡视工每班至少全线巡视一周。(4)若设备停运期间遇到恶劣天气，应对线路进行彻底的检查，证明一切正常后方可运送乘客。(5)紧急情况下，索道站长或其代表一定要在场，才允许在事故状态下再开车以便将乘客运回站房。(6)应在规定的时期内对钢丝绳和抱索器进行无损探伤，对于单线循环式索道上运载工具间隔相等的固定抱索器，应按规定的时间间隔位移。运营后每1～2年应对支架各相关位置进行检测，以防发生重大脱索事故。

7. CD 【解析】C选项，设备运行中，在乘客产生恐惧、大声叫喊时，操作员应立即停机，让恐惧乘客下来。D选项，设备运行中，操作人员不能离开岗位。

第四章　防火防爆安全技术

知识框架

- 防火防爆安全技术
  - 火灾爆炸事故机理
    - 燃烧与火灾
    - 爆炸
  - 消防设施与器材
    - 消防设施
    - 消防器材
  - 防火防爆技术
    - 火灾爆炸预防基本原则
    - 点火源的控制
    - 防止爆炸的原则及措施
  - 烟花爆竹安全技术
    - 概述
    - 烟花爆竹基本安全知识
    - 烟花爆竹生产安全管理要求
  - 民用爆炸物品安全技术
    - 民用爆炸物品生产安全基础知识
    - 民用爆炸物品生产安全管理要求

考点精讲

第一节　火灾爆炸事故机理

考点1　燃烧与火灾

项目	具体内容
燃烧和火灾的定义、条件	1. 燃烧的定义 燃烧是可燃物与氧化剂作用发生的放热化学反应，通常伴有火焰、发光和（或）烟气的现象

续表

项目	具体内容
燃烧和火灾的定义、条件	2. 火灾定义 在时间和空间上失去控制的燃烧所造成的灾害。以下情况也列入火灾的统计范围: (1)易燃易爆化学物品燃烧爆炸引起的火灾。 (2)破坏性试验中引起非实验体的燃烧。 (3)机电设备因内部故障导致外部明火燃烧或者由此引起其他物件的燃烧。 (4)车辆、船舶、飞机以及其他交通工具发生的燃烧(飞机因飞行事故而导致本身燃烧的除外),或者由此引起的其他物件的燃烧。 3. 物质燃烧(火灾)发生的必要条件 物质燃烧的基本条件:必须同时具备氧化物、可燃物、热源(温度、点火源)。物质燃烧的必要条件:①存在可燃物;②存在氧化物(助燃物);③热源;④未受到抑制的链式反应条件。 4. 物质燃烧(火灾)发生的充分条件 物质发生燃烧并得到发展,除了4个必要条件外,还必须具备3个充分条件:①一定量的可燃剂浓度;②一定的氧含量;③一定的点火能,必须达到可燃物最小点火能以上
燃烧及火灾的过程和形式	1. 燃烧过程 可燃物质的聚集状态不同,其受热后所发生的燃烧过程也不同。除结构简单的可燃气体(如氢气)外,大多数可燃物质的燃烧并非是物质本身在燃烧,而是可燃物质受热分解出的气体或液体蒸气在气相中的燃烧。 (1)可燃液体在热源作用下,首先蒸发为蒸气,然后蒸气氧化、分解后,达到燃点或自然点就燃烧。 对于可燃固体燃烧来说,像硫、磷、石蜡等单质,受热后首先熔化或升华,然后蒸发成蒸气,氧化分解后进行燃烧;对于复杂的可燃固体化合物,受热后首先分解,析出气态或液态产物,其气态和液态产物的蒸气发生氧化分解后着火燃烧;有些可燃固体(如焦炭)不能分解为气态物质,在燃烧时则呈炽热状态,没有火焰产生。 2. 燃烧形式 各种可燃物质由于物质性质、聚集状态的差异,其燃烧形式亦有区别,归纳起来可燃物质燃烧形式有以下6种。 (1)扩散燃烧,是指可燃气体由喷口(管口或容器泄漏口)喷出,在喷口处与空气中的氧互相扩散、混合,当达到可燃浓度并有足够能量的点火源时形成的燃烧。扩散燃烧通常是可燃气体与氧气边扩散混合边燃烧。 如下图所示:火焰的明亮层是扩散区,火焰中心发暗的锥形空间叫燃料锥。空气中的氧分子由火焰外围空间向内扩散,煤气分子由燃料锥向外扩散,煤气分子与氧分子在扩散区相遇,完成化学反应。由于扩散区内化学反应速度比扩散速度快得多,没有多余的氧气分子窜入燃料管道口内,煤气分子也不能逃出扩散区而散到外部空间,化学反应产生的温度和能量向周围空间迅速消散,所以火焰只能在管道口附近平稳燃烧

续表

项目	具体内容
燃烧和火灾过程和形式	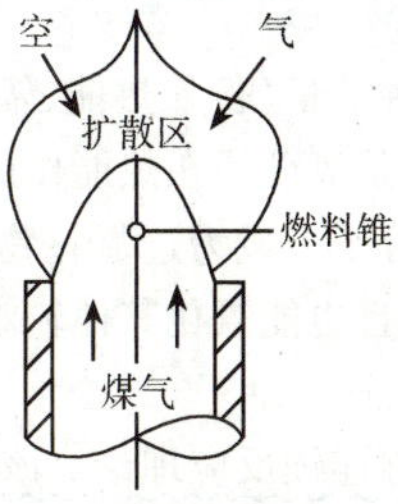 扩散燃烧 (2)预混燃烧,又称混合燃烧、动力燃烧、爆炸式燃烧,是指在燃烧(或燃爆)前,可燃气体与空气通过旋流器进行充分混合,并形成一定浓度的可燃气体混合物,被点火源点燃所引起的燃烧或爆炸。由于混合物性质、聚集状态(雷诺数、混合比、混合均匀度、空间机构)、点火源功率的不同,其化学反应速度有很大差别,可表现为燃烧、爆燃、爆炸、爆轰。 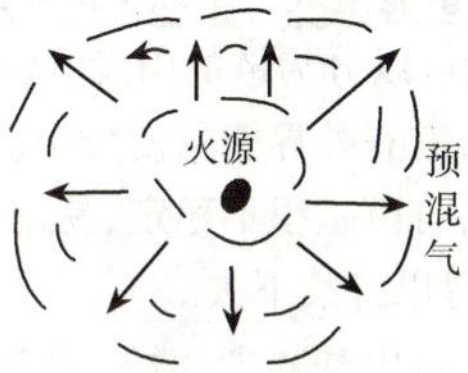 混合燃烧 如上图所示:混合燃烧的燃烧反应的扩散阶段在点燃前已经完成,此时整个空间充满了预混气,一遇火源,整个空间立即燃烧起来,由于反应速度很快,热量来不及散失,温度急剧上升,气体因高热而急剧膨胀,即形成爆炸。 (3)蒸发燃烧,是可燃液体蒸发产生的蒸气被点燃,进而加热液体表面促使其继续蒸发、继续燃烧的现象。熔点较低的可燃固体受热后熔融,然后像可燃液体一样蒸发成蒸气而燃烧,也称为蒸发燃烧。 (4)分解燃烧,是指分子结构复杂的固体可燃物,在受热分解出其组成成分及加热温度相应的热分解产物再氧化燃烧。 (5)表面燃烧,是指有些固体可燃物的蒸气压非常小或难以发生热分解,不能发生蒸发或分解燃烧,当氧气包围物质的表层时,呈炽热状态发生无火焰燃烧,属于非均相燃烧。 (6)阴燃,是指某些固体可燃物在空气不流通、加热温度较低或可燃物含水分较多等条件下发生的只冒烟、无火焰的燃烧现象。有焰燃烧和阴燃在一定条件下可以相互转化
燃烧机理	1. 活化能理论 物质分子间发生化学反应,首要的条件是相互碰撞。但相互碰撞的分子不一定发生反应,而只有少数具有一定能量的分子相互碰撞才会发生反应,这种分子称为活化分子。使普通分子变为活化分子所必需的能量称为活化能。 温度越高,气体分子运动越快,反之,温度越低,气体分子运动也越慢。随着气体温度和能级的提高,分子的碰撞会变得更加频繁和剧烈

续表

项目	具体内容
燃烧机理	2. 过氧化物理论 气体分子在各种能量(例如热能、辐射能、电能、化学反应能等)作用下可被活化。在燃烧反应中,首先是氧分子在热能作用下活化,被活化的氧分子形成过氧键。这种基团加在被氧化物的分子上成为过氧化物。此种过氧化物是强氧化剂,不仅能氧化形成过氧化物的物质,而且也能氧化其他较难氧化的物质。 3. 链反应理论 链反应理论也称连锁反应理论。该理论认为:气态分子之间的作用,不是两个分子直接作用生成最后产物,而是活性分子先离解成自由基(游离基),然后自由基与另一分子作用产生一个新的自由基,新基又与分子反应生成另一新基……,如此延续下去形成一系列的反应,直至反应物耗尽或因某种因素使链中断而造成反应终止。 链反应通常分直链反应与支链反应两种。直链反应的基本特点是:每个自由基与其他分子反应后只生成一个新自由基。氯与氢的反应就是典型的直链反应。支链反应是指在反应中一个自由基能生成一个以上的新的自由基,如氢和氧的连锁反应属于此类反应。 链式反应一般可以分为链的引发,链的发展(含链的传递)及链的终止三个阶段。 (1)引发阶段,需有外界能量使分子键破坏生成第一批自由基,使链反应开始。 (2)发展阶段,自由基很不稳定,易与反应物分子作用生成燃烧产物分子和新的自由基,使链式反应得以持续下去。 (3)终止阶段,自由基减少、消失,使链反应终止
火灾的分类	(1)《火灾分类》(GB/T 4968)按可燃物的类型和燃烧特性将火灾分为6类: A类火灾:指固体物质火灾,这种物质通常具有有机物性质,一般在燃烧时能产生灼热的灰烬,如木材、棉、毛、麻、纸张火灾等。 B类火灾:指液体火灾和可熔化的固体物质火灾,如汽油、煤油、柴油、原油、甲醇、乙醇、沥青、石蜡火灾等。 C类火灾:指气体火灾,如煤气、天然气、甲烷、乙烷、丙烷、氢气火灾等。 D类火灾:指金属火灾,如钾、钠、镁、钛、锆、锂、铝镁合金火灾等。 E类火灾:指带电火灾,是物体带电燃烧的火灾,如发电机、电缆、家用电器等。 F类火灾:指烹饪器具内烹饪物火灾,如动植物油脂等。 (2)根据《生产安全事故报告和调查处理条例》(国务院令第493号),公安部《关于调整火灾等级标准的通知》(公传发〔2007〕245号)按照一次火灾事故造成的人员伤亡情况和直接财产损失,将火灾等级划分为4类,即特别重大、重大、较大和一般火灾。 ①特别重大火灾,是指造成30人以上死亡,或者100人以上重伤,或者1亿元以上直接财产损失的火灾。 ②重大火灾,是指造成10人以上30人以下死亡,或者50人以上100人以下重伤,或者5 000万元以上1亿元以下直接财产损失的火灾。 ③较大火灾,是指造成3人以上10人以下死亡,或者10人以上50人以下重伤,或者1 000万元以上5 000万元以下直接财产损失的火灾。 ④一般火灾,是指造成3人以下死亡,或者10人以下重伤,或者1 000万元以下直接财产损失的火灾

续表

项目	具体内容
火灾基本概念及参数	(1)闪燃。可燃物表面或可燃液体上方在很短时间内重复出现火焰一闪即灭的现象。闪燃往往是持续燃烧的先兆。 (2)阴燃。没有火焰和可见光的燃烧现象。 (3)闪点。在规定条件下,易燃和可燃液体表面能够蒸发产生足够的蒸气而发生闪燃的最低温度,称为该物质的闪点。 (4)燃点(着火点)。在规定的条件下,可燃物质产生自燃的最低温度。 (5)自燃点。在规定条件下,物质不用任何辅助引燃能源而达到自行燃烧的最低温度。一般情况下,密度越大,闪点越高,而自燃点越低。比如,下列油品的密度:汽油 < 煤油 < 轻柴油 < 重柴油 < 蜡油 < 渣油,而其闪点依次升高,自燃点则依次降低。 (6)引燃能(最小点火能)。引燃能是指释放能够触发初始燃烧化学反应的能量,也叫最小点火能,影响其反应发生的因素包括温度、释放的能量、热量和加热时间。 (7)着火延滞期(诱导期)。也称为诱导期或感应期,指可燃性物质和助燃气体的混合物在高温下从开始暴露到起火的时间或混合气着火前加热的时间,在燃烧过程中又称为着火延滞期或着火落后期,单位用 ms 表示 (8)热分解温度。热分解温度是指可燃物质受热发生分解的初始温度。它是评价可燃固体的火灾危险性主要指标之一,固体的热分解温度越低,燃点也低,火灾的危险性越大。 (9)火灾危险性。火灾危险性是指火灾发生的可能性与暴露于火灾或燃烧产物中而产生的预期有害程度的综合反应。火灾危险性分类可分为生产、储存物品、可燃气体和可燃液体的火灾危险性分类 4 种。其中,生产的火灾危险性分类分为甲、乙、丙、丁、戊级;储存物品的火灾危险性分类分为甲、乙、丙、丁、戊级;可燃气体的火灾危险性分类分为甲、乙级;可燃液体的火灾危险性分类分为甲、乙、丙级
典型火灾的发展规律	典型火灾事故的发展分为初起期、发展期、最盛期、减弱至熄灭期。 (1)初起期是火灾开始发生的阶段,这一阶段可燃物的热解过程至关重要,主要特征是冒烟、阴燃。 (2)发展期是火势由小到大发展的阶段,一般采用 T 平方特征火灾模型来简化描述该阶段非稳态火灾热释放速率随时间的变化,即假定火灾热释放速率与时间的平方成正比,轰燃就发生在这一阶段。 (3)最盛期的火灾燃烧方式是通风控制火灾,火势的大小由建筑物的通风情况决定。 (4)减弱至熄灭期是火灾由最盛期开始消减直至熄灭的阶段,熄灭的原因可以是燃料不足、灭火系统的作用等 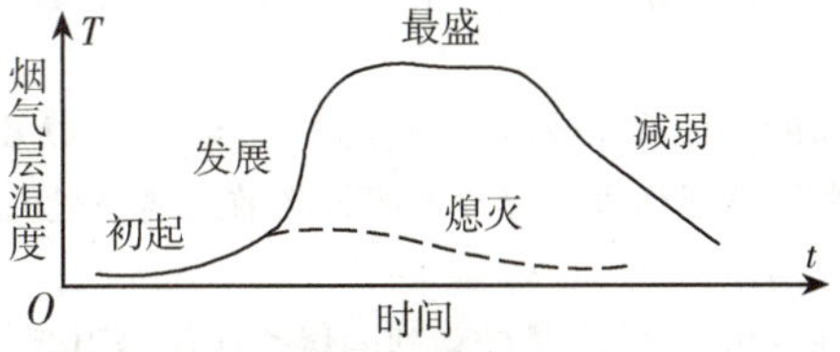 火灾的发展过程

考点2　爆炸

项目	具体内容
爆炸及其分类	1. 爆炸的定义 广义地讲，爆炸是物质系统的一种极为迅速的物理的或化学的能量释放或转化过程，是系统蕴藏的或瞬间形成的大量能量在有限的体积和极短的时间内，骤然释放或转化的现象。在这种释放和转化的过程中，系统的能量将转化为机械功以及光和热的辐射等。 一般说来，爆炸现象具有以下特征： (1)爆炸过程高速进行。 (2)爆炸点附近压力急剧升高，多数爆炸伴有温度升高。 (3)发出或大或小的响声。 (4)周围介质发生震动或邻近的物质遭到破坏。 爆炸最主要的特征是：爆炸点及其周围压力急剧升高。 2. 爆炸的分类 按照爆炸的能量来源，爆炸可分为三类：物理爆炸、化学爆炸和核爆炸。 按照爆炸反应相的不同，爆炸可分为三类：气相爆炸、液相爆炸和固相爆炸。 (1)气相爆炸：包括可燃性气体和助燃性气体混合物的爆炸(氢气和氧气)；气体的分解爆炸(乙炔、乙烯、氯乙烯分解)；液体被喷成雾状物在剧烈燃烧时引起的爆炸，称喷雾爆炸(油雾燃烧爆炸)；飞扬悬浮于空气中的可燃粉尘引起的爆炸(铝、镁或有机物粉尘爆炸)。 (2)液相爆炸：包括聚合爆炸、蒸发爆炸以及由不同液体混合所引起的爆炸。例如硝酸和油脂，液氧和煤粉等混合时引起的爆炸；熔融的矿渣与水接触或钢水包与水接触时，由于过热发生快速蒸发引起的蒸汽爆炸等。 (3)固相爆炸：包括爆炸性化合物及其他爆炸性物质的爆炸(如乙炔铜的爆炸)；导线因电流过载，由于过热，金属迅速气化而引起的爆炸等。 按照爆炸速度分类，有爆燃、爆炸、爆轰 (4)爆炸过程：爆炸过程表现为两个阶段：第一阶段，物质的(或系统的)潜在能以一定的方式转化为强烈的压缩能；第二阶段，压缩物质急剧膨胀，对外作功，从而引起周围介质的变化和破坏。不管由何种能源引起的爆炸，它们都同时具备两个特征，即能源具有极大的密度和极大的能量释放速度
爆炸破坏作用	1. 冲击波 爆炸形成的高温、高压、高能量密度的气体产物，产生波状气压向四周扩散冲击。冲击波能造成附近人员的伤亡建筑物的破坏，其破坏程度与冲击波能量的大小、建筑物的坚固程度及其距离产生冲击波的中心距离有关。 2. 碎片冲击 爆炸的机械破坏效应会使容器、设备、装置以及建筑材料等的碎片，在相当大的范围内飞散而造成伤害。碎片地四处飞散距离一般可达数十到数百米。 3. 震荡作用 爆炸发生时，特别是较猛烈的爆炸往往会引起短暂的地震波。在爆炸波及的范围内，这种地震波会造成建筑物的震荡、开裂、松散倒塌等危害

续表

<table>
<tr><th>项目</th><th colspan="2">具体内容</th></tr>
<tr><td>爆炸破坏作用</td><td colspan="2">4. 次生事故
发生爆炸时，如果车间、库房（如制氢车间、汽油库或其他建筑物）里存放有可燃物，会造成火灾；高空作业人员受冲击波或震荡作用，会造成高处坠落事故；粉尘作业场所轻微的爆炸冲击波会使积存在地面上的粉尘扬起，造成更大范围的二次爆炸等。
5. 有毒气体
在爆炸反应中会生成一定量的 CO、NO、H_2S、SO_2 等有毒气体。特别是在有限空间内发生爆炸时，有毒气体会导致人员中毒或死亡</td></tr>
<tr><td rowspan="2">可燃气体爆炸</td><td>分解爆炸性气体爆炸</td><td>某些气体如乙炔、乙烯、环氧乙烷等，即使在没有氧气的条件下，也能被点燃爆炸，其实质是一种分解爆炸。除上述气体外，分解爆炸性气体还有臭氧、联氨、丙二烯、甲基乙炔、乙烯基乙炔、一氧化氮、二氧化氮、氰化氢、四氟乙烯等。
分解爆炸性气体在温度和压力的作用下发生分解反应时，可产生相当数量的分解热，这为爆炸提供了能量。一般来说，分解热在 80 kJ/mol 以上的气体，在一定条件（温度和压力）下遇火源即会发生爆炸。分解热是引起气体爆炸的内因，一定的温度和压力则是外因。
以乙炔为例，当乙炔受热或受压时，容易发生聚合、加成、取代或爆炸性分解等反应。当温度达到 200～300 ℃时，乙炔分子开始发生聚合反应，形成较为复杂的化合物（如苯）并放出热量。
分解爆炸的敏感性与压力有关。分解爆炸所需的能量，随压力升高而降低。在高压下较小的点火能量就能引起分解爆炸，而压力较低时则需要较高的点火能量才能引起分解爆炸，当压力低于某值时，就不再产生分解爆炸，此压力值称为分解爆炸的极限压力（临界压力）</td></tr>
<tr><td>可燃性混合气体爆炸</td><td>一般来说，可燃性混合气体与爆炸性混合气体难以严格区分。由于条件不同，有时发生燃烧，有时发生爆炸，在一定条件下两者也可能转化。
燃烧反应过程一般可以分为三个阶段：
（1）扩散阶段。可燃气分子和氧气分子分别从释放源通过扩散达到相互接触。所需时间称为扩散时间；
（2）感应阶段。可燃气分子和氧化分子接受点火源能量，离解成自由基（链反应理论）或活性分子（活化能理论）。所需时间称为感应时间；
（3）化学反应阶段。自由基与反应物分子相互作用。生成新的分子和新的自由基，完成燃烧反应。所需时间称为化学反应时间。
三段时间相比，扩散阶段时间远远大于其余两阶段时间，因此可燃性混合气体燃烧是否需要经历扩散过程（第一阶段），就成了决定可燃气体燃烧或爆炸的主要条件</td></tr>
</table>

续表

项目	具体内容	
可燃气体爆炸	爆炸反应历程	许多可燃混合气的爆炸可以用热爆炸理论解释，燃烧和爆炸都是可燃物与氧化剂之间发生的放热化学反应，所放的热量一时无法散开，使温度急剧上升，又使反应的速率按指数规律加快，放出更大量的热，如此循环，就引发了燃烧或爆炸。不过有一些爆炸现象用热爆炸理论是无法解释的，而根据支链反应理论则可以给出合理的解释。至于什么情况下发生热爆炸反应，什么情况下发生支链反应，需根据具体情况而定，甚至同一爆炸性混合物在不同条件下有时也会有所不同
物质爆炸浓度极限	爆炸极限的基本理论及其影响因素	爆炸极限是表征可燃气体、蒸气和可燃粉尘危险性的主要指标之一。当可燃性气体、蒸气或可燃粉尘与空气（或氧）在一定浓度范围内均匀混合，遇到火源发生爆炸的浓度范围称为爆炸浓度极限，简称爆炸极限。 可燃性气体、蒸气的爆炸极限一般用可燃气体或蒸气在混合气体中所占体积分数 $L(\%)$ 来表示；可燃粉尘的爆炸极限用混合物的质量浓度 $Y(g/m^3)$ 来表示。 能够爆炸的最低浓度称作爆炸下限；能发生爆炸的最高浓度称作爆炸上限。用爆炸上限、下限之差与爆炸下限浓度之比值表示其危险度 H。一般情况下，H 值越大，表示可燃性混合物的爆炸极限范围越宽，其爆炸危险性越大。 $H=(L_{上}-L_{下})/L_{下}$ 或 $H=(Y_{上}-Y_{下})/Y_{下}$ 可燃性气体、蒸汽或粉尘在爆炸极限范围内遇到引燃源，火焰瞬间传播于整个混合气体（或混合粉尘）空间，化学反应速度极快，同时释放大量的热，生成很多气体，气体受热膨胀，形成很高的温度和很大的压力，具有很强的破坏力。 可燃性气体、蒸气或粉尘的浓度低于或高于爆炸极限时（可燃物不足或氧含量不足），可燃物质与氧气发生的燃烧反应产生的温度和能量会向周围空间迅速消散，使反应不能延续。也还有爆炸上限达 100% 的可燃气体、蒸气（如环氧乙烷、硝化甘油等）和可燃性粉尘（如火炸药粉尘）。这类物质在分解时会自身供氧，使反应持续进行下去。随着气体压力和温度的升高，越容易引起分解爆炸。 爆炸极限值不是一个物理常数，它随条件的变化而变化： （1）温度的影响。混合爆炸气体的初始温度越高，爆炸极限范围越宽，则爆炸下限越低，上限越高，爆炸危险性增加。 （2）压力的影响。一般而言，初始压力增大，气体爆炸极限也变大，爆炸危险性增加。初始压力减小，爆炸极限范围缩小，当压力降到某一数值时，则会出现下限与上限重合。把爆炸极限范围缩小为零的压力称为爆炸的临界压力。 （3）惰性介质的影响。在混合气体中加入惰性气体，随着惰性气体含量的增加，爆炸极限范围缩小。当惰性气体浓度增加到某一数值时，爆炸上下限趋于一致，使混合气体不发生爆炸。 同理，混合气体中氧含量的增加，爆炸极限扩大，尤其对爆炸上限提高得更多。可燃气体在空气中和纯氧中的爆炸极限比较，见表 4－1

续表

项目	具体内容	
物质爆炸浓度极限	爆炸极限的基本理论及其影响因素	(4)爆炸容器对爆炸极限的影响。容器材料的传热性好，管径越细，火焰在其中越难传播，爆炸极限范围变小。当容器直径或火焰通道小到某一数值时，火焰就不能传播下去，这一直径称为临界直径或最大灭火间距。 (5)点火源的影响。点火源的活化能量越大，加热面积越大，作用时间越长，爆炸极限范围也越大。当火花能量达到某一数值时，爆炸极限范围受点火能量的影响较小，其爆炸范围也趋于稳定值
粉尘爆炸	粉尘爆炸的机理和特点	粉尘爆炸是一个瞬间的连锁反应，属于不稳定的气固二相流反应，其爆炸过程比较复杂，受诸多因素的制约。 (1)气相点火机理。有一种观点认为，从最初的粉尘粒子形成到发生爆炸的过程中，粉尘粒子表面通过热传导和热辐射，从火源获得能量，使表面温度急剧升高，达到粉尘粒子加速分解的温度和蒸发温度，形成粉尘蒸气或分解气体。 (2)表面非均相点火机理。该机理认为粉尘点火过程分为三个阶段：首先氧气与颗粒表面直接发生反应，使颗粒发生表面点火；其次，挥发分在粉尘颗粒周围形成气相层，阻止氧气向颗粒表面扩散；最后挥发分点火，并促使粉尘颗粒重新燃烧。 粉尘爆炸的特点： (1)粉尘爆炸速度或爆炸压力上升速度比爆炸气体小，但燃烧时间长，产生的能量大，破坏程度大。 (2)爆炸感应期较长。粉尘的爆炸过程比气体的爆炸过程复杂，要经过尘粒的表面分解或蒸发阶段及由表面向中心燃烧的过程，所以感应期比气体长得多。 (3)有产生二次爆炸的可能性。因为粉尘初次爆炸产生的冲击波会将堆积的粉尘扬起，悬浮在空气中，在新的空间形成达到爆炸极限浓度范围内的混合物，而飞散的火花和辐射热成为点火源，引起第二次爆炸。这种连续爆炸会造成严重的破坏。 (4)粉尘有不完全燃烧现象，在燃烧后的气体中含有大量的 CO 及粉尘(如塑料粉)自身分解的有毒气体，会伴随中毒死亡的事故
	粉尘爆炸的条件及爆炸过程	1. 粉尘爆炸的条件 (1)粉尘本身具有可燃性。 (2)粉尘悬浮在空气(或助燃气体)中并达到一定浓度。 (3)有足以引起粉尘爆炸的起始能量(点火源)。 2. 爆炸过程 与可燃气体(蒸气)与空气的混合物一样，可燃粉尘与空气混合物遇点火

续表

项目	具体内容	
粉尘爆炸	粉尘爆炸的条件及爆炸过程	源也可能发生爆炸。其也具有爆炸极限，包括上限及下限，但有实际应用意义的主要是下限。 粉尘爆炸同样是一种链式连锁反应。当外界热量足够时，火焰传播速度将越来越快，最后引起爆炸；若热量不足，火焰则会熄灭。 粉尘爆炸是粉尘粒子表面分子由于热分解或干馏作用，而生成气体分布在粒子周围与氧气分子发生化学反应引起的。 粉尘爆炸过程与可燃气爆炸相似，但有两点区别：一是粉尘爆炸所需的着火能量要大得多；二是在可燃气爆炸中，促使稳定上升的传热方式主要是热传导；而在粉尘爆炸中，热辐射的作用大
	粉尘爆炸的特性及影响因素	评价粉尘爆炸危险性的主要特征参数是爆炸极限、最小点火能量、最低着火温度、粉尘爆炸压力及压力上升速率。 粉尘爆炸极限不是固定不变的，它的影响因素主要有粉尘粒度、分散度、湿度、点火源的性质、可燃气含量、氧含量、温度、惰性粉尘和灰分等。一般来说，粉尘粒度越细，分散度越高，可燃气体和氧的含量越大，点火源强度越大、初始温度越高，湿度越低，惰性粉尘及灰分越少，爆炸极限范围越大，粉尘爆炸危险性也就越大
燃烧、爆炸的转化	爆炸的最主要特征是压力的急剧上升，并不一定着火（发光、放热）；而燃烧一定有发光放热现象，但与压力无特别关系。化学爆炸，其中绝大多数是氧化反应引起的爆炸，与燃烧现象本质上都属氧化反应，也同样有温度与压力的升高现象。但两者反应速度、放热速率不同，火焰传播速度也不同，前者比后者快得多。 固体或液体炸药燃烧转化为爆炸的主要条件有三条： （1）炸药处于密闭的状态下，燃烧产生的高温气体增大了压力，使燃烧转化为爆炸。 （2）燃烧面积不断扩大，使燃速加快，形成冲击波，从而使燃烧转化为爆炸。 （3）药量较大时，炸药燃烧形成的高温反应区将热量传给了尚未反应的炸药，使其余的炸药受热爆炸	

表4-1　可燃气体在空气和纯氧中的爆炸极限

物质名称	在空气中的爆炸极限（%）	在纯氧中的爆炸极限（%）
甲烷	4.9~15	5~61
乙烷	3~15	3~66
丙烷	2.1~9.5	2.3~55
丁烷	1.5~8.5	1.8~49

第二节　消防设施与器材

考点1　消防设施

<table>
<tr><th>项目</th><th>具体内容</th></tr>
<tr><td>火灾自动报警系统</td><td>

自动消防系统应包括探测、报警、联动、灭火、减灾等功能。火灾自动报警系统主要完成探测和报警功能,控制和联动等功能主要由联动控制系统来完成。

消防系统中有三种控制方式:自动控制、联动控制、手动控制。

火灾自动报警系统是由触发装置、火灾报警装置、火灾警报装置和电源等部分组成的通报火灾发生的全套设备,复杂系统还包括消防控制设备。

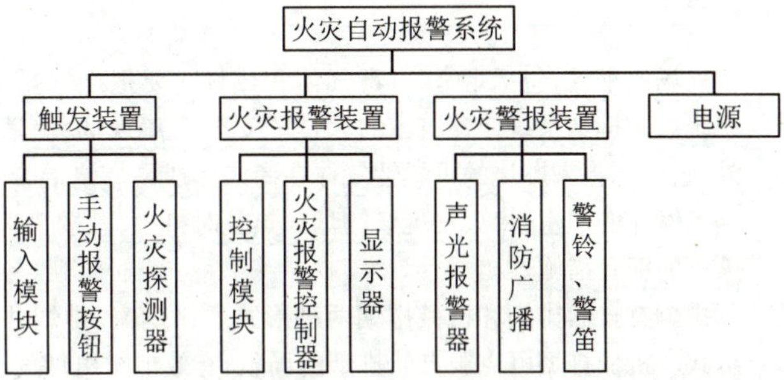

火灾自动报警系统的组成

在火灾自动报警系统中,自动或手动产生火灾报警信号的器件称为触发装置,主要包括火灾探测器和手动火灾报警按钮。用以接收、显示和传递火灾报警信号,并能发出控制信号和具有其他辅助功能的控制指示称为火灾报警装置,火灾报警控制器就是其中最基本的一种;用以发出区别于环境声、光的火灾警报信号的装置称为火灾警报装置,以警示人们采取安全疏散、灭火救灾措施。在火灾自动报警系统中,当接收到来自触发器件的火灾报警信号,能自动或手动启动相关消防设备并显示其状态的设备,称为消防控制设备。

1. 系统形式

根据工程建设的规模、保护对象的性质、火灾报警区域的划分和消防管理机构的组织形式,将火灾自动报警系统划分为三种基本形式:区域火灾报警系统、集中报警系统和控制中心报警系统。

2. 火灾报警控制器

火灾报警控制器(以下简称控制器)是火灾自动报警系统中的主要设备,它除了具有控制、记忆、识别和报警功能外,还具有自动检测、联动控制、打印输出、图形显示、通信广播等功能。

3. 火灾自动报警系统的适用范围

火灾自动报警系统是一种用来保护生命与财产安全的技术设施。适用于工业与民用建筑和场所内设置的火灾自动报警系统,不适用于生产和储存火药、炸药、弹药、火工品等场所设置的火灾自动报警系统

</td></tr>
</table>

续表

项目	具体内容
自动灭火系统	1. 水灭火系统 水灭火系统包括室内外消火栓系统、自动喷水灭火系统、水幕和水喷雾灭火系统。 2. 自动气体灭火系统 以气体作为灭火介质的灭火系统称为气体灭火系统。灭火剂应当具有的特性是:化学稳定性好、耐储存、腐蚀性小、不导电、毒性低、蒸发后不留痕迹、适用于扑救多种类型火灾。 3. 自动泡沫灭火系统 自动泡沫灭火系统指空气机械泡沫系统。按发泡倍数泡沫系统可分为低倍数泡沫灭火系统、中倍数泡沫灭火系统和高倍数泡沫灭火系统。发泡倍数在20倍以下的称低倍数,发泡倍数21~200倍之间的称中倍数泡沫,发泡倍数在201~1 000倍之间的称高倍数泡沫
防排烟与通风空调系统	火场的烟气,包括烟雾、有毒气体和热气。要把烟气排出建筑物外,就要设置防排烟系统。防排烟系统使建筑内的人员能安全撤离现场,使消防人员能迅速靠近火源。此外,它还能将未燃烧的可燃性气体在尚未形成易燃烧混合物之前加以驱散,避免轰燃或烟气爆炸的产生;将火灾现场的烟和热及时排去,减弱火势的蔓延,排除灭火的障碍,是灭火的配套措施。 排烟有自然排烟和机械排烟两种形式。排烟窗、排烟井是建筑物中常见的自然排烟形式。机械排烟可克服自然排烟的局限,有效地排出烟气
火灾应急广播与警报装置	火灾警报装置(包括警铃、警笛、警灯等)是发生火灾时向人们发出警告的装置,即告诉人们着火了,或者有什么意外事故。火灾应急广播,是火灾时(或意外事故时)指挥现场人员进行疏散的设备。为了及时向人们通报火灾,指导人们安全、迅速地疏散

考点2 消防器材

项目	具体内容
灭火器	灭火器由筒体、器头、喷嘴等部件组成,借助驱动压力可将所充装的灭火剂喷出,达到灭火目的。灭火器由于结构简单,操作方便,轻便灵活,使用面广,是扑救初起火灾的重要消防器材。 1. 灭火剂 灭火剂是能够有效地破坏燃烧条件,中止燃烧的物质。 (1)水和水系灭火剂。水是最常用的灭火剂,它既可以单独用来灭火,也可以在其中添加化学物质配制成混合液使用,从而提高灭火效率,减少用水量。不能用水扑灭的火灾主要包括: ①密度小于水和不溶于水的易燃液体的火灾,如汽油、煤油、柴油等,苯类、醇类、醚类、酮类、酯类及丙烯腈等大容量储罐,如用水扑救,则水会沉在液体下层,被加热后会引起爆沸,形成可燃液体的飞溅和溢流,使火势扩大。 ②遇水产生燃烧物的火灾,如金属钾、钠、碳化钙等,不能用水,而应用砂土灭火

续表

<table>
<tr><th>项目</th><th>具体内容</th></tr>
<tr><td>灭火器</td><td>③硫酸、盐酸和硝酸引发的火灾，不能用水流冲击，因为强大的水流能使酸飞溅，流出后遇可燃物质，有引起爆炸的危险。酸溅在人身上，能灼伤人。
④电气火灾未切断电源前不能用水扑救，因为水是良导体，容易造成触电。
⑤高温状态下化工设备的火灾不能用水扑救，以防高温设备遇冷水后骤冷，引起形变或爆裂。
（2）气体灭火剂。气体灭火剂具有释放后对保护设备无污染、无损害等优点。由于二氧化碳的来源较广，利用隔绝空气后的窒息作用可成功抑制火灾，因此早期的气体灭火剂主要采用二氧化碳。
二氧化碳从灭火器中喷射出时，温度降低，使环境空气中的水蒸气凝聚成小水滴，因此不宜用来扑灭遇水发生反应产生氧气的火灾，例如金属钾、镁、钠、铝等及金属过氧化物（如过氧化钾、过氧化钠）、有机过氧化物，氯酸盐、硝酸盐、高锰酸盐、亚硝酸盐、重铬酸盐等氧化剂的火灾。
卤代烷 1211、1301 灭火剂具有优良的灭火性能，与大气层的臭氧发生反应，致使臭氧层出现空洞，使生存环境恶化。现已淘汰。
七氟丙烷灭火剂最具推广价值。该灭火剂属于含氢氟烃类灭火剂，具有灭火浓度低、灭火效率高、对大气无污染的优点。混合气体 IG－541 灭火剂同样对大气层具有无污染的特点，是由氮气、氩气、二氧化碳自然组合的一种混合物，平时以气态形式储存，所以喷放时，不会形成浓雾或造成视野不清，使人员在火灾时能清楚地分辨逃生方向，且它对人体基本无害。
（3）泡沫灭火剂。泡沫灭火剂有两大类型，即化学泡沫灭火剂和空气泡沫灭火剂。化学泡沫是通过硫酸铝和碳酸氢钠的水溶液发生化学反应，产生二氧化碳，而形成泡沫。空气泡沫是由含有表面活性剂的水溶液在泡沫发生器中通过机械作用而产生的，泡沫中所含的气体为空气。空气泡沫也称为机械泡沫。
空气泡沫灭火剂种类繁多，根据发泡倍数不同可分为低倍数泡沫、中倍数泡沫和高倍数泡沫灭火剂。
高倍数泡沫灭火剂能在短时间内迅速充满着火空间，特别适用于大空间火灾，并具有灭火速度快的优点；而低倍数泡沫则与此不同，它主要靠泡沫覆盖着火对象表面，将空气隔绝而灭火，且伴有水渍损失。高倍数泡沫灭火技术主要用于石油化工、冶金、地下工程、大型仓库和贵重仪器库房等场所。
（4）干粉灭火剂。干粉灭火剂由一种或多种具有灭火能力的细微无机粉末组成。窒息、冷却、辐射及对有焰燃烧的化学抑制作用是干粉灭火效能的集中体现，其中化学抑制作用是灭火的基本原理，起主要灭火作用。干粉灭火剂中的非活性物质，通过化学作用捕捉并终止燃烧反应产生的自由基，链式燃烧反应被终止，从而火焰熄灭。
干粉灭火剂与水、泡沫、二氧化碳等相比，在灭火速率、灭火面积、等效单位灭火成本效果三个方面有一定优越性，目前在手提式灭火器和固定式灭火系统上得到广泛的应用</td></tr>
</table>

续表

项目	具体内容
灭火器	2. 灭火器种类及其使用范围 灭火器的种类很多,按其移动方式分为手提式、推车式和悬挂式;按驱动灭火剂的动力来源可分为储气瓶式、储压式、化学反应式;按所充装的灭火剂则又可分为清水、泡沫、酸碱、二氧化碳、卤代烷、干粉、7150 等。 (1)清水灭火器。清水灭火器适用于扑救可燃固体物质火灾,即 A 类火灾。 (2)酸碱灭火器。酸碱灭火器是一种内部装有 65% 的工业硫酸和碳酸氢钠的水溶液作灭火剂的灭火器,两种药液混合发生化学反应,产生二氧化碳压力气体,灭火剂在二氧化碳气体压力下喷出进行灭火。适用于扑救 A 类物质的初起火灾,不能用于扑救 B 类物质燃烧的火灾,也不能用于扑救 C 类可燃气体或 D 类轻金属火灾。也不能用于带电场合火灾的扑救。 (3)泡沫灭火器。泡沫灭火器适合扑救脂类、石油产品等 B 类火灾以及木材等 A 类物质的初起火灾,但不能扑救 B 类水溶性火灾,也不能扑救带电设备及 C 类和 D 类火灾。 (4)干粉灭火器。普通干粉也称 BC 干粉,是指碳酸氢钠干粉、改性钠盐、氨基干粉等,主要用于扑灭可燃液体、可燃气体以及带电设备火灾;多用干粉也称 ABC 干粉,是指磷酸铵盐干粉、聚磷酸铵干粉等,它不仅适用于扑救可燃液体、可燃气体和带电设备的火灾,还适用于扑救一般固体物质火灾,但都不能扑救轻金属火灾。 (5)二氧化碳灭火器。一般当氧气的含量低于 12% 或二氧化碳浓度达 30% ~35% 时,燃烧中止。1 kg 的二氧化碳液体,在常温常压下能生成 500 L 左右的气体,这些足以使 1 m^3 空间范围内的火焰熄灭。适宜于扑救 600 V 以下带电电器、贵重设备、图书档案、精密仪器仪表的初起火灾,以及一般可燃液体的火灾
火灾探测器	火灾探测器的基本功能就是对烟雾、温度、火焰和燃烧气体等火灾参量做出有效反应,通过敏感元件,将表征火灾参量的物理量转化为电信号,送到火灾报警控制器。根据对不同的火灾参量响应和不同的响应方法,分为若干种不同类型的火灾探测器。 1. 感光式火灾探测器 特别适用于没有阴燃阶段的燃料火灾(如醇类、汽油、煤气等易燃液体、气体火灾)的早期检测报警。按检测火灾光源的性质分类,有红外火焰火灾探测器和紫外火焰火灾探测器两种。 2. 感烟式火灾探测器 用于探测火灾初期的烟雾,并发出火灾报警讯号的火灾探测器。它具有能早期发现火灾、灵敏度高、响应速度快、使用面较广等特点。 感烟式火灾探测器分为点型感烟火灾探测器和线型感烟火灾探测器。 3. 感温式火灾探测器 物质在燃烧过程中释放出大量热,使环境温度升高,探测器中的热敏元件发生物理变化,将物理变化转变成的电信号传输给火灾报警控制器,经判别发出火灾报警信号。感温火灾探测器种类繁多,根据其感热效果和结构型式,可分为定温式、差温式和差定温

续表

项目	具体内容
火灾探测器	组合式三类。 4. 可燃气体火灾探测器 可燃物质燃烧时除有大量烟雾、热量和火光之外，还有许多可燃性气体产生，如一氧化碳、氢气、甲烷、乙醇、乙炔等。利用可燃气体探测器监视这些可燃气体浓度值，及时发出火灾报警信号，及时采取灭火措施，是非常必要的。 可燃性气体探测器主要应用在有可燃气体存在或可能发生泄漏的易燃易爆场所，或应用于居民住宅（有煤气或天然气存在或易发生泄漏的地方）。 5. 复合式火灾探测器 复合式火灾探测器包括复合式感温感烟火灾探测器、复合式感温感光火灾探测器、复合式感温感烟感光火灾探测器、分离式红外光束感温感光火灾探测器
消防梯	消防梯是消防队队员扑救火灾时，登高灭火，救人或翻越障碍物的工具。目前普通使用的按结构型式分有单杠梯、挂钩梯、拉梯和其他结构消防梯。按使用的材料分为木梯、竹梯、铝合金梯、钢质消防梯和其他材质消防梯
消防水带	消防水带是火场用于输送水或其他液体灭火剂的软管，广泛用于各种消防车、消防泵、消火栓等消防设备上。
消防水枪	消防水枪是灭火时用来射水的工具。其作用是加快流速，增大和改变水流形状
消防车	目前我国的消防车有泵浦消防车、水罐消防车、泡沫消防车、干粉消防车、CO^2 消防车、干粉泡沫水罐联用消防车、登高平台消防车、云梯消防车、举高喷射消防车。还有一些其他消防车，如抢险救援消防车、排烟消防车、压缩空气泡沫消防车、涡喷消防车、通信指挥消防车、照明消防车等。

第三节　防火防爆技术

考点 1　火灾爆炸预防基本原则

项目	具体内容
火灾爆炸预防基本原则	从理论上讲，防止火灾爆炸事故发生的基本原则为： （1）防止和限制可燃可爆系统的形成。 （2）当燃烧爆炸物质不可避免地出现时，要尽可能消除或隔离各类点火源。 （3）阻止和限制火灾爆炸的蔓延扩展，尽量降低火灾爆炸事故造成的损失
防火防爆安全装置及技术	防火防爆安全装置可以防止火灾爆炸的发生，阻止其扩展和减少破坏，分为阻火隔爆装置与防爆泄压装置两大类

续表

项目	具体内容
防火防爆安全装置及技术	1. 阻火及隔爆技术 阻火隔爆是通过某些隔离措施防止外部火焰蹿入存有可燃爆炸物料的系统、设备、容器及管道内，或者阻止火焰在系统、设备、容器及管道之间蔓延。按照作用机理，可分为机械隔爆和化学抑爆两类。 机械阻火隔爆装置主要有工业阻火器、主动式隔爆装置和被动式隔爆装置等。其中工业阻火器装于管道中，形式最多，应用也最为广泛。 (1)工业阻火器。工业阻火器分为机械阻火器、液封和料封阻火器。工业阻火器常用于阻止爆炸初期火焰的蔓延。一些具有复合结构的机械阻火器也可阻止爆轰火焰的传播。 (2)主动式、被动式隔爆装置。主、被动式隔爆装置只是在爆炸发生时才起作用，因此他们在不动作时对流体介质的阻力小。对气体中含有杂质(如粉尘、易凝物等)的输送管道，应当选用主、被动式隔爆装置为宜。 主动式(监控式)隔爆装置由一灵敏的传感器探测爆炸信号，经放大后输出给执行机构，控制隔爆装置喷洒抑爆剂或关闭阀门，从而阻隔爆炸火焰的传播。被动式隔爆装置是由爆炸波来推动隔爆装置的阀门或闸门来阻隔火焰。 (3)其他阻火隔爆装置。 ①单向阀。单向阀又称止逆阀，止回阀。它的作用是仅允许液体(气体或液体)向一个方向流动，遇到倒流时即自行关闭，从而避免在燃气或燃油系统中发生液体倒流，或高压窜入低压造成容器管道的爆裂，或发生回火时火焰倒吸和蔓延等事故。 ②阻火阀门。阻火阀门是为了阻止火焰沿通风管道或生产管道蔓延而设置的阻火装置。在正常情况下，阻火闸门受环状或者条状的易熔金属的控制，处于开启状态。一旦着火，温度升高，易熔金属即会熔化，此时闸门失去控制，受重力作用自动关闭，将火阻断在闸门一边。 ③火星熄灭器(防火罩、防火帽)。在可能产生火星设备的排放系统，如加护热炉的烟道，汽车、拖拉机的尾气排放管上等，安装火星熄灭器，用以防止飞出的火星引燃可燃物料。 (4)化学抑制防爆(简称化学抑爆、抑制防爆)装置。化学抑爆是在火焰传播显著加速的初期通过喷洒抑爆剂来抑制爆炸的作用范围及猛烈程度的一种防爆技术。 其作用原理是：高灵敏度的爆炸探测器探测到爆炸发生瞬间的危险信号后，通过控制器启动爆炸抑制器，迅速将抑爆剂喷入被保护的设备中，将火焰扑灭从而抑制爆炸进一步发展。适用于泄爆易产生二次爆炸，或无法开设泄爆口的设备以及所处位置不利于泄爆的设备。 2. 防爆泄压技术 生产系统内一旦发生爆炸或压力骤增时，可通过防爆泄压设施将超高压力释放出去，以减少巨大压力对设备、系统的破坏或者减少事故损失。 (1)安全阀。安全阀按其结构和作用原理可分为杠杆式、弹簧式和脉冲式等。按气体排放方式分为全封闭式、半封闭式和敞开式三种

续表

项目	具体内容
防火防爆安全装置及技术	设置安全阀时应注意： ①新装安全阀，应有产品合格证；安装前应由安装单位继续复校后加铅封，并出具安全阀校验报告。 ②当安全阀的入口处装有隔断阀时，隔断阀必须保持常开状态并加铅封。 ③压力容器的安全阀最好直接装设在容器本体上。液化气体容器上的安全阀应安装于气相部分。 ④如安全阀用于排泄可燃气体，直接排入大气，则必须引至远离明火或易燃物，而且通风良好的地方，排放管必须逐段用导线接地以消除静电作用。 ⑤安全阀用于泄放可燃液体时，宜将排泄管接入事故储槽、污油罐或其他容器。 ⑥一般安全阀可放空，蒸馏塔、可燃气体压缩机的安全阀、放空口宜引出房顶，并高于房顶 2 m 以上。 (2)爆破片(又称防爆膜、防爆片)，是一种断裂型的安全泄压装置。如果压力容器的介质不洁净、易于结晶或聚合，这些杂质或结晶体有可能堵塞安全阀，使得阀门不能按规定的压力开启，只得用爆破片作为泄压装置。此外，对于工作介质为剧毒气体或可燃气体(蒸气)里含有剧毒气体的压力容器，其泄压装置也应采用爆破片而不宜用安全阀，以免污染环境。 (3)泄爆设施。有爆炸危险的厂房或厂房内有爆炸危险的部位应设置泄压设施。①泄压设施宜采用轻质屋面板、轻质墙体和易于泄压的门、窗等，应采用安全玻璃等在爆炸时不产生尖锐碎片的材料。②泄压设施的设置应避开人员密集场所和主要交通道路，并宜靠近有爆炸危险的部位。③作为泄压设施的轻质屋面板和墙体的质量不宜大于 60 kg/m^2。④屋顶上的泄压设施应采取防冰雪积聚措施。⑤厂房的泄压面积 A 宜按下式计算，但当厂房的长径比大于 3 时，宜将建筑划分为长径比不大于 3 的多个计算段，各计算段中的公共截面不得作为泄压面积。 $A = 10CV^{2/3}$

考点 2　点火源的控制

项目		具体内容
点火源的控制		工业生产过程中，存在着多种引起火灾和爆炸的点火源，例如化工企业中常见的点火源有明火、化学反应热、化工原料的分解自燃、热辐射、高温表面、摩擦和撞击、绝热压缩、电气设备及线路的过热和火花、静电放电、雷击和日光照射等。消除点火源是防火和防爆的最基本措施，控制点火源对防止火灾和爆炸事故的发生具有极其重要的意义
点火源的控制	明火	明火是指敞开的火焰、火星和火花等，如生产过程中的加热用火、维修焊接用火及其他火源是导致火灾爆炸最常见的原因。 1. 加热用火的控制 加热易燃物料时，要尽量避免采用明火设备，而宜采用热水或其他介质间

续表

<table>
<tr><th>项目</th><th colspan="2">具体内容</th></tr>
<tr><td rowspan="3">点火源的控制</td><td>明火</td><td>接加热;明火远离可燃物质,应远离可能泄漏易燃气体或蒸气的工艺设备和储罐区,并应布置在上风向或侧风向;工作结束后,及时清理火种。
2. 维修焊割用火的控制
焊接切割时,飞散的火花及金属熔融碎粒。此类用火除用于正常停工、检修外,还往往被用来处理生产过程中临时堵漏,或在生产现场增加必要的设施,所以这类作业多为临时性的,容易成为起火原因。
(1)在输送、盛装易燃物料的设备、管道上,或在可燃可爆区域内动火时,应将系统和环境进行彻底的清洗或清理。如该系统与其他设备连通时,应将相连的管道拆下断开或加堵金属盲板隔绝,再进行清洗。然后用惰性气体进行吹扫置换,气体分析合格后方可动焊。
(2)动火现场应配备必要的消防器材,并将可燃物品清理干净。在可能积存可燃气体的管沟、电缆沟、深坑、下水道内及其附近,应用惰性气体吹扫干净,再进行遮盖。
(3)气焊作业时,应将乙炔发生器放置在安全地点,以防回火爆炸伤人或将易燃物引燃。
(4)电杆线破残应及时更换或修理,不得利用与易燃易爆生产设备有联系的金属构件作为电焊地线,以防止在电路接触不良的地方产生高温或电火花。
3. 其他明火的控制
有火灾爆炸危险的场所,不得使用明火、禁止携带火种;排气管安装火花熄灭器;张贴警示标记;保证足够安全间距</td></tr>
<tr><td>摩擦和撞击</td><td>摩擦和撞击往往是可燃气体、蒸气和粉尘、爆炸物品等着火爆炸的根源之一。例如机器轴承的摩擦发热、铁器和机件的撞击、钢铁工具的相互撞击、砂轮的摩擦等都能引起火灾;甚至铁桶容器裂开时,亦能产生火花,引起逸出的可燃气体或蒸气着火。
在有爆炸危险的生产中,机件的运转部分应该用两种材料制作,其中之一是不发生火花的有色金属材料(如铜、铝)。如果机器设备不能用不发生火花的各种金属制造,应当使其在真空中或惰性气体中操作</td></tr>
<tr><td>电气设备</td><td>电气设备或线路出现危险温度、电火花和电弧时,就成为引起可燃气体、蒸气和粉尘着火、爆炸的一个主要着火源。电气设备发生危险温度是由于在运行过程中设备和线路的短路、接触电阻过大、超负荷或通风散热不良等造成的。
具有爆炸危险的厂房内,应根据危险程度的不同,采用防爆型电气设备。按照防爆结构和防爆性能的不同特点,防爆电气设备可分为隔爆型、充油型、充砂型、通风充气型、本质安全型、无火花型等。
有可燃气体或蒸气爆炸危险的场所,防爆电气设备外壳的表面最高温度</td></tr>
</table>

续表

<table>
<tr><th>项目</th><th colspan="2">具体内容</th></tr>
<tr><td rowspan="2">点火源的控制</td><td>电气设备</td><td>(极限温度和极限温升)不得超过规定。在有粉尘或纤维爆炸性混合物的场所内,电气设备外壳的表面温度不应超过 125 ℃。如必须采用超过该温度的电气设备时,则其温度必须比粉尘或纤维混合物的自燃点低,即低于75 ℃或低于自燃点的2/3,所用防爆型设备外壳的表面温度不得超过 200 ℃。工厂用防爆电气设备的环境温度为 40 ℃,煤矿用的为 35 ℃</td></tr>
<tr><td>静电和雷电放电</td><td>1. 静电放电
生产工艺过程中产生的静电有时会带来严重的危害,有些甚至造成巨大的灾害。防止和消除静电危险十分重要。根据生产过程中的具体情况采取相应的防静电措施:
(1)控制流速。流体在管道中的流速必须加以控制,例如易燃液体在管道中的流速不宜超过 4~5 m/s,可燃气体在管道中的流速不宜超过 6~8 m/s。
应防止产生液体飞溅和剧烈的搅拌现象。向储罐输送液体的导管,应放在液面之下或将液体沿容器的内壁缓慢流下,以免产生静电。易燃液体灌装结束时,不能立即进行取样等操作,因为在液面上积聚的静电荷不会很快消失,易燃液体蒸气也比较多,因此应经过一段时间,待静电荷松弛后,再进行操作,以防静电放电火花引起着火爆炸。
(2)保持良好接地。接地是消除静电危害最为常用的方法之一。为消除各部件的电位差,可采用等电位措施。例如在管道法兰之间加装跨接导线,既可以消除两者之间的电位差,又可以造成良好的电气通路,以防止静电放电火花。
(3)采用静电消散技术。工艺过程中产生的静电总是伴随着产生和消散两个区域。在静电产生区域是把静电分离成相等的正、负电荷,在静电消散区,带电物体上的电荷经过泄漏而消散。显然,通过增强消散过程可以使静电危害得以减轻和消除。
(4)人体静电防护。为了导除人身上积累的静电,生产和工作人员应穿着防静电工作服,最好穿布底鞋或导电橡胶底胶鞋。工作地点宜采用水泥地面。要特别注意防止其他人员过分接近正在操作有爆炸危险品的工作人员,以避免不必要的静电放电现象的发生。
(5)其他技术。增高厂房或设备内空气的湿度,也是防止静电的基本措施之一。相对湿度在 65% ~70% 以上,能防止静电的积累。
2. 雷电放电
(1)直击雷防护。第一类防雷建筑物、第二类防雷建筑物以及第三类防雷建筑物的易受雷击部位应采取防直击雷防护措施;可能遭受雷击,且一旦遭受雷击后果比较严重的设施或堆料(如装卸油台、露天油罐、露天储气罐等)也应采取防直击雷的措施;35 kV 及以上的高压架空电力线路、发电厂、变电站等也应采取防直击雷的措施</td></tr>
</table>

续表

项目	具体内容	
点火源的控制	静电放电	(2)二次放电防护。防雷装置承受雷击时,其接闪器、引下线和接地装置呈现很高的冲击电压,可能击穿与邻近的导体之间的绝缘,造成二次放电。为了防止二次放电,不论是空气中或地下,都必须保证接闪器、引下线、接地装置与邻近导体之间有足够的安全距离。 (3)感应雷防护。电力系统中应采取雷电感应防护措施;有爆炸和火灾危险的建筑物也应采取。为了防止静电感应产生的高电压,应将建筑物内的金属设备、金属管道、金属构架、钢屋架、钢窗、电缆金属外皮以及凸出屋面的放散管、风管等金属物件与防雷电感应的接地装置相连。屋面结构钢筋宜绑扎或焊接成闭合回路。 (4)雷电冲击波防护。对于建筑物,为防止雷电冲击波沿低压线进入室内,可采用以下措施:全长直接埋地电缆供电者,入户处电缆金属外皮接地;架空线转电缆供电者,架空线与电缆连接处装设阀型避雷器,避雷器、电缆金属外皮、绝缘子铁脚、金具等一起接地;架空线供电者,入户处装设阀型避雷器或保护间隙,并与绝缘子铁脚、金具一起接地。 (5)电涌防护。电涌防护指对室内浪涌电压的防护。方法是在配电箱或开关箱内安装电涌保护器。 (6)电磁脉冲防护。电磁脉冲防护的基本方法是将建筑物所有正常时不带电的导体进行充分的等电位连接,并予以接地。同时,在配电箱或开关箱内安装电涌保护器。 (7)人身防雷。雷暴时,非工作必须,应尽量减少在户外或野外逗留;如有条件,可进入有宽大金属构架或有防雷设施的建筑物、汽车或船只
	化学能和太阳能	在常温下能与空气发生氧化反应放出热量而引起自燃的物质,避免与空气接触;物质与水作用能够分解放出可燃气体,如电石(乙炔)、金属钠(氢气)、五硫化磷(硫化氢)等,应特别注意采用防潮措施,有的物质受热升温能分解放出具有催化作用的气体,以至发生燃烧和爆炸。 对上述各类物质要特别注意防热、通风。直射的太阳光通过凸透镜、圆形玻璃瓶、有气泡的玻璃等会聚焦形成高温焦点,能够点燃易燃易爆物质。有爆炸危险的厂房和库房必须采取遮阳措施,窗户采用磨砂玻璃,以避免形成点火源

考点 3　防止爆炸的原则及措施

项目	具体内容
防止爆炸的一般原则	防止爆炸的一般原则: (1)控制混合气体中的可燃物含量处在爆炸极限以外

续表

项目	具体内容
防止爆炸的一般原则	(2)使用惰性气体取代空气。 (3)使氧气浓度处于其极限值以下。 为此应防止可燃气向空气中泄漏,或防止空气进入可燃气体中;控制、监视混合气体各组分浓度;装设报警装置和设施
预防爆炸混合物的措施	在生产过程中,应根据可燃易燃物质的燃烧爆炸特性,以及生产工艺和设备等的条件,采取有效的措施,预防在设备和系统里或在其周围形成爆炸性混合物。这类措施主要有设备密闭、厂房通风、惰性介质保护、以不燃溶剂代替可燃溶剂、危险物品隔离储存等。 1. 惰性气体保护 采取的惰性气体(或阻燃性气体)主要有氮气、二氧化碳、水蒸气、烟道气等。 (1)可燃固体物质的粉碎、筛选处理及其粉末输送时,采用惰性气体进行覆盖保护。 (2)处理可燃易爆的物料系统,在进料前用惰性气体进行置换,以排除系统中原有的气体,防止形成爆炸性混合物。 (3)将惰性气体通过管线与火灾爆炸危险的设备、储槽等连接起来,在万一发生危险时使用。 (4)易燃液体利用惰性气体充压输送。 (5)在有爆炸性危险的生产场所,对有可能引起火灾危险的电器、仪表等采用充氮正压保护。 (6)易燃易爆系统检修动火前,使用惰性气体进行吹扫置换。 (7)发现易燃易爆气体泄漏时,采用惰性气体(水蒸气)冲淡。发生火灾时,用惰性气体进行灭火。 2. 系统密闭和正压操作 装盛可燃易爆介质的设备和管路,逸出的可燃易爆物质,在设备和管路周围空间形成爆炸性混合物。空气的渗入,会使设备或系统内部形成爆炸性混合物。 设备密闭不良是发生火灾和爆炸事故的主要原因之一。为保证设备和系统的密闭性,必须检查其密闭性。除用水压试验外,可于接缝处涂抹肥皂液进行充气检测。为了检查无味气体(氢、甲烷等)是否漏出,可在其中加入显味剂(硫醇、氨等)。 当设备内部充满易爆物质时,要采用正压操作,以防外部空气渗入设备内。但不能高于或低于额定的数值。 对爆炸危险度大的可燃气体或可燃粉尘(如乙炔、氢气、镁粉等)以及危险设备和系统,在连接处应尽量采用焊接接头,减少法兰连接;如果必须使用法兰连接时,应尽量选用止口连接面型。 3. 厂房通风 要使设备达到绝对密闭是很难办到,必须用通风的方法使可燃气体、蒸气或粉尘的浓度不致达到危险的程度。 在设计通风系统时,应考虑到气体的相对密度。从车间排出含有可燃物质的空气时,应

续表

项目	具体内容
预防爆炸混合物的措施	设防爆的通风系统,鼓风机的叶片应采用碰击时不会产生火花的材料制造,通风管内应设有防火遮板,使一处失火时迅速隔断管路,避免波及他处。 4. 以不燃溶剂代替可燃溶剂 以不燃或难燃的材料代替可燃或易燃材料,是防火与防爆的根本性措施。 5. 危险物品的储存 性质相互抵触的危险化学物品如果储存不当,往往会酿成严重的事故。禁止一起存放的物品有: (1)爆炸物品、易燃液体、易燃固体、遇水或空气自燃物品、能引起燃烧的物品等必须单独存放。 (2)易燃气体、助燃气体、氧化剂、有毒物品等除惰性气体外必须单独存放。 (3)惰性气体除易燃气体、助燃气体、氧化剂、有毒物品外必须单独存放

第四节　烟花爆竹安全技术

考点 1　概述

项目	具体内容
烟花爆竹的定义	现代的烟花爆竹是以烟火药为原料,经过工艺制作,在燃放时能够产生特种效果的产品
烟花爆竹的组成及性质	1. 烟花爆竹的组成 烟火药最基本的组成是氧化剂和还原剂。氧化剂提供燃烧反应时所需要的氧,还原剂提供燃烧反应赖以进行所需的热。实际应用的烟火药除氧化剂和还原剂外,还包括黏合剂、添加剂(如火焰着色剂、惰性添加剂)等。 2. 烟花爆竹的特性 烟花爆竹的组成决定了它具有燃烧和爆炸的特性。其主要特性有: (1)能量特征。能量特征是标志火药做功能力的参量,一般是指 1 kg 火药燃烧时气体产物所做的功。 (2)燃烧特性。燃烧特性标志火药能量释放的能力,主要取决于火药的燃烧速率和燃烧表面积。燃烧速率与火药的组成和物理结构有关,还随初温和工作压力的升高而增大。 (3)力学特性。力学特性是指火药要具有相应的强度,满足在高温下保持不变形、低温下不变脆,能承受在使用和处理时可能出现的各种力的作用,以保证稳定燃烧

续表

项目	具体内容
烟花爆竹的组成及性质	(4)安全性。由于火药在特定的条件下能发生爆轰,所以要求在配方设计时必须考虑火药在生产、使用和运输过程中安全可靠
烟花爆竹行业存在的问题及事故频发的主要原因	1. 烟花爆竹行业存在的问题 (1)重大、特大伤亡事故频繁地发生。 (2)产品安全质量差,对安全生产和安全燃放构成严重威胁。烟花爆竹产品安全质量方面存在的问题主要表现在以下几个方面:烟火药配料中使用国家明令禁用的氯酸盐;烟花爆竹的引火线长度长短不一;爆竹越做越大,药量严重超标;空中礼花类产品。 2. 烟花爆竹行业事故频发原因 烟花爆竹行业生产安全事故频发的主要原因,大致有以下几类:非法生产现象严重;不具备基本的安全条件;安全管理制度不健全;从业人员素质差;烟火药配方中使用禁、限用原料;缺乏质量安全保障能力

考点2 烟花爆竹基本安全知识

项目	具体内容
烟花爆竹、原材料和半成品的感度及影响因素	1. 热感度 烟花爆竹药剂在热(直接加热、高温、热辐射、电火花、火焰等)能作用下,发生爆炸变化的能力称为炸药的热感度,在使用上常以炸药的爆发点和火焰感度来表示,静电火花感度则常用引燃能量(焦耳)来表示。 (1)爆发点。使炸药开始爆炸变化,介质所需的加热到最低温度叫作炸药的爆发点。爆发点越低则表示炸药对热的感度越高(敏感),反之就低。 (2)火焰感度。炸药在火焰作用下,发生爆炸变化的能力叫作炸药的火焰感度。火焰感度是一个距离概念。 (3)最小引燃能量(最小引爆电流)。最小引燃能量是引起爆炸性混合物发生爆炸的最小电火花所具有的能量。 (4)热安定性。烟花爆炸药剂,包括成品和化工原料,其热安定性(稳定性)是指其在长期储存中保持其物理化学性质不变的能力。 2. 机械感度 烟花爆竹药剂在机械力作用下(冲击、摩擦、针刺等)发生爆炸的能力,称为机械感度。 一般用落锤实验结果来表示炸药的冲击感度,用摩擦感度摆或其他形式的摩擦仪的试验结果来表示炸药的摩擦感度。 烟花爆竹药剂感度的影响因素: (1)温度。炸药温度升高,各种感度毫无例外地会增高,当温度接近炸药的爆发点时,很小的外界作用就可以引起爆炸。 (2)物理状态。同一种炸药在凝胶状态的爆轰感度比非凝胶状态低得多。压装炸药

续表

项目	具体内容
烟花爆竹、原材料和半成品的感度及影响因素	的爆轰感度比同种炸药熔装的高得多。 (3)结晶粒子的大小。炸药的结晶粒度愈细，爆轰感度愈大。 (4)密度。炸药超过一定的密度后，密度增加时炸药的爆轰感度总体是下降的，即需要更大一些的起爆强度才能起爆。 (5)杂质。炸药中掺有惰性物质，感度会发生巨大变化，杂质主要影响炸药的机械感度。不同的杂质对炸药感度有着不同的影响。提高感度的杂质为敏化剂，减低感度的杂质为钝化剂
烟花爆竹、烟火药生产的安全措施	1. 烟火药制造过程中的防火防爆措施 (1)烟火药原材料应符合质量标准。 (2)粉碎应在单独工房进行，粉碎前后应筛掉机械杂质，筛选时不得采用铁质、塑料等产生火花和静电的工具。 (3)黑火药原料的粉碎，应将硫黄和木炭两种原料混合粉碎。 (4)铝粉、镁铝合金粉、氯酸盐、赤磷等高感度原料的粉碎，必须在专用工房中，使用专用设备和专用工具，并有专人操作。 (5)粉碎和筛选原料时应坚持做到： ①三固定：固定工房、固定设备、固定最大粉碎药量。 ②四不准：不准混用工房、不准混用设备和工具、不准超量投料、不准在工房内存放粉碎好的药物。 ③所有粉碎和筛选设备应接地，电气设备必须是防爆型的，要做到远距离操作，进出料时必须停机停电，工房应注意通风。 (6)烟火药的配制与混合时要严把领药、称药、混药三道关口。 (7)压药与造粒工房要做到定机定员，药物升温不得超过 20 ℃，机械造粒时应有防爆墙隔离和连锁装置等。 (8)药物干燥时要控制药量、温度，严禁明火。 2. 烟花爆竹生产过程中的防火防爆措施 (1)领药时要按照“少量、多次、勤运走”的原则限量领药。 (2)装、筑药应在单独工房操作。装、筑不含高感度烟火药时，每间工房定员 2 人；装、筑高感度烟火药时，每间工房定员 1 人。 半成品、成品要及时转运。装、筑药工具应采用木、铜、铝制品或不产生火花的材质制品，严禁使用铁质工具。工作台上等冲击部位必须垫上接地导电橡胶板。 (3)钻孔与切割有药半成品时，应在专用工房内进行，每间工房定员 2 人，人均使用工房面积不得少于 3.5 m^2。严禁使用不合格工具和长时间使用同一件工具。 (4)贴筒标和封口时，操作间主通道宽度不得小于 1.2 m，人均使用面积不得少于 3.5 m^2，半成品停滞量的总药量，人均不得超过装、筑药工序限量的 2 倍。 (5)手工生产硫酸盐引火线时，应在单独工房内进行，每间工房定员 2 人，人均使用工

续表

项目	具体内容
烟花爆竹、烟火药生产的安全措施	房面积不得少于3.5 m^2,每人每次限量领药1 kg;机器生产硝酸盐引火线时,每间工房不得超过两台机组,工房内药物停滞量不得超过2.5 kg;生产氯酸盐引火线时,无论手工或机器生产,都限于单独工房、单机、单人操作,药物限量0.5 kg。 (6)干燥烟火爆竹时,一般采用日光、热风散热器、蒸气干燥,或用红外线、远红外线烘烤,严禁使用明火
烟花爆竹工厂的布局和建筑安全要求	1. 工厂布局 (1)生产、储存爆炸物品的工厂、仓库应建在远离城市的独立地带。 (2)应严格按照生产性质及功能进行分区、布置,并保持必要的外部距离。 2. 工厂平面布置 (1)按危险与非危险分开原则。主厂区应布置在非危险区的下风侧。 (2)总仓库区应远离工厂住宅区和城市等目标。 (3)销毁厂应选择在山沟、丘陵、河滩等地。 3. 工艺布置 (1)在生产工艺方面应尽量采用新技术,实现机械化、自动化、连续化、遥控化。 (2)区分危险生产工序与非危险生产工序,且宜分别设置厂房。 (3)宜将危险生产工序布置在偏僻地段。 (4)厂房和库房在平面上宜布置成简单的矩形。 (5)危险品生产厂房库房要充分考虑人员的紧急疏散问题。 (6)泄爆方向不直接对着其他建筑物或主要道路。 4. 工厂安全距离的定义及安全距离的确定 (1)安全距离的作用:爆炸品发生爆炸时,不至于使邻近的其他建(构)筑物造成严重破坏和造成人员伤亡的最小距离。包括工厂危险品生产区内的危险性建筑物与其周围村庄、公路、铁路、城镇和本厂住宅区等的外部距离,以及危险品生产区内危险性建筑物之间以及危险建筑物与周围其他建(构)筑物之间的内部距离。 (2)安全距离的确定:烟花爆炸工厂的内、外部安全距离是根据危险性建筑物的计算药量、建筑物的危险性等级和防护情况确定的。 5. 生产烟花爆竹建筑物的安全要求 (1)一般规定。 ①危险性建筑物的耐火等级不应低于二级耐火等级的规定。 ②生产区应设有洗涤、淋浴、更衣、卫生间等辅助用室和办公用室。 ③生产区的办公用室和辅助用室,宜独立建设。 (2)厂房的结构造型和构造。 ①A级厂房宜采用钢筋混凝土框架结构。 ②A、C级厂房不应采用独立砖柱承重。 ③A、C级厂房屋盖宜采用轻质易碎屋盖

续表

项目	具体内容
烟花爆竹工厂的布局和建筑安全要求	④有易燃易爆粉尘的厂房，宜采用外形平整、不易积尘的结构件和结构。 (3)烟花爆竹厂房的安全疏散。 ①A、C级厂房每一危险性工作间大于18 m^2时，安全出口的数目不应少于2个。当面积小于9 m^2，且同一时间内的生产人员不超过2人时，可设一个。当面积小于18 m^2，且同一时间内的生产人员不超过3人时，也可设1个，但必须设安全窗。 ②须穿过危险性工作间才能到达室外的出口，不应作为本工作间的安全出口。 ③A、C级厂房外墙上宜设置安全窗。安全窗可作为安全出口，但不得计入安全出口的数目。 ④每一危险工作间内，由最远工作点至外部出口的距离，A级厂房不应超过5 m，C级厂房不应超过8 m。 ⑤厂房内的主要通道宽度，不应小于1.2 m，每排操作岗位间的通道宽度和工作间内的通道宽度，不应小于1.0 m
烟花爆竹工厂电气安全要求	1. 电气设备防爆 (1)对于Ⅰ类(F0区)场所，即炸药、起爆药、击发药、火工品的储存场所，黑火药、烟花药制造加工、储存场所，不应安装电气设备；烟火药、黑火药的Ⅰ类危险场所采用的仪表，应选择适应本场所的本质安全型。电气照明采用安装在建筑外墙壁龛灯或装在室外的投光灯。 (2)对于Ⅱ类(F1区)场所，即起爆药、击发药、火工品制造的场所，电气设备表面温度不得超过允许表面温度(有140 ℃、100 ℃等)，且符合防爆电气设备的有关规定：应优先采用防粉尘点火型，或尘密结构型、Ⅱ类B级隔爆型、本质安全型、增安型(仅限于灯类及控制按钮)。当生产设备采用电力传动时，电动机应安装在无危险场所，采取隔墙传动。 (3)对Ⅲ类(F2区)场所，即理化分析成品试验站，选用密封型、防水防尘型设备。 2. 防雷电 对于危险品的生产和储存的爆炸危险性建筑物，应按相应的防雷类别(第一类、第二类)，采取防直击雷、防雷电感应、防雷电波侵入和防雷击电磁脉冲的措施，实施总等电位连接，以减少和预防雷电危害。 3. 防静电 为防止静电火花引起危险品燃烧爆炸事故的发生，应按照静电危险环境的级别(EA、EB、EC)控制静电危害，并采取直接和间接静电接地措施，部分危险场所(黑火药生产厂房、黑火药及电雷管库的地面和台面)应采用防静电措施。 4. 通信 (1)危险品生产区和危险品总仓库区应设置畅通的固定电话。 (2)危险场所电话设备选型及线路的技术要求符合《烟花爆竹工程设计安全规范》(GB 50161)的有关规定

续表

项目	具体内容
烟花爆竹及其原料储存和运输安全要求	1. 储存 (1)仓库设置为化工原料、黑火药、烟火药、纸张、附加材料、半成品、成品、成箱及其他等仓库。 (2)入库要登记详细信息。 (3)库房堆码要求:主要通道宽度不少于 2 m。 (4)钉头要低于木板表面 3 mm 以上。 (5)仓库地面未做防潮处理的,地面要设置 20 cm 高的垛架。 (6)木质包装严禁在库房内进行拆箱、钉箱和其他可能引起爆炸的作业。 (7)库房内应有测温、测湿计,每天进行检查登记,做好防潮、降温、通风处理。 (8)库房内应分别设置相应的消防栓、水池、灭火器材料等消防工具。 (9)烟火药化工原材料应按功效分类。 (10)烟火药的原材料和产品的储存条件要符合相应的条件。 2. 运输 (1)随车携带烟花爆竹道路运输许可证。 (2)不得违反运输许可事项。 (3)运输车辆悬挂或安装符合国家标准的易燃易爆危险物品警示标志。 (4)烟花爆竹的装载符合国家有关标准和规范。 (5)装载烟花爆竹的车厢不得载人。 (6)运输车辆限速行驶,途中经停必须有专人看守。 (7)出现危险情况立即采取必要的措施,并报告当地公安部门

考点3　烟花爆竹安全生产技术条件

项目	具体内容
烟花爆竹生产安全管理要求	(1)烟花爆竹生产企业生产设施应当符合安全生产条件。 (2)烟花爆竹工厂设计和厂址、厂房、储存仓库等设施的设计与测绘应当符合条件。 (3)烟花爆竹生产企业工厂周边安全防护距离应符合国家有关规定。 (4)烟花爆竹生产企业应当采取下列职业危害预防措施:为从业人员配备符合国家标准或行业标准的劳动防护用品;对重大危险源进行检测、评估,采取监控措施;为从业人员定期进行健康检查;在安全区内设立独立的操作人员更衣室。 (5)烟花爆竹生产企业应当依法进行安全评价。 (6)烟花爆竹生产企业应当建立生产安全事故应急救援组织,制定事故应急预案,配备应急救援人员和必要的应急救援器材和设备。 (7)烟花爆竹生产企业在建设、生产和经营中,应当符合相应的标准和规范

第五节　民用爆炸物品安全技术

考点 1　民用爆炸物品生产安全基础知识

项目	具体内容
民用爆炸物品的分类	民用爆炸物品包括： 1. 工业炸药 如乳化炸药、铵梯类炸药、膨化硝铵炸药、水胶炸药及其他炸药制品等。 2. 工业雷管 如工业电雷管、磁电雷管、电子雷管、导爆管雷管、继爆管等。 3. 工业索类火工品 如工业导火索、工业导爆索、切割索、塑料导爆管、引火线。 4. 其他民用爆品 如安全气囊用点火具、特殊用途烟火制品、海上救生烟火信号等。 5. 原材料 如梯恩梯(TNT)、工业黑索今(RDX)、民用推进剂、太安(PETN)、黑火药、起爆药、硝酸铵等
民用爆炸物品的火灾爆炸危险因素	乳化炸药是将水相和油相在高速的运转和强剪切力作用下，借助乳化剂的乳化作用而形成乳化基质，再经过敏化剂敏化得到的一种油包水型的爆炸性物质。乳化炸药生产线存在着火灾爆炸的风险。 乳化炸药生产的火灾爆炸危险因素主要来自物质危险性，如生产过程中的高温、撞击摩擦、电气和静电火花、雷电引起的危险性。 乳化炸药生产原料或成品在储存和运输中存在的危险因素： (1)硝酸铵储存过程中会发生自然分解，放出热量。 (2)油相材料都是易燃危险品，储存时遇到高温、氧化剂等，易发生燃烧而引起燃烧事故。 (3)包装后的乳化炸药仍具有较高的温度，炸药中的氧化剂和可燃剂会缓慢反应，当热量得不到及时散发时易发生燃烧而引起爆炸。 (4)危险品的运输可能发生的翻车、撞车、坠落、碰撞及摩擦等险情，会引起危险品的燃烧或爆炸
民用爆炸物品基本安全知识	1. 炸药燃烧的特性及炸药爆炸特征 (1)炸药燃烧的特性主要有 5 个方面：能量特征；燃烧特性；力学特性；安定性；安全性。 (2)炸药爆炸特征。 ①反应过程的放热性。在炸药的爆炸变化过程中，炸药的化学能转变成热能。热的释放是爆炸变化过程的发生和自行传播的必要条件。爆炸变化过程所放出的热量称为爆炸热或爆热(kJ/kg)

续表

项目	具体内容
民用爆炸物品基本安全知识	②反应过程的高速度。炸药中氧化剂和还原剂事先充分混合，能够发生快速的逐层传递的化学反应，使爆炸过程以极快的速度进行。 ③反应生成物必定含有大量的气态物质。 2. 民用爆炸品的燃烧爆炸敏感度及其影响因素 (1)起爆器材、工业炸药的燃烧爆炸敏感度。热、电、光、冲击波、机械摩擦和撞击等外界作用可激发民用爆炸品发生爆炸。 (2)民用爆炸品爆炸影响因素。影响民用爆炸品爆炸的因素很多，主要有炸药的性质、装药的临界尺寸、炸药层的厚度和密度、炸药的杂质及含量、周围介质的气体压力和壳体的密封、环境温度和湿度等

考点2　民用爆炸物品生产安全管理要求

项目	具体内容
民用爆炸物品生产安全管理要求	(1)民用爆炸物品生产企业生产设施应当符合安全生产条件。 (2)民用爆炸物品工厂设计和厂址、厂房、储存仓库等设施的设计与测绘应当符合下列条件。 ①由具有相应资质的专业机构承担设计和测绘工作。 ②专业机构提供的文件、图样、技术资料等应符合国家有关法律、法规和国家标准、行业标准的要求。 ③设计图样和测绘图样应有设计单位、测绘单位及其设计人员、技术人员和审核单位及审核人的签章。 (3)民用爆炸物品生产企业工厂周边安全距离应符合国家有关规定。 (4)民用爆炸物品生产企业应当采取下列职业危害预防措施 ①为从业人员配备符合国家标准或行业标准的劳动防护用品。 ②对重大危险源进行检测、评估，采取监控措施。 ③为从业人员定期进行健康检查。 (5)民用爆炸物品生产企业应当依法进行安全评价

跟踪训练

一、单项选择题

1. 可燃物质的聚集状态不同，其受热后所发生的燃烧过程也不同，大多数可燃物质的燃烧并非物质本身在燃烧，而是可燃物质受热分解出的气体或液体蒸气在气相中的燃烧。下列关于液体可燃物燃烧过程的说法中，正确的是(　　)。

A. 氧化分解→气化→燃烧　　　　B. 燃烧→气化→氧化分解

C. 气化→燃烧→氧化分解　　D. 气化→氧化分解→燃烧

2. 发生火灾时,下列能用水扑灭的火灾是(　　)。

A. 丙烯腈大容量储罐着火　　B. 金属钾燃烧

C. 硝酸引发的火灾　　D. 纸张着火

3. 按照物质的燃烧特性可以把火灾分为 A－F 六个类别。下列关于火灾分类的说法中,正确的是(　　)。

A. 家庭炒菜时油锅着火属于 F 类火灾

B. 工厂镁铝合金粉末自燃着火属于 E 类火灾

C. 家庭的家用电器着火属于 D 类火灾

D. 实验室乙醇着火属于 C 类火灾

4. 自燃点是指在规定条件下,物质不用任何辅助引燃能源而达到燃烧的最低温度。对于柴油、煤油、汽油、蜡油来说,其自燃点由高到低的排序是(　　)。

A. 汽油、煤油、蜡油、柴油　　B. 汽油、煤油、柴油、蜡油

C. 煤油、汽油、柴油、蜡油　　D. 煤油、柴油、汽油、蜡油

5. 典型火灾事故的发展为初期、发展期、最盛期、减弱期和熄灭期。所谓的"轰燃"发生在(　　)阶段。

A. 初起期　　B. 发展期

C. 最盛期　　D. 减弱期

6. 广义上讲,爆炸是物质系统的一种极为迅速的物理或化学能量释放或转化的过程,是系统蕴藏的或瞬间形成的大量能量在有限的体积和极短的时间内,骤然释放或转化的现象。爆炸现象的最主要特征是(　　)。

A. 爆炸过程持续进行　　B. 爆炸点附近压力急剧升高

C. 周围介质发生震动　　D. 温度显著升高

7. 可燃气体爆炸一般需要可燃气体、空气或氧气、点火源三个条件。但某些可燃气体,即使没有空气或氧气参与,也能发生爆炸,这种现象叫作分解爆炸。下列各组气体中,均可以发生分解爆炸的是(　　)。

A. 乙炔、环氧乙烷、甲烷　　B. 乙炔、联氨、四氟乙烯

C. 乙炔、甲烷、四氟乙烯　　D. 环氧乙烷、甲烷、四氟乙烯

8. 在工业生产中,很多爆炸事故都是有可燃气体与空气爆炸性混合物引起的。由于条件不同,有时发生燃烧,有时发生爆炸,在一定条件下两者也可能转化。燃烧反应过程一般可分为扩散阶段、感应阶段和化学反应阶段,下列关于燃烧反应过程的说法中,正确的是(　　)。

A. 燃烧反应过程的扩散阶段是指可燃气分子和氧气分子分别从释放源通过扩散达到相互接触

B. 燃烧反应过程中的扩散阶段是指可燃气分子和氧气分子接收点火源能量,离解成自由基或活性粒子

C. 燃烧反应过程的化学反应阶段是指自由基与反应物分子相互作用，生成惰性分子和稳定自由基，完成燃烧反应

D. 决定可燃气体燃烧或爆炸的主要条件是反应过程中是否产生巨大的能量

9. 天然气的组分有甲烷、乙烷、丙烷和丁烷等。与纯甲烷气体比较，天然气的爆炸可能性(　　)。

A. 低于甲烷　　B. 高于甲烷

C. 与甲烷一样　　D. 随甲烷比例减小而降低

10. 粉尘爆炸是一个瞬间的连锁反应，属于不稳定的气固二相流反应，其爆炸过程比较复杂。下列关于粉尘爆炸特性的说法中，错误的是(　　)。

A. 具有发生二次爆炸的可能性　　B. 产生的能量大、破坏性程度大

C. 爆炸压力上升速度比气体爆炸大　　D. 感应期比气体爆炸长得多

11. 泡沫灭火系统按发泡倍数分为低倍数、中倍数和高倍数泡沫灭火系统，高倍数泡沫灭火剂的发泡倍数为(　　)。

A. 101 ~ 1 000 倍　　B. 201 ~ 1 000 倍

C. 301 ~ 1 000 倍　　D. 401 ~ 1 000 倍

12. 火灾报警控制器是火灾自动报警系统中的主要设备，其主要功能包括多方面。下列关于火灾报警控制器功能的说法中，正确的是(　　)。

A. 具有记忆和识别功能　　B. 具有火灾应急照明功能

C. 具有防排烟、通风空调功能　　D. 具有自动检测和灭火功能

13. 干粉灭火剂的主要成分中，起主要灭火作用的基本原理是(　　)。

A. 窒息作用　　B. 冷却作用

C. 辐射作用　　D. 化学抑制作用

14. 灭火器由筒体、器头、喷雾等部件组成，借助驱动压力可将所充装的灭火剂喷出。灭火器结构简单，操作方便，轻便灵活，使用面广，是扑救初期火灾的重要消防器材。下列灭火器中，适用于扑救精密仪器仪表初期火灾的是(　　)。

A. 二氧化碳灭火器　　B. 泡沫灭火器

C. 酸碱灭火器　　D. 干粉灭火器

15. 下列关于阻火防爆装置性能及使用的说法中，正确的是(　　)。

A. 一些具有复合结构的阻火器可阻止爆轰火焰的传播

B. 工业阻火器常用于阻止爆炸初期火焰的蔓延

C. 工业阻火器只有在爆炸发生时才起作用

D. 被动式隔爆装置对于纯气体介质才是有效的

16. 在工业生产中应根据可燃易爆物质的燃爆特性，采取相应措施，防止形成爆炸性混合物，从而避免爆炸事故。下列关于爆炸控制的说法中，错误的是(　　)。

A. 乙炔管线连接处尽量采用焊接

B. 用四氯化碳代替溶解沥青所用的丙酮溶剂

C. 天然气系统投用前，采用一氧化碳吹扫系统中的残余杂物

D. 汽油储罐内的气相空间充入氮气保护

17. 为了保证烟花爆竹生产、使用和运输过程中安全可靠，烟火药组分除了氧化剂和可燃剂之外，还有(　　)。

A. 还原剂和黏结剂　　　　B. 黏结剂和阻化剂

C. 安定剂和还原剂　　　　D. 黏结剂和安定剂

18. 烟花爆竹的主要特征有：能量特征、燃烧特性、力学特性、安定性、安全性。其中，燃烧特性标志着火药能量释放的能力，主要取决于火药的(　　)。

A. 燃烧速率和燃烧类型　　　　B. 燃烧速率和燃烧表面积

C. 燃烧类型和燃烧表面积　　　　D. 燃烧体积和燃烧类型

19. 烟火药制作过程中，容易发生爆炸事故。在粉碎和筛选原料环节，应坚持做到"三固定"，即：固定工房、固定设备以及(　　)。

A. 固定安装　　　　B. 固定最大粉碎药量

C. 固定操作人员　　　　D. 固定作业温度

20. 为保证爆炸事故发生后冲击波对建(构)筑物等的破坏不超过预定的破坏标准，危险品生产区、总仓库区、销毁场等与该区域外的村庄、居民建筑、工厂、城镇、运输线路、输电线路等必须保持足够的安全防护距离。这个安全距离称作(　　)。

A. 内部安全距离　　　　B. 外部安全距离

C. 扩展安全距离　　　　D. 适当安全距离

21. 民用防爆器材是用于非军事目的的各种炸药及其制品和火工品的总称。主要包括工业炸药、起爆器材、专用民爆物品。下列器材中属于专用民爆物品的是(　　)。

A. 电雷管　　　　B. 火雷管

C. 导火索　　　　D. 特种爆破用中继起爆器

22. 粉状乳化炸药的生产工艺包括油相制备、水相制备、乳化、喷雾制粉、装药包装等步骤，其生产工艺过程中存在着火灾爆炸的风险。下列关于粉状乳化炸药生产、存储和运输过程危险因素的说法中，正确的是(　　)。

A. 粉状乳化炸药具有较高的爆轰特性，制造过程中，不会形成爆炸性粉尘

B. 制造粉状乳化炸药用的硝酸铵存储过程不会发生自然分解

C. 油相材料储存时，遇到高温、还原剂等，易发生爆炸

D. 包装后的乳化炸药仍具有较高的温度，其中的氧化剂和可燃剂会缓慢反应

23. 防爆的基本原则是根据对爆炸过程特点的分析采取相应的措施，包括防止爆炸发生、控制爆炸发展、削弱爆炸危害。下列措施中，属于防止爆炸发生的是(　　)。

A. 严格控制火源、防止爆炸性混合物的形成、检测报警

B. 及时泄出燃爆开始时的压力

C. 切断爆炸传播途径

D. 减弱爆炸压力和冲击波对人员、设备和建筑物的损坏

二、多项选择题

1. 描述火灾的基本概念及参数通常有:闪燃、阴燃、爆燃、自燃、闪点、燃点、自燃点等。下列关于火灾参数的说法中,正确的有(　　)。

A. 一般情况下闪点越低,火灾危险性越大

B. 固体可燃物粉碎越细,其自燃点越高

C. 一般情况下燃点越低,火灾危险性越小

D. 液体可燃物受热分解析出的可燃气体越多,其自燃点越低

E. 一般情况下,密度越大,闪点越高且自燃点越低

2. 按照爆炸反应相的不同,爆炸可分为气相爆炸、液相爆炸和固相爆炸。下列爆炸中,属于气相爆炸的是(　　)。

A. 熔融的钢水与水混合产生蒸汽爆炸

B. 空气和氢气、丙烷、乙醚等混合气的爆炸

C. 油压机喷出的油雾、喷漆作业引起的爆炸

D. 空气中飞散的铝粉、镁粉、亚麻、玉米淀粉等引起的爆炸

E. 氯乙烯分解引起的爆炸

3. 下列情况不属于火灾统计范围的是(　　)。

A. 地下矿井部分发生的爆炸　　B. 民用爆炸物品引起的火灾

C. 飞机因飞行事故而导致本身燃烧　　D. 机电设备因内部故障导致外部明火燃烧

E. 破坏性试验中引起非实验体燃烧的事故

4. 工业生产过程中,存在着多种引起火灾和爆炸的着火源。化工企业中常见的着火源有(　　)。

A. 化学反应热、化工原料分解自燃、热辐射

B. 高温表面、摩擦和撞击、绝热压缩

C. 电气设备及线路的过热和火花、静电放电

D. 明火、雷击和日光照射

E. 粉尘自燃、电磁感应放电

5. 防火防爆技术主要包括:控制可燃物、控制助燃物、控制点火源。下列安全措施中,属于控制点火源技术的有(　　)。

A. 生产场所采用防爆型电气设备

B. 采用防爆泄压装置

C. 生产场所采取防静电措施

D. 关闭容器或管道的阀门

E. 提高空气湿度防止静电产生

6. 在生产过程中,应根据可燃易燃物质的爆炸持续性,以及生产工艺和设备等条件,采取有效措施,预防在设备和系统里或在其周围形成爆炸性混合物。这些措施主要有(　　)。

A. 设备密闭　　B. 厂房通风

C. 惰性介质保护　　　　D. 危险品隔离储存

E. 装设报警装置

7. 在烟花爆竹生产中，制药、装药、筑药等工序所使用的工具，应采用不产生火花和静电的材质制造。下列材质的工具中，不能使用的有(　　)工具。

A. 铁质　　　　B. 铝质

C. 塑料　　　　D. 木质

E. 铜质

参考答案及解析

一、单项选择题

1. D 【解析】可燃液体首先蒸发成蒸气，其蒸气进行氧化分解后达到自燃点而燃烧。

2. D 【解析】不能用水扑灭的火灾主要包括：(1)密度小于水和不溶于水的易燃液体的火灾，如汽油、煤油、柴油等。苯类、醇类、醚类、酮类、酯类及丙烯腈等大容量储罐，如用水扑救，则水会沉在液体下层，被加热后会引起爆沸，形成可燃液体的飞溅和溢流，使火势扩大。(2)遇水产生燃烧物的火灾，如金属钾、钠、碳化钙等，不能用水，而应用砂土灭火。(3)硫酸、盐酸和硝酸引发的火灾，不能用水流冲击，因为强大的水流能使酸飞溅，流出后遇可燃物质，有引起爆炸的危险。酸溅在人身上，能灼伤人。(4)电气火灾未切断电源前不能用水扑救，因为水是良导体，容易造成触电。(5)高温状态下化工设备的火灾不能用水扑救，以防高温设备遇冷水后骤冷，引起形变或爆裂。

3. A 【解析】ABCDEF 固液气金电厨，选项 B 属于 D 类金属火灾，选项 C 属于 F 类烹饪物火灾，选项 D 属于 B 类液体火灾。

4. B 【解析】自燃点由高到低的排序：汽油、煤油、轻柴油、重柴油、蜡油、渣油。

5. B 【解析】发展期是火势由小到大发展的阶段，一般采用 T 平方特征火灾模型来简化描述该阶段非稳态火灾热释放速率随时间的变化，即假定火灾热释放速率与时间的平方成正比，轰燃就发生在这一阶段。

6. B 【解析】爆炸最主要的特征是：爆炸点及其周围压力急剧升高。

7. B 【解析】分解爆炸性气体还有臭氧、联氨、丙二烯、甲基乙炔、乙烯基乙炔、一氧化氮、二氧化氮、氰化氢、四氟乙烯等。

8. A 【解析】选项 B 是化学反应阶段；选项 C 应生产自由基或活性分子；选项 D 可燃性混合气体燃烧是否需要经历扩散过程(第一阶段)，就成了决定可燃气体燃烧或爆炸的主要条件。

9. B 【解析】爆炸极限不同的多种可燃气体组成的爆炸性混合气体的爆炸极限介于它们中爆炸极限的最大值和最小值之间。天然气中甲烷爆炸下限最大，爆炸下限最小的是丁烷，因此其爆炸极限介于甲烷和丁烷之间。可燃气体的爆炸下限越低爆炸的可能性就越高，因此天然气的爆炸可能性高于甲烷。

10. C 【解析】粉尘爆炸速度或爆炸压力上升速度比爆炸气体小。

11. B 【解析】发泡倍数在20倍以下的称低倍数泡沫，发泡倍数21～200倍之间的称中倍数泡沫，发泡倍数在201～1 000倍之间称高倍数泡沫。

12. A 【解析】火灾报警控制器（以下简称控制器）是火灾自动报警系统中的主要设备，它除了具有控制、记忆、识别和报警功能外，还具有自动检测、联动控制、打印输出、图形显示、通信广播等功能。

13. D 【解析】窒息、冷却、辐射及对有焰燃烧的化学抑制作用是干粉灭火效能的集中体现，其中化学抑制作用是灭火的基本原理，起主要灭火作用。

14. A 【解析】卤代烷灭火器：尤其适用于扑救精密仪器、计算机、珍贵文物及贵重物资仓库等处的初起火灾。二氧化碳灭火器：适宜于扑救600 V以下带电电器、贵重设备、图书档案、精密仪器仪表的初起火灾。

15. B 【解析】选项A，一些具有复合结构的机械阻火器也可阻止爆轰火焰的传播。选项C，工业阻火器在工业生产过程中时刻都在起作用，对流体介质的阻力较大，其对于纯气体介质才是有效的。选项D，主、被动式隔爆装置只是在爆炸发生时才起作用，因此他们在不动作时对流体介质的阻力小。对气体中含有杂质（如粉尘、易凝物等）的输送管道，应当选用主、被动式隔爆装置为宜。

16. C 【解析】惰性气体保护：易燃易爆系统检修动火前，使用惰性气体进行吹扫置换。

17. D 【解析】烟火药组分包含氧化剂、可燃剂、黏结剂、功能添加剂，其中功能添加剂中包含火焰剂、调速剂、安定剂、顿感剂等。

18. B 【解析】燃烧特性。它标志火药能量释放的能力，主要取决于火药的燃烧速率和燃烧表面积。燃烧速率与火药的组成和物理结构有关，还随初温和工作压力的升高而增大。

19. B 【解析】三固定：固定工房、固定设备、固定最大粉碎药量。

20. B 【解析】爆炸品发生爆炸时，不至于使邻近的其他建（构）筑物造成严重破坏和造成人员伤亡的最小距离。包括工厂危险品生产区内的危险性建筑物与其周围村庄、公路、铁路、城镇和本厂住宅区等的外部距离，以及危险品生产区内危险性建筑物之间以及危险建筑物与周围其他建（构）筑物之间的内部距离。

21. D 【解析】专用民爆物品：油气井用起爆器、射孔弹、复合射孔器、修井爆破器材、点火药盒，地震勘探用震源药柱、震源弹，特种爆破用矿岩破碎器材、中继起爆具、平炉出钢口穿孔弹、果林增效爆破具等。

22. D 【解析】选项A，成品粉状乳化炸药具有较高的爆轰和殉爆特性，制造过程中还有形成爆炸性粉尘的可能；选项B，硝酸铵储存过程中会发生自然分解，放出热量；选项C，油相材料都是易燃危险品，储存时遇到高温、氧化剂等，易发生燃烧而引起燃烧事故。

23. A 【解析】防爆的基本原则是根据对爆炸过程特点的分析采取相应的措施，防止第一过程的出现，控制第二过程的发展，削弱第三过程的危害。主要应采取以下措施：(1)防止爆炸性混合物的形成。(2)严格控制火源。(3)及时泄出燃爆开始时的压力。(4)切断爆炸传播途径。(5)减弱爆炸压力和冲击波对人员、设备和建筑的损坏。(6)检测报警。其中，

(1)(2)(6)属于防止第一过程的出现。(3)属于控制第二过程的发展。(4)(5)属于削弱第三过程的危害。

二、多项选择题

1. ADE 【解析】选项B,固体可燃物粉碎越细,其自燃点越低。选项C,一般情况下燃点越低,火灾危险性越大。

2. BCDE 【解析】气相爆炸:包括可燃性气体和助燃性气体混合物的爆炸(氢气和氧气);气体的分解爆炸(乙炔、乙烯、氯乙烯分解);液体被喷成雾状物在剧烈燃烧时引起的爆炸,称喷雾爆炸(油雾燃烧爆炸);飞扬悬浮于空气中的可燃粉尘引起的爆炸(铝、镁或有机物粉尘爆炸)。

3. AC 【解析】火灾:在时间和空间上失去控制的燃烧所造成的灾害。以下情况也列入火灾的统计范围:(1)民用爆炸物品引起的火灾。(2)易燃或可燃液体、可燃气体、蒸气、粉尘以及其他化学易燃易爆物品爆炸和爆炸引起的火灾(地下矿井部分发生的爆炸,不列入火灾统计范围)。(3)破坏性试验中引起非实验体燃烧的事故。

4. ABCD 【解析】工业生产过程中,存在着多种引起火灾和爆炸的着火源,例如化工企业中常见的着火源有明火、化学反应热、化工原料的分解自燃、热辐射、高温表面、摩擦和撞击、绝热压缩、电气设备及线路的过热和火花、静电放电、雷击和日光照射等。

5. ACE 【解析】控制点火源共5类措施:明火、摩擦和撞击、电气设备、静电和雷电放电、化学能和太阳能。选项A属于电气设备措施;选项C属于静电和雷电放电措施;选项E属于静电和雷电放电措施;选项B属于防爆措施,不属于控制点火源措施;选项D应要求控制流体的流速,而不是采取关闭阀门。

6. ABCD 【解析】在生产过程中,应根据可燃易燃物质的燃烧爆炸特性,以及生产工艺和设备等的条件,采取有效的措施,预防在设备和系统里或在其周围形成爆炸性混合物。这类措施主要有设备密闭、厂房通风、惰性介质保护、以不燃溶剂代替可燃溶剂、危险物品隔离储存等。

7. AC 【解析】半成品、成品要及时转运。装、筑药工具应采用木、铜、铝制品或不产生火花的材质制品,严禁使用铁质工具。工作台上等冲击部位必须垫上接地导电橡胶板。

第五章　其他通用安全技术

知识框架

- 其他通用安全技术
  - 受限空间(含有限空间、密闭空间)作业安全技术
    - 受限空间及受限空间作业基本规定
    - 密闭空间作业职业危害防护措施
  - 信息安全技术
    - 工业控制系统信息安全概述
    - 信息系统安全威胁与防护措施对工业控制系统的影响
    - 信息系统安全保护
    - 工业控制系统信息安全防护指南
    - 工业控制系统信息安全行动计划
  - 职业危害控制安全技术
    - 职业危害控制的基本原则和要求
    - 生产性粉尘危害控制技术
    - 生产性毒物危害控制技术
    - 物理因素危害控制技术
  - 危险化学品安全技术
    - 危险化学品安全基础知识
    - 化工事故主要类型
    - 化工设计安全技术
    - 典型化工生产安全技术
    - 检修安全
    - 安全检测技术

考点精讲

第一节　受限空间(含有限空间、密闭空间)作业安全技术

考点 1　受限空间及受限空间作业基本规定

项目	具体内容
受限空间及其分类	受限空间是指工厂的各种设备内部(炉、塔、罐、仓、池、槽车、管道、烟道等)和工厂的隧道、下水道、沟、坑、井、池、涵洞、阀门间、污水处理设施等封闭、半封闭的设施及场所(地下隐蔽工程、密闭容器、长期不用的设施或通风不畅的场所等)。总之,一切通风不良、容易造成有毒有害气体积聚和缺氧的设备、设施和场所都叫受限空间(作业受到限制的空间),在受限空间的作业都称为受限空间作业。 受限空间分为:密闭设备、地下有限空间、地上有限空间。 主要危险因素有:缺氧、一氧化碳(CO)中毒、挥发性有机溶剂中毒(如苯、乙烷、甲醇、含氮化合物)、硫化氢(H_2S)中毒、易燃易爆物质(可燃性气体、爆炸性粉尘)爆炸、磷化氢(PH_3)中毒等
受限空间的判定	物理条件(同时符合): (1)足够大到员工可以进入从事指定的工作。 (2)进入和撤离受到限制,不能进出自如。 (3)并非设计用来给员工长时间在内工作的。 危险特征(至少符合其一): (1)内部存在或可能出现有害气体。 (2)内部存在或可能出现能掩埋进入者的物料。 (3)受限空间的内部结构可能将进入者困在其中(如内有固定设备或四壁向内倾斜收拢)。 (4)存在任何其他已识别的严重安全或健康危害
受限空间作业的特点	受限空间作业涉及的领域广、行业多(包括煤矿、金属/非金属矿山、化工、炼油、建筑、冶金、造纸、造船、电力、食品加工、市政工程、污水处理、特种设备等行业)、作业环境复杂,危险有害因素多,容易发生安全事故,造成严重后果;作业人员遇险时施救难度大,盲目施救或救援方法不当,又容易造成伤亡扩大
受限空间作业人员的安全培训	相关单位应当对从事有限空间作业的现场负责人、监护人员、作业人员、应急救援人员进行专项安全培训。专项安全培训应当包括下列内容: (1)有限空间作业的危险有害因素和安全防范措施。 (2)有限空间作业的安全操作规程

续表

项目	具体内容
受限空间作业人员的安全培训	(3)检测仪器、劳动防护用品的正确使用。 (4)紧急情况下的应急处置措施。 安全培训应当有专门记录，并由参加培训的人员签字确认
进入受限空间作业检查确认程序	进入受限空间作业检查及对策措施，参见表5－1
受限空间作业安全管理制度的构成要素	1. 作业前进行危害辨识 作业前进行危害辨识的内容： (1)是否存在可燃气体、液体或可燃固体的粉尘发生火灾或爆炸而引起作业的人员受到伤害的危险。 (2)是否存在因有毒、有害气体或缺氧而引起作业的人员中毒或窒息的危险。 (3)是否存在因任何液体水平位置的升高而引起作业的人员遇到淹溺的危险。 (4)是否存在因固体坍塌而引起作业的人员掩埋或窒息的危险。 (5)是否存在因极端的温度、噪音、湿滑的作业面、坠落、尖锐锋利的物体等物理危害而引起正在作业的人员受到伤害的危险。 (6)是否存在吞没、腐蚀性化学品、带电等因素而引起作业的人员受到伤害的危险。 2. 作业前实施隔断(隔离)、清洗、置换通风 应当采取可靠的隔断(隔离)措施，将可能危及作业安全的设施设备、存在有毒有害物质的空间与作业地点隔开。 有限空间作业应当严格遵守“先通风、再检测、后作业”的原则。检测指标包括氧浓度、易燃易爆物质(可燃性气体、爆炸性粉尘)浓度、有毒有害气体浓度。检测应当符合相关国家标准或者行业标准的规定。 3. 作业前严格进行取样分析 对作业空间的气体成分，特别是置换通风后的气体进行取样分析，对各种可能存在的易燃易爆、有毒有害气体、烟气以及蒸气、氧气的含量要符合相关的标准和要求。 可燃性气体浓度的规定：当可燃性气体的爆炸下限大于等于4%时，其被测浓度不大于0.5%；当被测可燃性气体的爆炸下限小于4%时，其被测浓度不大于0.2%，则为合格。 氧气浓度的规定：《化学品生产单位特殊作业安全规范》规定氧含量一般为18%～21%，在富氧环境下不得大于23.5%。卡博特公司规定空气中氧气含量不低于19.5%同时不超过23.5%，国内一些中央企业也规定氧气含量不低于19.5%同时不超过23.5%。 4. 安排专人进行作业安全监护 进入受限空间作业要安排专人现场监护，并为其配备便携式有毒有害气体和氧含量检测报警仪器、通信、救援设备，不得在无监护人的情况下作业。作业监护人应熟悉作业区域的环境和工艺情况，有判断和处理异常情况的能力，掌握急救知识

续表

项目	具体内容
受限空间作业安全管理制度的构成要素	5. 急救措施 受限空间救援注意事项：没有合适的救援装备禁止入内救人。不明情况绝对不能冒险进入。必须对受限空间进行长时间的强制通风，稀释有毒有害、易燃易爆气体。监护人员收到作业人员请求或发现作业人员遇险时，应用绳索将人员拉出，或佩戴呼吸器后进入空间将人员救出。 应急设备应当包括但不局限于以下内容：人员回救装置（救生索和相应救生设备）、供气（空气）管式呼吸器、灭火器、急救箱，便携式防爆电气设备、无线电通信系统或其他联络系统等相关应急设备

表5－1　进入受限空间作业检查及对策措施

序号	作业检查	对策措施
1	是否有防止人员误入的措施	在受限空间入口处应设置“危险！严禁入内”警告牌或采取其他封闭措施
2	劳保着装是否规范	必须戴安全帽、防护眼镜、防护手套、穿工作服、劳保鞋，若进入有腐蚀介质的受限空间，必须穿戴防腐工作服、防腐面具、防腐鞋及手套
3	作业人员和监护人是否了解现场情况，清楚潜在的风险	作业前必须进行安全教育。生产单位必须与施工单位进行现场检查交底，施工单位负责人应向施工作业人员进行作业程序和安全措施交底
4	是否制定了相应的作业程序、安全防范和应急措施	进入受限空间作业前，监护人员和作业人员必须熟知紧急状况时的逃生路线和救护方法，监护人与作业人员约定的联络信号。作业现场应配备一定数量的、符合规定的救生设施和灭火器材等
5	是否严格执行“三不进入”	没有办理进入受限空间作业许可证不进入；安全防护措施没有落实不进入；监护人不在现场不进入
6	进入受限空间作业前，是否已做好工艺处理	将受限空间吹扫、蒸煮、置换合格，所有与其相连且可能存在可燃可爆、有毒有害物料的管线、阀门应加盲板隔离，盲板处应挂牌标识
7	进入受限空间作业是否使用安全电压和安全行灯	进入金属容器（炉、塔、釜、罐等）和特别潮湿、工作场地狭窄的非金属容器内作业，照明电压不大于 12 V；当需要使用电动工具或照明电压大于 12 V 时，应按规定安装漏电保护器，其接线箱（板）必须放置在容器外部
8	是否使用卷扬机、吊车等运送作业人员	进入受限空间作业，不得使用卷扬机、吊车等运送作业人员，作业人员所带的工具、材料须进行登记

续表

序号	作业检查	对策措施
9	是否是易燃易爆环境	在易燃易爆环境中，应使用防爆电筒或电压不大于12 V的防爆安全行灯，行灯变压器不得放在容器内或容器上；作业人员应穿戴防静电服装，使用防爆工具
10	带有搅拌器等转动部件的设备，在断电后是否采取了必要的安全防范措施	带有搅拌器等转动部件的设备，应在停机后切断电源，摘除保险，并在开关上挂上“禁止合闸、有人工作”警示牌，必要时拆除转动部件与电机连接的联轴器
11	作业场所照明光线不良或过度	按照国家标准设置照度
12	进入受限空间需要进行登高、动火等作业，是否按相应规定办理了作业许可手续	按规定办理相关作业许可

考点2 密闭空间作业职业危害防护措施

项目	具体内容
密闭空间的界定	与外界相对隔离，进出口受限，自然通风不良，足够容纳一人进入并从事非常规、非连续作业的有限空间（如炉、塔、釜、槽车以及管道、烟道、隧道、下水道、沟、坑、井、池、涵洞、船舱、地下仓库、储藏室、地窖、谷仓等）。 经持续机械通风和定时监测，能保证在密闭空间安全作业，并不需要办理准入证的密闭空间，称为无须准入密闭空间。 具有包含可能产生职业病危害因素、或包含可能对进入者产生吞没、或因其内部结构易引起进入者落入产生窒息或迷失、或包含其他严重职业病危害因素等特征的密闭空间称为需要准入密闭空间（简称准入密闭空间）
一般职责	1. 用人单位的职责 （1）按照规范组织、实施密闭空间作业。制定密闭空间作业职业病危害防护控制计划、密闭空间作业准入程序和安全作业规程，并保证相关人员能随时得到计划、程序和规程。 （2）确定并明确密闭空间作业负责人、准入者和监护者及其职责。 （3）在密闭空间外设置警示标识，告知密闭空间的位置和所存在的危害。 （4）提供有关的职业安全卫生培训。 （5）当实施密闭空间作业前，对密闭空间可能存在的职业病危害进行识别、评估，以确定该密闭空间是否可以准入并作业。 （6）采取有效措施，防止未经允许的劳动者进入密闭空间。 （7）提供合格的密闭空间作业安全防护设施与个体防护用品及报警仪器

续表

<table>
<tr><th>项目</th><th>具体内容</th></tr>
<tr><td>一般职责</td><td>(8)提供应急救援保障。
2.作业负责人的职责
(1)确认准入者、监护者的职业卫生培训及上岗资格。
(2)在密闭空间作业环境、作业程序和防护设施及用品达到允许进入的条件后,允许进入密闭空间。
(3)在密闭空间及其附近发生不符合准入的情况时,终止进入。
(4)密闭空间作业完成后,在确定准入者及所携带的设备和物品均已撤离后终止准入。
(5)对应急救援服务、呼叫方法的效果进行检查、验证。
(6)对未经准入又试图进入或已进入密闭空间者进行劝阻或责令退出。
3.作业准入者的职责
(1)接受职业卫生培训,持证上岗。
(2)按照用人单位审核进入批准的密闭空间实施作业。
(3)遵守密闭空间作业安全操作规程;正确使用密闭空间作业安全设施与个体防护用品。
(4)应与监护者进行必要的、有效的安全、报警、撤离等双向信息交流。
(5)在准入的密闭空间作业且发生以下事项时,应及时向监护者报警或撤离密闭空间:已经意识到身体出现危险症状和体征;监护者和作业负责人下达了撤离命令;探测到必须撤离的情况或报警器发出撤离警报。
4.监护者的职责
(1)具有能警觉并判断准入者异常行为的能力,接受职业卫生培训,持证上岗。
(2)准确掌握准入者的数量和身份。
(3)在准入者作业期间,履行监测和保护职责,保证在密闭空间外持续监护;适时与准入者进行必要的、有效的安全、报警、撤离等信息交流;在紧急情况时向准入者发出撤离警报。监护者在履行监测和保护职责时,不能受到其他职责的干扰。
(4)发生以下情况时,应命令准入者立即撤离密闭空间,必要时,立即呼叫应急救援服务,并在密闭空间外实施应急救援工作:发现禁止作业的条件;发现准入者出现异常行为;密闭空间外出现威胁准入者安全和健康的险情;监护者不能安全有效地履行职责时,也应通知准入者撤离。
(5)对未经允许靠近或者试图进入密闭空间者予以警告并劝离,如果发现未经允许进入密闭空间者,应及时通知准入者和作业负责人</td></tr>
<tr><td>综合控制措施</td><td>用人单位应采取综合措施,消除或减少密闭空间的职业病危害以满足安全作业条件。
(1)设置密闭空间警示标识,防止未经准入人员进入。
(2)进入密闭空间作业前,用人单位应当进行职业病危害因素识别和评价。
(3)用人单位制定和实施密闭空间职业病危害防护控制计划、密闭空间准入程序和安全作业操作规程</td></tr>
</table>

续表

项目	具体内容
综合控制措施	(4)提供符合要求的监测、通风、通信、个人防护用品设备、照明、安全进出设施以及应急救援和其他必须设备,并保证所有设施的正常运行和劳动者能够正确使用。 (5)在进入密闭空间作业期间,至少要安排一名监护者在密闭空间外持续进行监护。 (6)按要求培训准入者、监护者和作业负责人。 (7)制定和实施应急救援、呼叫程序,防止非授权人员擅自进入密闭空间进行急救。 (8)制定和实施密闭空间作业准入程序。 (9)如果有多个用人单位同时进入同一密闭空间作业,应制定和实施协调作业程序,保证一方用人单位准入者的作业不会对另一用人单位的准入者造成威胁。 (10)制定和实施进入终止程序。 (11)当按照密闭空间管理程序所采取的措施不能有效保护劳动者时,应对进入密闭空间作业进行重新评估,并且要修订职业病危害防护控制计划。 (12)进入密闭空间作业结束后,准入文件或记录至少存档一年
安全作业操作规程	密闭空间作业应当满足的条件: (1)配备符合要求的通风设备、个人防护用品、检测设备、照明设备、通信设备、应急救援设备。 (2)应用具有报警装置并经检定合格的检测设备对准入的密闭空间进行检测评价;检测、采样方法按相关规范执行;检测顺序及项目应包括: ①测氧含量。正常时氧含量为18% ~22%,缺氧的密闭空间应符合《缺氧危险作业安全规程》的规定,在作业过程中环境空气中氧含量始终保持在19.5%以上,不得超过23.5%。短时间作业时必须采取机械通风。 ②测爆。密闭空间空气中可燃性气体浓度应低于爆炸下限的10%;对油轮船舶的拆修,以及油箱、油罐的检修,空气中可燃性气体的浓度应低于爆炸下限的1%。 ③测有毒气体。有毒气体的浓度,须低于《工作场所有害因素职业接触限值 第1部分:化学有害因素》所规定的浓度要求;如果高于此要求,应采取机械通风措施和个人防护措施。 ④当有害物质浓度大于IDLH浓度或虽经通风但有毒气体浓度仍高于《工作场所有害因素职业接触限值 第1部分:化学有害因素》所规定的要求,缺氧时,应当按照《呼吸防护用品的选择、使用与维护》要求选择和佩戴呼吸性防护用品。 ⑤所有准入者、监护者、作业负责人、应急救援服务人员须经培训考试合格。 对密闭空间可能存在的职业病危害因素进行检测、评价。 隔离密闭空间注意事项: (1)封闭危害性气体或蒸气可能回流进入密闭空间的其他开口。 (2)采取有效措施防止有害气体、尘埃或泥土、水等其他自由流动的液体和固体涌入密闭空间。 (3)将密闭空间与一切不必要的热源隔离

续表

项目	具体内容
安全作业操作规程	进入密闭空间作业前，应采取水蒸气清洁、惰性气体清洗和强制通风等措施，对密闭空间进行充分清洗，以消除或者减少存于密闭空间内的职业病有害因素。 设置必要的隔离区域或屏障。 保证密闭空间在整个准入期内始终处于安全卫生受控状态
密闭空间作业的准入管理	(1)作业负责人对满足前款“密闭空间作业应当满足的条件”的密闭空间签署准入证，准入者方可进入密闭空间。 (2)应保证所有的准入者能够及时获得准入，使准入者能够确信进入前的准备工作已经完成。 (3)准入时间不能超过完成特定工作所需时间(按时完成工作，离开现场，避免由于超时引起的危害)。 (4)密闭空间的作业一旦完成，所有准入者及所携带的设备和物品均已撤离，或者在密闭空间及其附近发生了准入所不容许的情况，要终止进入并注销准入证。 (5)用人单位应将注销的准入证至少保存一年；在准入证上记录在进入作业中碰到的问题，以用于评估和修订密闭空间作业准入程序
密闭空间职业病危害评估程序	(1)在批准进入前，应对密闭空间可能存在的职业病危害进行检测、评价，以判定是否具备前款“密闭空间作业应当满足的条件”要求的准入条件。 (2)按照测氧、测爆、测毒的顺序测定密闭空间的危害因素。 (3)持续或定时监测密闭空间环境，确保容许作业的安全卫生条件。 (4)确保准入者和监护者能及时获得检测结果。 对环境有可能发生变化的密闭空间应重新进行评估： (1)当无须准入密闭空间因某种有害物质浓度增加时，应重新评估，必要时应将其划入准入密闭空间。 (2)当用人单位将准入密闭空间重新划归为无须准入密闭空间，如果准入密闭空间没有职业病危害因素或不进入就能将密闭空间内的有害物质消除，可以将准入密闭空间重新划归无须准入密闭空间，如果检测和监督结果证明准入密闭空间各种危害已经消除，准入密闭空间应当重新划归无须准入密闭空间。 (3)用人单位应当保存职业病危害因素已经消除的证明材料，证明材料包括日期、空间位置、检测结果和颁发者签名，并保证准入者或监护者能够得到。 (4)如果重新划入无须准入密闭空间后，有害因素浓度增加，所有在此空间的准入者应当立即离开，并应重新评估和决定是否将此空间划入准入密闭空间
与密闭空间作业相关人员的安全卫生防护培训	(1)用人单位应当培训准入者、监护者和作业负责人，使其掌握在密闭空间作业所需要的安全卫生知识和技能。 (2)出现下列情况时应对作业者进行培训：上岗前；换岗前；当密闭空间的职业病危害因素发生变化时；用人单位如果认为密闭空间作业程序出现问题，或准入者未完全掌握

续表

项目	具体内容
与密闭空间作业相关人员的安全卫生防护培训	操作程序时;制定和发布最新作业程序文件时。 (3)培训结束后,应当颁发培训合格证书,合格证书应当包括准入者的姓名、培训内容、培训人签名和培训日期
承包或分包	(1)用人单位委托承包商(或分包商)从事密闭空间工作时,应当签署委托协议。 ①告知承包商(或分包商)工作场所包含密闭空间,要求承包商、分包商制定准入计划,并保证密闭空间达到本标准的要求后,方可批准进入。 ②评估承包商(或分包商)的能力,包括识别危害和密闭空间工作的经验。 ③评估承包商(或分包商)是否具有承包单位所实施保护准入者预警程序的能力。 ④评估承包商(或分包商)是否制定与承包单位相同的作业程序。 ⑤在合同书中详细说明有关密闭空间管理程序,密闭空间作业所产生或面临的各种危害。 (2)承包商(或分包商)除遵守用人单位密闭空间的要求外,应当从用人单位获得密闭空间的危害因素资料和进入操作程序文件并制定与用人单位相同的进入作业程序文件
密闭空间的应急救援要求	用人单位应建立应急救援机制,设立或委托救援机构,制定密闭空间应急救援预案,并确保每位应急救援人员每年至少进行一次实战演练。 救援机构应具备有效实施救援服务的装备;具有将准入者从特定密闭空间或已知危害的密闭空间中救出的能力。 救援人员应经过专业培训,培训内容应包括基本的急救和心肺复苏术,每个救援机构至少确保有一名人员掌握基本急救和心肺复苏术技能,还要接受作为准入者所要求的培训。 救援人员应具有在规定时间内在密闭空间危害已被识别的情况下对受害者实施救援的能力。 进行密闭空间救援和应急服务时,应采取以下措施: (1)告知每个救援人员所面临的危害。 (2)为救援人员提供安全可靠的个人防护设施,并通过培训使其能熟练使用。 (3)无论准入者何时进入密闭空间,密闭空间外的救援均应使用吊救系统。 (4)应将化学物质安全数据清单或所需要的类似书面信息放在工作地点,如果准入者受到有毒物质的伤害,应当将这些信息告知处理准入者的医疗机构
准入证的格式要求	准入证主要包括以下内容: (1)准入的空间名称。 (2)进入的目的。 (3)进入日期和期限。 (4)准入者名单

续表

项目	具体内容
准入证的格式要求	(5)监护者名单。 (6)作业负责人名单。 (7)密闭空间可能存在的职业病危害因素。 (8)进入密闭空间前拟采取的隔离、消除或控制职业病危害的措施。 (9)准入的条件。 (10)进入前和定期检测结果。 (11)应急救援服务和呼叫方法。 (12)进入作业过程中准入者与监护者保持联络的程序。 (13)按要求提供的设备清单,如个人防护用品、检测设备、交流设备、报警系统、救援设备等。 (14)其他保证安全的必要信息,包括特定的环境信息,特殊的准入,如热工作业准入等也要注明

第二节 信息安全技术

考点1 工业控制系统信息安全概述

项目	具体内容
工业控制系统信息安全的概念	国标标准化组织对信息安全的定义如下:为数据处理系统建立和采用的技术和管理的安全保护,保护计算机硬件、软件和数据不因偶然和恶意的原因遭到破坏、更改和泄露。 工业控制系统安全包括三个方面: 1. 功能安全 为了达到设备和工作安全功能,受保护的和控制设备的安全相关部分必须正确执行其功能,而且当失效或故障发生时,设备或系统必须仍能保持安全条件或进入到安全状态。 2. 物理安全 减少由于电击、火灾、辐射、机械危险、化学危险等因素造成的危害。 3. 信息安全 工业控制系统信息安全是指: (1)保护系统所采取的措施。 (2)由建立和维护保护系统的措施所得到的系统状态。 (3)能够免于对系统资源的非授权访问和非授权或意外的变更、破坏或者损失

续表

项目	具体内容
工业控制系统信息安全的概念	(4)基于计算机系统的能力,能够保证非授权人员和系统既无法修改软件及其数据又无法访问系统功能,却保证授权人员和系统不被阻止。 (5)防止对工业控制系统的非法或有害入侵,或者干扰其正确和计划的操作
工业控制系统信息安全的目的	工业控制系统信息安全的目的,即安全本质,具体如下: (1)保护。保护系统的硬件、软件、数据、资产。 (2)防止。防止系统和数据遭受更改、泄露等破坏。 (3)保证。保证系统连续可靠正常的运行,服务不中断

考点 2　信息系统安全威胁与防护措施对工业控制系统的影响

项目	具体内容
信息系统安全威胁与防护措施对工业控制系统的影响	工业控制系统运行引发出许多与大多数 IT 系统不同的安全挑战。例如大多数安全措施是为对付因特网上黑客制定的。因特网环境与工业控制系统运行环境是极其不同的。所以在安全行业中对安全需求以及安全措施可能影响工业控制系统运行的特殊要求,通常是缺乏认识的。 1. 拒绝服务的影响 已经制定的安全服务和技术主要是为了并不具有许多严格性能和可靠性要求的行业,而这些恰恰是工业控制系统运行所需要的。例如,与授权客户不能访问其银行账户相比,使授权调度员无法访问工业控制系统远端站场控制有可能造成更为严重的后果。所以拒绝服务的威胁远比许多典型因特网交易更为巨大。 2. 加密传输 使用工业控制系统的行业中使用的许多通信信道是窄带的,而且端设备经常受到内存和计算机能力的限制,从而由于某些安全措施所需的开销而不允许采用,如加密和密钥交换。 3. 密钥管理 大多数系统和设备是位于地域广大而分散、无人的远方场所,且根本没接人到因特网。这使得密钥管理、证书撤销和其他一些安全措施难于实现。 4. 公网连接 许多系统都由公共线路通信通道连接(条件所限无专网),由于协议不兼容,所以工业通用的网络安全措施(协议)不能工作。 5. 无线通信的影响 虽然无线通信正广泛为许多应用所使用,但工业控制系统使用这些无线技术的场所和所实现的功能,有较多限制;部分是因为远端站场恶劣的电磁环境对可用性的潜在影响(如变电站的高电噪声环境部分是因为一些应用要求非常快速且极其可靠的响应),即使许多无线技术具有相应的安全措施,也可能因为增加系统开销而未实现

考点3 信息系统安全保护

项目	具体内容
信息系统安全保护等级	信息系统根据其在国家安全、经济建设、社会生活中的重要程度，遭到破坏后对国家安全、社会秩序、公共利益以及公民、法人和其他组织的合法权益的危害程度等，由低到高划分为五级： (1)第一级，信息系统受到破坏后，会对公民、法人和其他组织的合法权益造成损害，但不损害国家安全、社会秩序和公共利益。 (2)第二级，信息系统受到破坏后，会对公民、法人和其他组织的合法权益产生严重损害，或者对社会秩序和公共利益造成损害，但不损害国家安全。 (3)第三级，信息系统受到破坏后，会对社会秩序和公共利益造成严重损害，或者对国家安全造成损害。 (4)第四级，信息系统受到破坏后，会对社会秩序和公共利益造成特别严重损害，或者对国家安全造成严重损害。 (5)第五级，信息系统受到破坏后，会对国家安全造成特别严重损害
信息系统应具备的安全保护能力	信息系统安全等级保护应依据信息系统的安全保护等级情况保证它们具有相应等级的基本安全保护能力，不同安全保护等级的信息系统要求具有不同的安全保护能力。 不同安全保护等级的信息系统应具备的基本安全保护能力如下： (1)第一级安全保护能力：应能够防护系统免受来自个人的、拥有很少资源的威胁源发起的恶意攻击、一般的自然灾难以及其他相当危害程度的威胁所造成的关键资源损害，在系统遭到损害后，能够恢复部分功能。 (2)第二级安全保护能力：应能够防护系统免受来自外部小型组织的、拥有少量资源的威胁源发起的恶意攻击、一般的自然灾难以及其他相当危害程度的威胁所造成的重要资源损害，能够发现重要的安全漏洞和安全事件，在系统遭到损害后，能够在一段时间内恢复部分功能。 (3)第三级安全保护能力：应能够在统一安全策略下防护系统免受来自外部有组织的团体、拥有较为丰富资源的威胁源发起的恶意攻击、较为严重的自然灾难、以及其他相当危害程度的威胁所造成的主要资源损害，能够发现安全漏洞和安全事件，在系统遭到损害后，能够较快恢复绝大部分功能。 (4)第四级安全保护能力：应能够在统一安全策略下防护系统免受来自国家级别的、敌对组织的、拥有丰富资源的威胁源发起的恶意攻击、严重的自然灾难、以及其他相当危害程度的威胁所造成的资源损害，能够发现安全漏洞和安全事件，在系统遭到损害后，能够迅速恢复所有功能。 (5)第五级安全保护能力：具备第四级安全防护的漏洞发现和入侵检测能力，同时需要由访问控制监视器实现对访问的及时验证，保证杜绝未授权用户的非法访问

考点4 工业控制系统信息安全防护指南

<table>
<tr><th>项目</th><th>具体内容</th></tr>
<tr><td>工业控制系统信息安全防护指南</td><td>工业控制系统应用企业应从以下十一个方面做好工业控制系统安全防护工作。
1. 安全软件选择与管理
在工业主机上采用经过离线环境中充分验证测试的防病毒软件或应用程序白名单软件,只允许经过工业企业自身授权和安全评估的软件运行。
建立防病毒和恶意软件入侵管理机制,对工业控制系统及临时接入的设备采取病毒查杀等安全预防措施。
2. 配置和补丁管理
做好工业控制网络、工业主机和工业控制设备的安全配置,建立工业控制系统配置清单,定期进行配置审计。
对重大配置变更制定变更计划并进行影响分析,配置变更实施前进行严格安全测试。
密切关注重大工控安全漏洞及其补丁发布,及时采取补丁升级措施。在补丁安装前,需对补丁进行严格的安全评估和测试验证。
3. 边界安全防护
分离工业控制系统的开发、测试和生产环境。
通过工业控制网络边界防护设备对工业控制网络与企业网或互联网之间的边界进行安全防护,禁止没有防护的工业控制网络与互联网连接。
通过工业防火墙、网闸等防护设备对工业控制网络安全区域之间进行逻辑隔离安全防护。
4. 物理和环境安全防护
对重要工程师站、数据库、服务器等核心工业控制软硬件所在区域采取访问控制、视频监控、专人值守等物理安全防护措施。
拆除或封闭工业主机上不必要的 USB、光驱、无线等接口。若确实需使用,可通过主机外设安全管理技术手段实施严格访问控制。
5. 身份认证
在工业主机登录、应用服务资源访问、工业云平台访问等过程中使用身份认证管理。对于关键设备、系统和平台的访问采用多因素认证。
合理分类设置账户权限,以最小特权原则分配账户权限。
强化工业控制设备、SCADA 软件、工业通信设备等的登录账户及密码,避免使用默认口令或弱口令,定期更新口令。
加强对身份认证证书信息保护力度,禁止在不同系统和网络环境下共享。
6. 远程访问安全
原则上严格禁止工业控制系统面向互联网开通 HTTP、FTP、Telnet 等高风险通用网络服务。
确需远程访问的,采用数据单向访问控制等策略进行安全加固,对访问时限进行控制,并采用加标锁定策略</td></tr>
</table>

续表

项目	具体内容
工业控制系统信息安全防护指南	确需远程维护的，采用虚拟专用网络（VPN）等远程接入方式进行。 保留工业控制系统的相关访问日志，并对操作过程进行安全审计。 7. 安全监测和应急预案演练 在工业控制网络部署网络安全监测设备，及时发现、报告并处理网络攻击或异常行为。 在重要工业控制设备前端部署具备工业协议深度包检测功能的防护设备，限制违法操作。 制定工控安全事件应急响应预案，当遭受安全威胁导致工业控制系统出现异常或故障时，应立即采取紧急防护措施，防止事态扩大，并逐级报送直至属地省级工业和信息化主管部门，同时注意保护现场，以便进行调查取证。 定期对工业控制系统的应急响应预案进行演练，必要时对应急响应预案进行修订。 8. 资产安全 建设工业控制系统资产清单，明确资产责任人，以及资产使用及处置规则。 对关键主机设备、网络设备、控制组件等进行冗余配置。 9. 数据安全 对静态存储和动态传输过程中的重要工业数据进行保护，根据风险评估结果对数据信息进行分级分类管理。 定期备份关键业务数据。 对测试数据进行保护。 10. 供应链管理 在选择工业控制系统规划、设计、建设、运维或评估等服务商时，优先考虑具备工控安全防护经验的企事业单位，以合同等方式明确服务商应承担的信息安全责任和义务。 以保密协议的方式要求服务商做好保密工作，防范敏感信息外泄。 11. 落实责任 通过建立工业控制系统安全管理机制、成立信息安全协调小组等方式，明确工业控制系统安全管理责任人，落实工控安全责任制，部署工控安全防护措施

考点 5　工业控制系统信息安全行动计划

项目	具体内容
总体要求	1. 指导思想 全面贯彻落实党的十九大精神，以习近平新时代中国特色社会主义思想为指引，坚持总体国家安全观，以落实企业主体责任为关键，紧紧围绕新时期两化深度融合发展需求，重点提升工业控制系统信息安全（以下简称工控安全）态势感知、安全防护和应急处置能力，促进产业创新发展，建立多级联防联动工作机制，为制造强国和网络强国战略建设奠定坚实基础

续表

项目	具体内容
总体要求	2. 基本原则 坚持安全和发展同步推进。树立正确的网络安全观，坚持以安全保发展，以发展促安全，安全和发展并重。确保信息安全与信息化建设同步规划、同步建设、同步运行。 坚持落实企业主体责任。确立企业工控安全主体责任地位，强化责任意识，把工控安全作为工业生产安全的重要组成部分，将安全要求纳入企业生产、经营、管理各环节。 坚持因地制宜分类指导。准确把握工控安全在不同行业、不同地区的发展基础和特征，结合工控安全威胁的多样性和复杂性，分类别、分层次、分步骤精准施策。 坚持技术和管理并重。统筹技术防护与安全管理，充分运用先进技术提升工控安全防护能力，创新企业安全管理机制，全面落实安全管理制度
主要行动	1. 安全管理水平提升 落实企业主体责任。企业依据《中华人民共和国网络安全法》建立工控安全责任制，明确企业法人代表、经营负责人第一责任者的责任，组建管理机构，完善管理制度。贯彻落实《工业控制系统信息安全防护指南》安全要求，持续加大工控安全投入，落实防护技术改造和隐患治理专项经费，积极开展防护能力评估。 落实监督管理责任。工业和信息化部统筹制定工控安全政策标准，开展宣贯培训，定期组织全国检查评估，对纳入审查范围的工业控制系统产品与服务实施安全审查。地方工业和信息化主管部门加快工控安全地方性法规建设，建立重要工业控制系统目录清单，加强日常监督管理，安排专项资金推动地方监测、预警、应急等保障能力建设，持续完善地方工控安全保障体系。 2. 态势感知能力提升 建设全国工控安全监测网络。支持国家级工业信息安全技术机构持续完善主动监测、被动诱捕、威胁情报获取等工控安全在线监测手段，扩展工业控制系统资产识别种类，提高识别精准度和搜索效率。建设以国家工控安全在线监测平台为中心，涵盖省级重要节点的监测网络，实现对全国重要工业控制系统运行状态、风险隐患的实时感知、精准研判和科学决策。 实施信息共享工程。鼓励行业主管部门、企业、科研院所、联盟协会等机构和个人积极参与信息共享工作，建立共享清单，明确共享内容，推动形成政府引导、企业主体、社会参与、利益共享的工作机制。充分利用云计算、大数据等技术手段，建设国家工控安全信息共享平台，实现信息的安全、可靠、及时共享。 3. 安全防护能力提升 加强防护技术研究。支持建设工控安全靶场、仿真测试等共性技术平台，研发工控安全防护技术工具集，加强分区隔离、安全交换、协议管控等关键技术攻关。开展防护能力建设试点示范，形成可复制、可推广的安全防护整体解决方案。探索工业云、工业大数据等新兴应用的安全架构设计，开展工业互联网安全防护技术研究和创新。 建立健全标准体系。制定工控安全分级、安全要求、安全实施、安全测评类标准，加快

续表

项目	具体内容
主要行动	工控安全防护能力评估、工业控制系统设备产品安全、工业互联网平台安全等急用先行标准的发布和应用，鼓励企业、科研院所、行业组织等参与国际标准化工作。 4. 应急处置能力提升 开展信息通报预警。制定《工业信息安全信息报送与通报管理办法》，建立信息通报员、日常信息通报、应急信息通报、风险预警等制度。建设工控安全信息通报预警平台，及时发布风险预警信息，跟踪风险防范工作进展，形成快速高效、各方联动的信息通报预警体系。 建设国家应急资源库。按照《国家网络安全事件应急预案》总体要求，支持国家级工业信息安全技术机构建设应急资源库，实现信息采集、辅助决策、预案演练等功能。在突发工业信息安全事件时，支撑行业主管部门协调技术专家和专业队伍对事件开展分析研判，并调动相关应急资源及时有效地开展处置工作。 5. 产业发展能力提升 培育龙头骨干企业。面向工控安全领域产业发展需求，加快培育一批技术水平高、业务规模大、竞争能力强的工业控制系统生产企业和安全服务商，支持龙头骨干企业突破核心技术，研发关键产品、提高服务能力、创新商业模式，联合工业企业开展优秀产品及解决方案示范，推动行业应用。 创建国家新型工业化产业示范基地（工业信息安全）。选择工业基础雄厚、产业链条完备、聚集效应明显的地区建设国家新型工业化产业示范基地（工业信息安全）。围绕工业控制系统技术研发、应用示范、产融合作、人才培养等关键环节，探索产业发展路径，促进产业集聚发展，发挥先行先试和示范带动作用

第三节　职业危害控制安全技术

考点 1　职业危害控制的基本原则和要求

项目	具体内容
防尘、防毒基本原则和要求	1. 防尘、防毒的基本原则 （1）优先采用先进的生产工艺、技术和无毒（害）或低毒（害）的原材料，消除或减少尘、毒职业性有害因素。 （2）对于工艺、技术和原材料达不到要求的，应根据生产工艺和粉尘、毒物特性，设计相应的防尘、防毒通风控制措施，使劳动者活动的工作场所有害物质浓度符合相关标准的要求。 （3）如预期劳动者接触浓度不符合要求的，应根据实际接触情况，采取有效的个人防护措施

续表

项目	具体内容
防尘、防毒基本原则和要求	2. 防尘、防毒的基本措施要求 (1)原材料选择应遵循无毒物质代替有毒物质,低毒物质代替高毒物质的原则。 (2)对产生粉尘、毒物的生产过程和设备(含露天作业的工艺设备),应优先采用机械化和自动化,避免直接人工操作。采取有效的密闭、通风和净化等措施。 (3)对于逸散粉尘的生产过程,应对产尘设备采取密闭措施,设置适宜的局部排风除尘设施对尘源进行控制,应采取湿法抑尘或采用其他通风、除尘方式。 (4)在生产中可能突然逸出大量有害物质或易造成急性中毒或易燃易爆的化学物质的室内作业场所,应设置事故通风装置及与事故排风系统相连锁的泄漏报警装置。在放散有爆炸危险的可燃气体、粉尘或气溶胶等物质的工作场所,应设置防爆通风系统或事故排风系统。 (5)可能存在或产生有毒物质的工作场所应根据有毒物质的理化特性和危害特点配备现场急救用品,设置冲洗喷淋设备、应急撤离通道、必要的泄险区以及风向标
防噪声基本原则	应首先从声源上进行控制,使噪声作业劳动者接触噪声声级符合相关标准的要求。采用工程控制技术措施仍达不到相关标准要求的,应根据实际情况合理设计劳动作息时间,并采取适宜的个人防护措施。 (1)产生噪声的车间与非噪声作业车间、高噪声车间与低噪声车间应分开布置。 (2)在满足工艺流程要求的前提下,宜将高噪声设备相对集中,并采取相应的隔声、吸声、消声、减振等控制措施。 (3)为减少噪声的传播,宜设置隔声室
防振动基本原则	(1)采用新技术、新工艺、新方法,首先控制振动源。 (2)合理设计劳动作息时间,并采取适宜的个人防护措施
防非电离辐射与电离辐射的基本原则和要求	电磁辐射广泛存在于宇宙空间和地球上。当一根导线有交流电通过时,导线周围辐射出一种能量,这种能量以电场和磁场形式存在,并以波动形式向四周传播,人们把这种交替变化的,以一定速度在空间传播的电场和磁场,称为电磁辐射或电磁波。 电磁辐射分为射频辐射、红外线、可见光、紫外线、X 射线及 α 射线等。当量子能量达到 12 eV 以上时,对物体有电离作用,能导致机体的严重损伤,这类辐射称为电离辐射。量子能量小于 12 eV 的不足以引起生物体电离的电磁辐射,称为非电离辐射 1. 防非电离辐射原则  辐射位置：人体、家居环境　作用距离：150 cm–300 cm　作用强度：★ 辐射位置：人体、眼睛、大脑　作用距离：30 cm–50 cm　作用强度：★★★ 辐射位置：大脑　作用距离：零距离　作用强度：★★★ 辐射位置：眼睛、大脑　作用距离：20 cm–30 cm　作用强度：★★★★

续表

项目	具体内容
防非电离辐射与电离辐射的基本原则和要求	非电离辐射的主要防护措施有场源屏蔽、距离防护、合理布局以及采取个人防护措施等。 (1)产生工频电磁场的设备安装地址(位置)的选择应与居住区、学校、医院、幼儿园等保持一定的距离,使上述区域电场强度控制在最高容许接触水平以下。 (2)在选择极低频电磁场发射源和电力设备时,应综合考虑安全性、可靠性以及经济社会效益。 (3)对于在生产过程中有可能产生非电离辐射的设备,应制定非电离辐射防护规划,采取有效的屏蔽、接地、吸收等工程技术措施及自动化或半自动化远距离操作。 (4)企业在设计劳动定员时应考虑电磁辐射环境对装有心脏起搏器病人等特殊人群的健康影响。 2. 防电离辐射原则 电离辐射的防护,除了场源屏蔽,距离防护、合理布局以及采取个人防护措施外也包括辐射剂量的控制和相应的防护措施
防高温基本原则	(1)优先采用先进的生产工艺、技术和原材料,工艺流程的设计宜使操作人员远离热源。 (2)采取必要的隔热、通风、降温等措施。 (3)采取工程控制措施和必要的组织措施,如减少生产过程中的热和水蒸气释放、屏蔽热辐射源、加强通风、减少劳动时间、改善作业方式等。 (4)根据实际接触情况采取有效的个人防护措施

考点 2　生产性粉尘危害控制技术

项目	具体内容
生产性粉尘的来源和分类	1. 来源 生产性粉尘来源十分广泛,如机械加工、金属切削、矿石粉碎、钻孔爆破、玻璃、水泥、陶瓷、皮毛、纺织物、烟尘,以及沉积的粉尘二次扬尘等。 2. 分类 生产性粉尘分类方法有几种,根据生产性粉尘的性质可将其分为 3 类。 (1)无机性粉尘。无机性粉尘包括矿物性粉尘,如硅石、石棉、煤等;金属性粉尘,如铁、锡、铝等及其化合物;人工无机性粉尘,如水泥、金刚砂等。 (2)有机性粉尘。有机性粉尘包括植物性粉尘,如棉、麻、面粉、木材;动物性粉尘,如皮毛、丝、骨质粉尘;人工合成有机粉尘,如有机染料、农药、合成树脂、炸药和人造纤维等。 (3)混合性粉尘。混合性粉尘是上述各种粉尘的混合存在,一般包括两种以上的粉尘。生产环境中最常见的就是混合性粉尘

续表

<table>
<tr><th>项目</th><th>具体内容</th></tr>
<tr><td>生产性粉尘的理化性质</td><td>在卫生学上，常用的粉尘理化性质包括粉尘的化学成分、分散度、溶解度、密度、形状、硬度、荷电性和爆炸性等。
1. 粉尘的化学成分
粉尘的化学成分、浓度和接触时间是直接决定粉尘对人体危害性质和严重程度的重要因素。根据粉尘化学性质不同，粉尘对人体有致纤维化、中毒、致敏等作用，如游离二氧化硅粉尘可导致纤维化作用。
2. 分散度
粉尘的分散度是表示粉尘颗粒大小的一个概念，它与粉尘在空气中呈浮游状态存在的持续时间（稳定程度）有密切关系。颗粒越小，分散度越大，危害越大。直径小于5 μm的粉尘对机体的危害性较大，也易于达到呼吸器官的深部。
3. 溶解度与密度
主要呈化学毒副作用的粉尘，随溶解度的增加其危害作用增强；主要呈机械刺激作用的粉尘，随溶解度的增加其危害作用减弱。
粉尘颗粒密度的大小与其在空气中的稳定程度有关。尘粒大小相同，密度大者沉降速度快、稳定程度低。
4. 形状与硬度
因形状不同，在沉降时所受阻力也不同，因此，粉尘的形状能影响其稳定程度。坚硬并外形尖锐的尘粒可能引起呼吸道黏膜机械损伤，如某些纤维状粉尘（如石棉纤维）。
5. 荷电性
高分散度的尘粒通常带有电荷，与作业环境的湿度和温度有关。尘粒带有相异电荷时，可促进凝集、加速沉降。粉尘的这一性质对选择除尘设备有重要意义。荷电的尘粒在呼吸道可被阻留。
6. 爆炸性
高分散度的煤炭、糖、面粉、硫黄、铝、锌等粉尘具有爆炸性</td></tr>
<tr><td>生产性粉尘治理的技术措施</td><td>采用工程技术措施消除和降低粉尘危害，是治本的对策，是防止尘肺发生的根本措施。
1. 改革工艺流程
通过改革工艺流程使生产过程机械化、密闭化、自动化，从而消除和降低粉尘危害。
2. 湿式作业
湿式作业防尘的特点是防尘效果可靠，易于管理，投资较低。该方法已为厂矿广泛应用，如石粉厂的水磨石英和陶瓷厂、玻璃厂的原料水碾、湿法拌料、水力清砂、水爆清砂等。
3. 密闭、抽风、除尘
对不能采取湿式作业的场所应采用该方法。干法生产（粉碎、拌料等）容易造成粉尘飞扬，可采取密闭、抽风、除尘的办法，但其基础是首先必须对生产过程进行改革，实现</td></tr>
</table>

续表

项目	具体内容
生产性粉尘治理的技术措施	机械化生产。在手工生产、流程紊乱的情况下，该方法是无法奏效的。密闭、抽风、除尘系统可分为密闭设备、吸尘罩、通风管、除尘器等几个部分。 4. 个体防护和个人卫生 当防、降尘措施难以使粉尘浓度降至国家标准水平以下时，应佩戴防尘护具并加强个人卫生。另外，应加强对员工的教育培训、现场的安全检查以及对防尘的综合管理等

考点3　生产性毒物危害控制技术

项目	具体内容
生产性毒物的来源与存在形态	1. 来源 在生产过程中，生产性毒物主要来源于原料、辅助材料、中间产品、夹杂物、半成品、成品、废气、废液及废渣，有时也可能来自加热分解的产物。 2. 毒物形态 (1)生产性毒物可以固体、液体、气体的形态存在于生产环境中。 ①气体：在常温、常压条件下，散发于空气中的气体，如氯、溴、氨、一氧化碳和甲烷等。 ②蒸气：固体升华、液体蒸发时形成蒸气，如水银蒸气和苯蒸气等。 ③雾：混悬于空气中的液体微粒。如喷洒农药和喷漆所形成的雾滴，镀铬和蓄电池充电时溢出的铬酸雾和硫酸雾等。 ④烟：直径小于0.1 μm的悬浮于空气中的固体微粒。如熔铜时产生的氧化锌烟尘，熔镉时产生的氧化镉烟尘，电焊时产生的电焊烟尘。 ⑤粉尘：悬浮于空气中的固体微粒，直径大多数为0.1～10 μm。固体物质的机械加工、粉碎、筛分、包装等可引起粉尘飞扬。 悬浮于空气中的粉尘、烟和雾等微粒，统称为气溶胶。 生产性毒物进入人体的途径主要是经呼吸道，也可经皮肤和消化道进入。 (2)密闭空间是指与外界相对隔离，进出口受限，自然通风不良，足够容纳一人进入并从事非常规、非连续作业的有限空间。 在职业活动中可能引起死亡、失去知觉、丧失逃生及自救能力、伤害或引起急性中毒的环境，有以下一种或几种情况： ①可燃性气体、蒸汽和气溶胶的浓度超过爆炸下限(LEL)10%的。 ②空气中爆炸性粉尘浓度达到或超过爆炸下限30%的。 ③空气中氧含量低于18%或超过20%。 ④空气中有害物质的浓度超过工作场所有害因素职业接触限值。 ⑤其他任何含有有害物浓度超过立即威胁生命或健康浓度的环境条件。 对于立即威胁生命或健康的浓度和环境规定了准入条件，密闭空间必须具备能容许劳动者进入并能保证其工作安全的条件

续表

<table>
<tr><th colspan="2">项目</th><th>具体内容</th></tr>
<tr><td rowspan="5">生产性毒物危害治理措施</td><td colspan="2">生产过程的密闭化、自动化是解决毒物危害的根本途径。采用无毒、低毒物质替代有毒或高毒物质是从根本上解决毒物危害的首选办法。
常用的生产性毒物控制措施如有：密闭－通风排毒系统、局部排气罩、排出气体的净化、个体防护</td></tr>
<tr><td>密闭－通风排毒系统</td><td>该系统由密闭罩、通风管、净化装置和通风机构成。采用该系统必须注意以下 2 点：
(1)整个系统必须注意安全、防火、防爆问题。
(2)正确地选择气体的净化和回收利用方法，防止二次污染，防止环境污染</td></tr>
<tr><td>局部排气罩</td><td>局部排气罩按其构造分为 3 种类型：
(1)密闭罩。在工艺条件允许的情况下，尽可能将毒源密闭起来，然后通过通风管将含毒空气吸出，送往净化装置，净化后排放大气。
密闭罩内保持负压，所需排风量最小，控制效果最好，不受室内气流干扰。设计中应优先选用。
(2)开口罩。在生产工艺操作不可能采取密闭罩排气时，可按生产设备和操作的特点，设计开口罩排气。按结构形式，开口罩分为上吸罩、侧吸罩和下吸罩。
(3)通风橱。通风橱是密闭罩与侧吸罩相结合的一种特殊排气罩。可以将产生有害物的操作和设备完全放在通风橱内，通风橱上设有开启的操作小门，以便于操作。
为防止通风橱内机械设备的扰动、化学反应或热源的热压、室内横向气流的干扰等原因而引起的有害物逸出，必须对通风橱实行排气，使橱内形成负压状态，以防止有害物逸出</td></tr>
<tr><td>排出气体的净化</td><td>有害气体净化方法大致分为洗涤法、吸附法、袋滤法、静电法、燃烧法和高空排放法。
确定净化方案的原则是：
(1)设计前必须确定有害物质的成分、含量和毒性等理化指标。
(2)确定有害物质的净化目标和综合利用方向，应符合卫生标准和环境保护标准的规定。
(3)净化设备的工艺特性，必须与有害介质的特性相一致。
(4)落实防火、防爆的特殊要求。
1. 洗涤法
洗涤法也称吸收法，是通过适当比例的液体吸收剂处理气体混合物，完成</td></tr>
</table>

续表

项目	具体内容	
生产性毒物危害治理措施	排出气体的净化	沉降、降温、聚凝、洗净、中和、吸收和脱水等物理化学反应，以实现气体的净化。洗涤法是一种常用的净化方法。如冶金行业的焦炉煤气、高炉煤气、转炉煤气、发生炉煤气净化，化工行业的工业气体净化，机电行业的苯及其衍生物等有机蒸气净化，电力行业的烟气脱硫净化等等。 2. 吸附法 吸附法是使有害气体与多孔性固体（吸附剂）接触，使有害物（吸附质）黏附在固体表面上（物理吸附）。吸附剂达到饱和吸附状态时，可以解吸、再生、重新使用。吸附法多用于低浓度有害气体的净化，并实现其回收与利用。如苯类、醇类、酯类和酮类等有机蒸气的气体净化与回收工程，已广泛应用。 3. 袋滤法 袋滤法是粉尘通过过滤介质受阻，而将固体颗粒物分离出来的方法。在袋滤器内，粉尘将经过沉降、聚凝、过滤和清灰等物理过程，实现无害化排放。袋滤法是一种高效净化方法，主要适用工业气体的除尘净化。该方法还可以用作气体净化的前处理及物料回收装置。 4. 静电法 静电法是粒子在电场作用下，带荷电后，粒子向沉淀极移动，带电粒子碰到集尘极即释放电子而呈中性状态附着于集尘板上，从而被捕捉下来，完成气体净化的方法。在供电设备清灰和粉尘回收等方面应用较多。 5. 燃烧法 燃烧法是将有害气体中的可燃成分与氧结合，进行燃烧，使其转化为 CO_2 和 H_2O，达到气体净化与无害物排放的方法。燃烧法适用于有害气体中含有可燃成分的条件，其中直接燃烧法是在一般方法难以处理，且危害性极大，必须采取燃烧处理时采用，如净化沥青烟、炼油厂尾气等；催化燃烧法主要用于净化机电、轻工行业产生的苯、醇、酯、醚、醛、酮、烷和酚类等有机蒸气
	个体防护	对接触毒物作业的工人，进行个体防护有特殊意义。毒物通过呼吸道、皮肤侵入人体，因此凡是接触毒物的作业都应规定有针对性的个人卫生制度，必要时应列入操作规程。属于作业场所的防护用品有防腐服装、防毒口罩和防毒面具
密闭空间作业管理	对于密闭空间作业有两种形式的管理规定： 经定时监测和持续进行机械通风，能保证在密闭空间内安全作业，并不需要办理准入证的密闭空间，称为无须准入密闭空间。 具有包含可能产生职业有害因素、或包含可能对进入者产生吞没危害、或具有内部结	

续表

项目	具体内容
密闭空间作业管理	构,易使进入者落入引起窒息或迷失、或包含其他严重职业病危害因素等特征的密闭空间称为需要准入密闭空间。 进入密闭空间安全作业的条件: (1)进入密闭空间作业应由用人单位实施安全作业准入。 (2)明确密闭空间作业负责人、被批准进入作业的劳动者和外部监护或监督人员及其职责。 (3)设置警示标识,告知密闭空间的位置和所存在的危害。 (4)提供有关的职业安全卫生培训。 (5)当实施密闭空间作业前,需评估密闭空间可能存在的职业危害,以确定该密闭空间是否准入作业。 (6)采取有效措施,防止未经容许的劳动者进入密闭空间。 (7)提供密闭空间作业的合格的安全防护设施、个体防护用品及报警仪器,如通风设备、呼吸设备、通话设备等。 (8)提供应急救援保障

考点4　物理因素危害控制技术

项目		具体内容
噪声	生产性噪声的特性、种类、来源及其危害	生产性噪声可归纳为以下3类: 1. 空气动力噪声 由于气体压力变化引起气体扰动,气体与其他物体相互作用所致。如风机、空气压缩机、风动工具、喷气发动机和汽轮机等发出的噪声。 2. 机械性噪声 由于机械撞击、摩擦或质量不平衡旋转等机械力作用下引起固体部件振动所产生的噪声。例如车床、电锯、电刨、球磨机、砂轮机和织布机等发出的噪声。 3. 电磁性噪声 由于磁场脉冲,磁致伸缩引起电气部件振动所致。电磁式振动台和振荡器、大型电动机、发电机和变压器等产生的噪声
	噪声的控制措施	控制生产性噪声的3项技术措施: (1)消除或降低噪声、振动源,如铆接改为焊接、锤击成型改为液压成型等为防止振动,使用隔绝物质,如用橡皮、软木和砂石等隔绝噪声。 (2)消除或减少噪声、振动的传播,如吸声、隔声、隔振、阻尼。 (3)加强个人防护和健康监护

续表

项目		具体内容
振动	产生振动的机械	在生产过程中,生产设备、工具产生的振动称为生产性振动。产生振动的机械有锻造机、冲压机、压缩机、振动机、送风机和打夯机等。在生产中手臂振动所造成的危害,较为明显和严重,国家已将手臂振动病列为职业病。 存在手臂振动的生产作业主要有以下几类: (1)操作锤打工具。 (2)手持转动工具。 (3)使用固定轮转工具等。 (4)驾驶交通运输车辆与使用农业机械
	振动的控制措施	(1)控制振动源。应在设计、制造生产工具和机械时采用减振措施,使振动降低到对人体无害水平。 (2)改革工艺,采用减振和隔振等措施。如采用焊接等新工艺代替铆接工艺;采用水力清砂代替风铲清砂;工具的金属部件采用塑料或橡胶材料,减少撞击振动。 (3)限制作业时间和振动强度。 (4)改善作业环境,加强个体防护及健康监护
辐射	非电离辐射的来源与防护	1. 非电离辐射的来源及其危害 (1)射频辐射。射频辐射又称为无线电波,量子能量很小。可分成高频电磁场、超高频电磁场和微波3个波段。 高频等离子技术用于高温化学反应和高温熔炼。工人作业地带的高频电磁场主要来自高频设备的辐射源。 微波加热广泛用于食品、木材、皮革及茶叶等加工,医药与纺织印染等行业。如烘干粮食、处理种子、消毒灭菌、理疗等。生产场所接触微波辐射多由于设备密闭结构不严,造成微波能量外泄或由各种辐射结构(天线)向空间辐射微波能量。 一般来说,射频辐射对人体的影响不会导致组织器官的器质性损伤,主要引起功能性改变,并具有可逆性特征,在停止接触数周或数月后往往可恢复。但在大强度长期射频辐射的作用下,心血管系统的征候持续时间较长,并有进行性倾向。 (2)红外线辐射。加热金属、熔融玻璃及强发光体等可成为红外线辐射源。红外线辐射对机体的影响主要是皮肤和眼睛。 (3)紫外线辐射。物体温度达1 200 ℃以上的辐射电磁波谱中即可出现紫外线。常见的辐射源有冶炼炉、电焊、氧乙炔气焊、氩弧焊和等离子焊接等。 强烈的紫外线辐射作用可引起皮炎,表现为弥漫性红斑,有时可出现小水泡和水肿,并有发痒、烧灼感。在作业场所比较多见的是紫外线对眼睛的损伤,即由电弧光照射所引起的职业病——电光性眼炎

续表

<table>
<tr><th>项目</th><th colspan="2">具体内容</th></tr>
<tr><td rowspan="2">辐射</td><td>非电离辐射的来源与防护</td><td>(4)激光。激光不是天然存在的，它也是电磁波，属于非电离辐射。被广泛应用于工业、农业、国防、医疗和科研等领域。
激光对人体的危害主要是由它的热效应和光化学效应造成的。激光对皮肤损伤的程度取决于激光强度、频率和肤色深浅、组织水分、角质层厚度等。激光会烧伤皮肤。
2. 非电离辐射的控制与防护
(1)高频电磁场的主要防护措施有场源屏蔽、距离防护和合理布局等。
(2)对微波辐射的防护，是直接减少源的辐射、屏蔽辐射源、采取个人防护及执行安全规则。
(3)对红外线辐射的防护，重点是对眼睛的保护。
(4)对紫外线辐射的防护是屏蔽和增大与辐射源的距离，佩戴专用的防护用品。
(5)对激光的防护，应包括激光器、工作室及个体防护三方面</td></tr>
<tr><td>电离辐射来源与防护</td><td>1. 电离辐射来源
凡能引起物质电离的各种辐射称为电离辐射。其中 α、β 等带电粒子都能直接使物质电离，称为直接电离辐射；γ 光子、中子等非带电粒子，先作用于物质产生高速电子，继而由这些高速电子使物质电离，称为非直接电离辐射。能产生直接或非直接电离辐射的物质或装置称为电离辐射源，如各种天然放射性核素、人工放射性核素和 X 线机等。
2. 电离辐射的防护
主要是控制辐射源的质和量。电离辐射的防护分为外照射防护和内照射防护。
(1)外照射防护：基本方法有时间防护、距离防护和屏蔽防护，通称“外防护三原则”。
(2)内照射防护：基本防护方法有围封隔离、除污保洁和个人防护等综合性防护措施</td></tr>
<tr><td>异常气象条件</td><td>异常气象条件的种类</td><td>1. 高温作业
生产场所的热源可来自各种熔炉、锅炉、化学反应釜、机械摩擦和转动产热以及人体散热。空气湿度的影响主要来自各种敞开液面的水分蒸发或蒸汽放散，如造纸、印染、缫丝、电镀、潮湿的矿井、隧道以及潜涵等相对湿度大于 80% 的高湿的作业环境。
2. 高温强热辐射作业
高温强热辐射作业是指工作地点气温在 30 ℃以上或工作地点气温高于夏季室外气温 2 ℃以上，并有较强的辐射热作业。如冶金工业的炼钢、炼铁车间，机械制造工业的铸造、锻造，建材工业的陶瓷、玻璃、搪瓷、砖瓦等窑炉</td></tr>
</table>

续表

项目		具体内容
异常气象条件	异常气象条件的种类	车间等。 3. 高温高湿作业 高温高湿作业，如印染、缫丝、造纸等工业中，液体加热或蒸煮，车间气温达 35 ℃以上，相对湿度达 90%以上。煤矿深井井下气温达 30 ℃，相对湿度 95%以上。 4. 其他异常气象条件作业 其他异常气象条件作业，如冬天在寒冷地区、冷库或地窖工作的低温作业，潜水作业和潜涵作业等高气压作业，高空、高原低气压环境的低气压作业等
	异常气象条件防护措施	1. 高温作业防护 对于高温作业，首先应合理设计工艺流程，改进生产设备和操作方法，这是改善高温作业条件的根本措施。如钢水连珠、轧钢及铸造等生产自动化可使工人远离热源；采用开放或半开放式作业，利用自然通风，尽量在夏季主导风向下风侧对热源隔离等。 2. 隔热 隔热是防止热辐射的重要措施，可利用水来进行。 3. 通风降温 通风降温方式有自然通风和机械通风两种方式。 4. 保健措施 供给饮料和补充营养，暑季供应含盐的清凉饮料是有特殊意义的保健措施。 5. 个体防护 使用耐热工作服等。低温的防护，要防寒和保暖，加强个体防护用品使用。 6. 异常气压的预防 可通过采取一些措施预防异常气压：技术革新，如采用管柱钻孔法代替沉箱，工人不必在水下高压作业；遵守安全操作规程；保健措施，高热量、高蛋白饮食等

第四节　危险化学品安全技术

考点 1　危险化学品安全基础知识

项目	具体内容
危险化学品概念及类别划分	危险化学品，是指具有毒害、腐蚀、爆炸、燃烧、助燃等性质，对人体、设施、环境具有危害的剧毒化学品和其他化学品。 按物理危险、健康危害和环境危害将危险化学品分为三大类

续表

项目	具体内容
危险化学品的主要危险特性	危险化学品的主要危险特性包括:燃烧性、爆炸性、毒害性、腐蚀性等
化学品安全技术说明书	化学品安全技术说明书,是一份关于化学品燃爆、毒性和环境危害以及安全使用、泄漏应急处置、主要理化参数、法律法规等方面信息的综合性文件。 作为最基础的技术文件,化学品安全技术说明书的主要用途是传递安全信息,其主要作用体现在: (1)是化学品安全生产、安全流通、安全使用的指导性文件。 (2)是应急作业人员进行应急作业时的技术指南。 (3)为危险化学品生产、处置、储存和使用各环节制订安全操作规程提供技术信息。 (4)为危害控制和预防措施的设计提供技术依据。 (5)是企业安全教育的主要内容
危险化学品安全标签	危险化学品安全标签是用文字、图形符号和编码的组合形式表示化学品所具有的危险性和安全注意事项
高温的破坏	燃烧爆炸时产生的高温容易引起火灾。此外,高温辐射还可能使附近人员受到严重灼烫伤害甚至死亡
爆炸的破坏	1. 爆炸碎片的破坏作用 机械设备、装置、容器等爆炸后产生许多碎片,飞出后会在相当大的范围内造成危害。一般碎片在 100 ~ 500 m 内飞散。 2. 爆炸冲击波的破坏作用 冲击波的传播速度极快,在传播过程中,可以对周围环境中的机械设备和建筑物产生破坏作用,使人员伤亡。冲击波还可以在作用区域内产生震荡作用,使物体因震荡而松散,甚至破坏
造成中毒和环境污染	在实际生产中,许多物质不仅是可燃的,而且是有毒的,发生爆炸事故时,会使大量有毒物质外泄,造成人员中毒和环境污染。此外,有些物质本身毒性不强,但燃烧过程中可能释放出大量有毒气体和烟雾,造成人员中毒和环境污染
危险化学品中毒、污染事故预防控制措施	目前采取的主要措施是替代、变更工艺、隔离、通风、个体防护和保持卫生
危险化学品火灾、爆炸事故的预防	从理论上讲,防止火灾、爆炸事故发生的基本原则主要有三点。 1. 防止燃烧、爆炸系统的形成 (1)替代

续表

<table>
<tr><th>项目</th><th>具体内容</th></tr>
<tr><td>危险化学品火灾、爆炸事故的预防</td><td>(2)密闭。
(3)惰性气体保护。
(4)通风置换。
(5)安全监测及联锁。
2. 消除点火源
能引发事故的点火源有明火、高温表面、冲击、摩擦、自燃、发热、电气火花、静电火花、化学反应热、光线照射等。具体的做法有:
(1)控制明火和高温表面。
(2)防止摩擦和撞击产生火花。
(3)火灾爆炸危险场所采用防爆电气设备避免电气火花。
3. 限制火灾、爆炸蔓延扩散的措施
限制火灾、爆炸蔓延扩散的措施包括阻火装置、防爆泄压装置及防火防爆分隔等</td></tr>
<tr><td>危险化学品运输安全技术与要求</td><td>(1)国家对危险化学品的运输实行资质认定制度,未经资质认定,不得运输危险化学品。
(2)托运危险物品必须出示有关证明,在指定的铁路、公路交通、航运等部门办理手续。托运物品必须与托运单上所列的品名相符。
(3)危险物品的装卸人员,应按装运危险物品的性质,佩戴相应的劳动防护用品,装卸时必须轻装轻卸,严禁摔拖、重压和摩擦,不得损毁包装容器,并注意标志,堆放稳妥。
(4)危险物品装卸前,应对车(船)搬运工具进行必要的通风和清扫,不得留有残渣,对装有剧毒物品的车(船),卸车(船)后必须洗刷干净。
(5)装运爆炸、剧毒、放射性、易燃液体、可燃气体等物品,必须使用符合安全要求的运输工具;禁忌物料不得混运;禁止用电瓶车、翻斗车、铲车、自行车等运输爆炸物品。运输强氧化剂、爆炸品及用铁桶包装的一级易燃液体时,没有采取可靠的安全措施时,不得用铁底板车及汽车挂车;禁止用叉车、铲车、翻斗车搬运易燃、易爆液化气体等危险物品;温度较高地区装运液化气体和易燃液体等危险物品,要有防晒设施;放射性物品应用专用运输搬运车和抬架搬运,装卸机械应按规定负荷降低25%的装卸量;遇水燃烧物品及有毒物品,禁止用小型机帆船、小木船和水泥船承运。
(6)运输爆炸、剧毒和放射性物品,应指派专人押运,押运人员不得少于2人。
(7)运输危险物品的车辆,必须保持安全车速,保持车距,严禁超车、超速和强行会车。运输危险物品的行车路线,必须事先经当地公安交通部门批准,按指定的路线和时间运输,不可在繁华街道行驶和停留。
(8)运输易燃、易爆物品的机动车,其排气管应装阻火器,并悬挂"危险品"标志。
(9)运输散装固体危险物品,应根据性质,采取防火、防爆、防水、防粉尘飞扬和遮阳等措施。
(10)禁止利用内河以及其他封闭水域运输剧毒化学品。通过公路运输剧毒化学品的,托运人应当向目的地的县级人民政府公安部门申请办理剧毒化学品公路运输通行</td></tr>
</table>

续表

项目	具体内容
危险化学品运输安全技术与要求	证。办理剧毒化学品公路运输通行证时，托运人应当向公安部门提交有关危险化学品的品名、数量、运输始发地和目的地、运输路线、运输单位、驾驶人员、押运人员、经营单位和购买单位资质情况的材料。 (11)运输危险化学品需要添加抑制剂或者稳定剂的，托运人交付托运时应当添加抑制剂或者稳定剂，并告知承运人。 (12)危险化学品运输企业，应当对其驾驶员、船员、装卸管理人员、押运人员进行有关安全知识培训。驾驶员、装卸管理人员、押运人员必须掌握危险化学品运输的安全知识，并经所在地设区的市级人民政府交通部门考核合格，船员经海事管理机构考核合格，取得上岗资格证，方可上岗作业
危险化学品储存的基本要求	根据《常用化学危险品贮存通则》(GB 15603)的规定，储存危险化学品基本安全要求是： (1)贮存危险化学品必须遵照国家法律、法规和其他有关的规定。 (2)危险化学品必须储存在经公安部门批准设置的专门的危险化学品仓库中，经销部门自管仓库储存危险化学品及贮存数量必须经公安部门批准。未经批准不得随意设置危险化学品贮存仓库。 (3)危险化学品露天堆放，应符合防火、防爆的安全要求，爆炸物品、一级易燃物品、遇湿燃烧物品、剧毒物品不得露天堆放。 (4)储存危险化学品的仓库必须配备有专业知识的技术人员，其库房及场所应设专人管理，管理人员必须配备可靠的个人安全防护用品。 (5)储存的危险化学品应有明显的标志，标志应符合《危险货物包装标志》(GB 190)的规定。同一区域贮存两种及两种以上不同级别的危险化学品时，应按最高等级危险化学品的性能标志。 (6)危险化学品储存方式分为3种：隔离储存，隔开储存，分离储存。 (7)根据危险化学品性能分区、分类、分库储存。各类危险化学品不得与禁忌物料混合储存。 (8)储存危险化学品的建筑物、区域内严禁吸烟和使用明火
危险化学品经营的安全要求	国家对危险化学品经营销售实行许可制度。未经许可，任何单位和个人都不得经营销售危险化学品。 《危险化学品安全管理条例》第三十五条明确规定了办理经营许可证的程序： (1)申请：从事剧毒化学品、易制爆危险化学品经营的企业，应当向所在地设区的市级人民政府安全生产监督管理部门提出申请，从事其他危险化学品经营的企业，应当向所在地县级人民政府安全生产监督管理部门提出申请(有储存设施的，应当向所在地设区的市级人民政府安全生产监督管理部门提出申请)。申请人应当提交其符合本条例第三十四条规定条件的证明材料

续表

项目	具体内容
危险化学品经营的安全要求	(2)审查与发证:设区的市级人民政府安全生产监督管理部门或者县级人民政府安全生产监督管理部门应当依法进行审查,并对申请人的经营场所、储存设施进行现场核查,自收到证明材料之日起30日内做出批准或者不予批准的决定。予以批准的,颁发危险化学品经营许可证;不予批准的,书面通知申请人并说明理由。 设区的市级人民政府安全生产监督管理部门和县级人民政府安全生产监督管理部门应当将其颁发危险化学品经营许可证的情况及时向同级环境保护主管部门和公安机关通报。 (3)登记注册:申请人持危险化学品经营许可证向工商行政管理部门办理登记注册手续后,方可从事危险化学品经营活动
剧毒化学品的经营	经营剧毒化学品的企业要申领经营许可证,经营剧毒品要设专人。 危险化学品生产企业、经营企业销售剧毒化学品、易制爆危险化学品,应当如实记录购买单位的名称、地址、经办人的姓名、身份证号码以及所购买的剧毒化学品、易制爆危险化学品的品种、数量、用途。销售记录以及经办人的身份证明复印件、相关许可证件复印件或者证明文件的保存期限不得少于1年。 剧毒化学品、易制爆危险化学品的销售企业、购买单位应当在销售、购买后5日内,将所销售、购买的剧毒化学品、易制爆危险化学品的品种、数量以及流向信息报所在地县级人民政府公安机关备案,并输入计算机系统
泄漏处理及火灾控制	1. 泄漏处理 (1)疏散无关人员,隔离泄漏污染区。是否疏散和隔离,视泄漏物毒性和泄漏量的大小而定。 (2)切断火源。如果泄漏物是易燃物,则必须首先消除泄漏污染区域的点火源。(3)应急人员的个体防护。 (4)注意事项:避免泄漏物对周围环境带来的潜在危害。 (5)泄漏物的处置。根据物质的物态(气、液、固)及其危险性(燃爆特性、毒性)采取合适的处置方法。 气体泄漏物,应急人员能做的仅是止住泄漏。如果可能的话,用合理通风和喷雾状水等方法消除其潜在影响。 液体泄漏物,在保证安全的前提下切断泄漏源。采用适当的收容方法、覆盖技术和转移工具消除泄漏物。 固体泄漏物,用适当的工具收集泄漏物。 2. 火灾控制 (1)灭火一般注意事项:正确选择灭火剂并充分发挥其效能;注意保护重点部位;防止复燃复爆;防止高温危害;防止毒害危害。 (2)几种特殊化学品火灾扑救注意事项: ①扑救气体类火灾时,切忌盲目扑灭火焰,在没有采取堵漏措施的情况下,必须保持稳定燃烧。否则,大量可燃气体泄漏出来与空气混合,遇点火源就会发生爆炸,造成严重后果。 ②扑救爆炸物品火灾时,切忌用沙土盖压,以免增强爆炸物品的爆炸威力;另外扑救爆炸物品堆垛火灾时,水流应采用吊射,避免强力水流直接冲击堆垛,以免堆垛倒塌引起再次爆炸

续表

项目	具体内容
泄漏处理及火灾控制	③扑救遇湿易燃物品火灾时，绝对禁止用水、泡沫、酸碱等湿性灭火剂扑救。一般可使用干粉、二氧化碳、卤代烷扑救，但钾、钠、铝、镁等物品用二氧化碳、卤代烷无效。固体遇湿易燃物品应使用水泥、干砂、干粉、硅藻土等覆盖。对镁粉、铝粉等粉尘，切忌喷射有压力的灭火剂，以防止将粉尘吹扬起来，引起粉尘爆炸。 ④扑救易燃液体火灾时，比水轻又不溶于水的液体用直流水、雾状水灭火往往无效，可用普通蛋白泡沫或轻泡沫扑救；水溶性液体最好用抗溶性泡沫扑救。 ⑤扑救毒害和腐蚀品的火灾时，应尽量使用低压水流或雾状水，避免腐蚀品、毒害品溅出；遇酸类或碱类腐蚀品最好调制相应的中和剂稀释中和。 ⑥易燃固体、自燃物品火灾一般可用水和泡沫扑救，只要控制住燃烧范围，逐步扑灭即可
废弃物销毁	1. 固体废弃物的处置 (1)危险废弃物。使危险废弃物无害化采用的方法是使它们变成高度不溶性的物质，也就是固化/稳定化的方法。 目前常用的固化/稳定化方法有：水泥固化、石灰固化、塑性材料固化、有机聚合物固化、自凝胶固化、熔融固化和陶瓷固化。 (2)工业固体废弃物。工业固体废弃物是指在工业、交通等生产过程中产生的固体废弃物。 一般工业废弃物可以直接进入填埋场进行填埋。对于粒度很小的固体废弃物，为了防止填埋过程中引起粉尘污染，可装入编织袋后填埋。 2. 爆炸性物品的销毁 凡确认不能使用的爆炸性物品，必须予以销毁，在销毁以前应报告当地公安部门，选择适当的地点、时间及销毁方法。一般可采用以下 4 种方法：爆炸法、烧毁法、溶解法、化学分解法。 3. 有机过氧化物废弃物处理 有机过氧化物是一种易燃、易爆品。其废弃物应从作业场所清除并销毁，其方法主要取决于该过氧化物的物化性质，根据其特性选择合适的方法处理，以免发生意外事故。处理方法主要有：分解，烧毁，填埋
毒性危险化学品	(1)毒性危险化学品可经呼吸道、消化道和皮肤进入人体。在工业生产中，毒性危险化学品主要经呼吸道和皮肤进入体内，有时也会经消化道进入人体。 (2)工业毒性危险化学品对人体的危害：刺激、过敏、窒息、麻醉和昏迷、中毒、致癌、致畸、致突变、尘肺。 (3)急性中毒的现场抢救：救护者现场准备；切断毒性危险化学品来源；迅速脱去被毒性危险化学品污染的衣服、鞋袜、手套等，并用大量清水或解毒液彻底清洗被毒性危险化学品污染的皮肤；若毒性危险化学品经口引起急性中毒，对于非腐蚀性毒性危险化学品，应迅速用 1/5 000 的高锰酸钾溶液或 1% ~2% 的碳酸氢钠溶液洗胃，然后用硫酸镁

续表

项目	具体内容
毒性危险化学品	溶液导泻。对于腐蚀性毒性危险化学品，一般不宜洗胃，可用蛋清、牛奶或氢氧化铝凝胶灌服，以保护胃黏膜；使中毒患者呼吸氧气。 在采取现场抢救措施的同时，应准备车辆或担架，以便将中毒者及时送往医院救治。 (4)清除有毒化学品污染的措施，主要是用有一定压力的水进行喷射冲洗，或用热水冲洗，也可用蒸气熏蒸，或用药物进行中和、氧化或还原，以破坏或减弱其危害性。对黏稠状的污染物，如油漆等不易冲洗时，可用沙搓和铲除。对渗透污染物，如联苯胺、煤焦油等，经洗刷后再用蒸气促其蒸发来清除污染
腐蚀性危险化学品	(1)凡能腐蚀人体、金属和其他物质的物质，称为腐蚀性物质。按腐蚀性的强弱，腐蚀性物质可分为两级，按其酸碱性及有机物、无机物则可分为(一级无机酸性腐蚀物质、一级有机酸性腐蚀物质、二级无机酸性腐蚀物质、二级有机酸性腐蚀物质、无机碱性腐蚀物质、有机碱性腐蚀物质、其他无机腐蚀物质、其他有机腐蚀物质)8类。 (2)特性：强烈的腐蚀性、氧化性、遇水发热性、毒害性、燃烧性。
放射性危险化学品的危险特性	放射性危险化学品的主要危险特性在于它的放射性。其放射性强度越大，危险性就越大。在极高剂量的放射线作用下，能造成3种类型的放射伤害： (1)对中枢神经和大脑系统的伤害。这种伤害主要表现为虚弱、倦怠、嗜睡、昏迷、震颤、痉挛，可在两天内死亡。 (2)对肠胃的伤害。这种伤害主要表现为恶心、呕吐、腹泻、虚弱和虚脱，症状消失后可出现急性昏迷，通常可在两周内死亡。 (3)对造血系统的伤害。这种伤害主要表现为恶心、呕吐、腹泻，但很快能好转，经过约2~3周无症状之后，出现脱发、经常性流鼻血，再出现腹泻，极度憔悴，通常在2~6周后死亡
劳动防护用品选用原则	一般来讲，在安全技术措施中，改善劳动条件，排除危害因素是根本性的措施，但在一定条件下，如事故救援和抢修过程中，个人劳动防护用品就成为人身安全的主要手段。从危险化学品对人体的侵入途径着眼，劳动防护用品应防止其由呼吸道、暴露部位、消化道等侵入人体

考点2 化工事故主要类型

项目	具体内容	
典型化学反应的危险性	氧化反应	1.氧化反应的主要危险性 (1)氧化反应需要加热，同时绝大多数反应过程又是放热反应，因此，反应热如不及时移去，将会造成反应失控，甚至发生爆炸。 (2)氧化反应中被氧化的物质大部分是易燃、易爆物质，如乙烯氧化制取环氧乙烷、甲醇氧化制取甲醛、甲苯氧化制取苯甲酸中，乙烯是易燃气体，甲

续表

项目	具体内容	
典型化学反应的危险性	氧化反应	苯和甲醇是易燃液体。 (3)氧化反应中的有些氧化剂本身是强氧化剂，如高锰酸钾、氯酸钾、过氧化氢、过氧化苯甲酰等，具有很大的火灾危险性，如受高温、撞击、摩擦或与有机物、酸类接触，易引起燃烧或爆炸。 (4)许多氧化反应是易燃、易爆物质与空气或氧气反应，反应投料比接近爆炸极限，如果物料配比接近于爆炸下限，配比失调，反应温度控制不当，极易发生燃烧爆炸。 (5)氧化反应的产品也具有火灾、爆炸危险性。如环氧乙烷、36.7%的甲醛水溶液等。 (6)某些氧化反应能生成危险性较大的过氧化物，它们的稳定性差，遇高温或受撞击、摩擦易分解，造成燃烧或爆炸。如乙醛氧化制取醋酸过程中生成过醋酸。 2.氧化过程的安全措施 (1)在氧化反应中，一定要严格控制氧化剂的投料比，当以空气或氧气为氧化剂时，反应投料比应严格控制在爆炸范围以外。空气进入反应器之前，应经过气体净化装置，消除空气中的灰尘、水汽、油污以及可使催化剂活性降低或中毒的杂质，以保持催化剂的活性，减少着火和爆炸的危险。 (2)氧化剂的加料速度不宜过快，防止多加、错加。固体氧化剂应粉碎后使用，最好呈溶液状态使用。反应过程应有良好的搅拌和冷却装置，严格控制反应温度、流量，防止超温、超压。 (3)使用氧化剂氧化无机物时，如使用氯酸钾氧化生成铁蓝颜料，应控制产品烘干温度不超过其着火点，在烘干之前应用清水洗涤产品，将氧化剂彻底除净，以防止未完全反应的氯酸钾引起已烘干的物料起火。有些有机化合物的氧化，特别是在高温下的氧化，在设备及管道内可能产生焦状物，应及时清除，以防自燃。 (4)为了防止接触器在万一发生爆炸或着火时危及人身和设备安全，反应器和管道上应安装阻火器，以阻止火焰蔓延，防止回火。为了防止接触器发生爆炸，接触器应有泄压装置，并尽可能采用自动控制、报警联锁装置。 (5)在设备系统中宜设置氮气、水蒸气灭火装置，以便及时扑灭火灾
	还原反应	1.还原反应的主要危险性 (1)许多还原反应都是在氢气存在条件下，并在高温、高压下进行，如果因操作失误或设备缺陷发生氢气泄漏，极易与空气形成爆炸性混合物，如遇着火源即会发生爆炸。 (2)还原反应中使用的催化剂，如雷内镍、钯碳等，在空气中吸湿后有自燃危险，在没有点火源存在的条件下，也能把氢气和空气的混合物引燃形成着

续表

<table>
<tr><th>项目</th><th colspan="2">具体内容</th></tr>
<tr><td rowspan="2">典型化学反应的危险性</td><td>还原反应</td><td>火爆炸。
(3)还原反应中使用的固体还原剂，如保险粉、氢化铝锂、硼氢化钾等，都是遇湿易燃危险品。其中，保险粉遇水发热，在潮湿空气中能分解析出硫，硫蒸气受热具有自燃的危险，且保险粉本身受热到190℃也有分解爆炸的危险；硼氢化钾(钠)在潮湿空气中能自燃，遇水或酸即分解放出大量氢气，同时产生高热，可使氢气着火而引起爆炸事故；氢化锂铝是遇湿危险的还原剂，务必要妥善保管，防止受潮。
(4)还原反应的中间体，特别是硝基化合物还原反应的中间体，也有一定的火灾危险，例如，邻硝基苯甲醚还原为邻氨基苯甲醚过程中，产生150 ℃下可自燃的氧化偶氮苯甲醚。苯胺在生产过程中如果反应条件控制不好，可生成爆炸危险性很大的环己胺。
2. 还原反应过程的安全措施
(1)操作过程中一定要严格控制温度、压力、流量等各种反应参数和反应条件。
(2)注意催化剂的正确使用和处置。雷内镍、钯碳等催化剂平时不能暴露在空气中，要浸在酒精中。反应前必须用氮气置换反应器内的全部空气，经测定确认氧含量符合要求后，方可通入氢气。反应结束后，应先用氮气把氢气置换掉，才可出料，以免空气与反应器内的氢气混合，在催化剂自燃的情况下发生爆炸。
(3)注意还原剂的正确使用和处置。例如，氢化铝锂应浸没在煤油中储存，使用时应先用氮气置换干净，在氮气保护下投料和反应；保险粉用于溶解使用时，要严格控制温度，可以在开动搅拌的情况下，将保险粉分批加入水种，待溶解后再与有机物接触反应；当使用硼氢化钠(钾)作还原剂时，在工艺过程中调解酸、碱度时要特别注意，防止加酸过快、过多。
(4)车间内的电气设备必须符合防爆要求。厂房通风要好，且应采用轻质屋顶，设置天窗或风帽，使氢气易于逸出；氢气排放管要高出屋脊2 m以上并设阻火器；电线及电线接线盒不宜在车间顶部敷设安装；加压反应的设备应配备安全阀，反应中产生压力的设备要装设爆破片；安装氢气检测和报警装置</td></tr>
<tr><td>硝化反应</td><td>1. 硝化反应的概述
有机化合物分子中引入硝基取代氢原子而生成硝基化合物的反应，称为硝化。如甲苯硝化生产梯恩梯(TNT)、苯硝化制取硝基苯、甘油硝化制取硝化甘油等。硝化反应是生产染料、药物及某些炸药的重要反应。
硝化过程常用的硝化剂是浓硝酸或浓硝酸和浓硫酸配制的混合酸。此外，硝酸盐和氧化氮也可做硝化剂。一般的硝化反应是先把硝酸和硫酸配</td></tr>
</table>

续表

项目	具体内容	
典型化学反应的危险性	硝化反应	制成混酸，然后在严格控制温度的条件下将混酸滴入反应器，进行硝化反应。 2. 硝化反应的主要危险性 （1）硝化反应是放热反应，极易造成温度失控而爆炸。 （2）被硝化的物质大多为易燃物质，易造成火灾。 （3）常用硝化剂具有强烈的氧化性、吸水性和腐蚀性。 （4）硝化产品大都具有火灾、爆炸危险性，极易爆炸或着火
	聚合反应	1. 聚合反应的概述 由低分子单体合成聚合物的反应称为聚合反应。聚合反应的类型很多，按聚合物单体元素组成和结构的不同，分为加成聚合和缩合聚合两大类。 2. 聚合反应的主要危险性 （1）聚合反应中使用的单体、溶剂、引发剂、催化剂等大多是易燃、易爆物质，使用或储存不当时，易造成火灾、爆炸。 （2）许多聚合反应在高压条件下进行，单体在压缩过程中或在高压系统中易泄漏，发生火灾、爆炸。 （3）聚合反应中加入的引发剂都是化学活性很强的过氧化物，易引起爆炸。 （4）聚合物分子量高，黏度大，聚合反应热不易导出，容易挂壁和堵塞，造成局部过热或反应釜升温，发生爆炸
	裂化反应	裂化有时又称为裂解，是指有机化合物在高温下分子发生分解的反应过程。裂化可分为热裂化、催化裂化、加氢裂化 3 种类型。 1. 热裂化 热裂化在加热和加压下进行，根据所用压力的不同分为高压热裂化和低压热裂化。产品有裂化气体、汽油、煤油、残油和石油焦。热裂化装置的主要设备有管式加热炉、分馏塔、反应塔等。 热裂化的主要危险性。热裂化在高温、高压下进行，装置内的油品温度一般超过其自燃点，漏出会立即着火。热裂化过程产生大量的裂化气，如泄漏会形成爆炸性气体混合物，遇加热炉等明火，会发生爆炸。 2. 催化裂化 催化裂化在高温和催化剂的作用下进行，用于由重油生产轻油的工艺。催化裂解装置主要由反应再生系统、分馏系统、吸收稳定系统组成。 催化裂化的主要危险性。催化裂化在 460 ℃ ~ 520 ℃ 的高温和 0.1 ~ 0.2 MPa的压力下进行，火灾、爆炸的危险性也较大。操作不当时，再生器内的空气和火焰可进入反应器，引起恶性爆炸事故。U 形管上的小设备和阀门

续表

<table>
<tr><th>项目</th><th colspan="2">具体内容</th></tr>
<tr><td>典型化学反应的危险性</td><td>裂化反应</td><td>较多，易漏油着火。裂化过程中，会产生易燃的裂化气。活化催化剂不正常时，可能出现可燃的一氧化碳气体。
3. 加氢裂化
加氢裂化是在催化剂及氢存在条件下，使重质油发生催化裂化反应，同时伴有烃类加氢、异构化等反应，从而转化为质量较好的汽油、煤油和柴油等轻质油的过程。加氢裂化装置类型很多，按反应器中催化剂放置方式的不同，可分为固定床、沸腾床等。
加氢裂化的主要危险性。加氢裂化在高温、高压下进行，且需要大量氢气，一旦油品和氢气泄漏，极易发生火灾或爆炸。加氢是强烈的放热反应，反应器必须通冷氢以控制温度。氢气在高压下与钢接触，钢材内的碳分子易与氢气发生反应生成碳氢化合物，使钢的强度降低，产生氢脆，如设备或管道检查或更换不及时，就会在高压下发生设备爆炸</td></tr>
<tr><td>雷击</td><td colspan="2">1. 雷击的分类
(1)直击雷。每次雷击有三四个至数几十个冲击。第一个冲击的先导放电是跳跃式先驱放电，第二个以后的先导放电是箭形先驱放电。
(2)感应雷。又分为电磁感应雷和静电感应雷。静电感应雷是由于带电积云接近地面，在架空线路导线或其他导电凸出物顶部感应出大量电荷引起的。电磁感应雷是由于雷电放电时巨大的冲击电流在周围空间产生迅速变化的强磁场引起的。
(3)球形雷。球形雷是雷电放电时形成的发红光、橙光、白光或其他颜色光的火球。
2. 雷电的特点
雷电流幅值很大；冲击过电压很高；冲击性强；雷电流陡度大，有高频特征。
3. 雷电的危害
爆炸和火灾；电击；毁坏设备和设施；大规模停电</td></tr>
<tr><td>静电</td><td colspan="2">生产过程中产生的静电除可能给人以电击和妨碍生产外，在化工行业也是引起爆炸的重要原因</td></tr>
<tr><td>中毒</td><td colspan="2">化工生产中常见 H_2S 中毒，炼油化工装置内 H_2S 中毒事故的危险源(点)在于：
(1)瓦斯、液态烃脱硫装置的富液闪蒸塔及其塔顶冷凝冷却器、酸性气分液罐等部位及其相应的人工采样点。
(2)硫黄回收装置的酸性气分液罐、焚烧炉、尾气排放口及相应的人工采样点。
(3)酸性水汽提装置的原料水罐，H_2S 汽提塔及其塔顶冷却器、酸性气分液罐等部位及其相应的人工采样点。
(4)催化裂化、催化重整、加氢裂化、热裂化、延迟焦化、汽、煤、柴油加氢精制等二次加工装置产生的未脱硫瓦斯的冷却器、分液罐、循环氢等部位及其相应的人工采样点。
(5)系统酸性气管线的沿途切水罐、切水排空点</td></tr>
</table>

续表

项目	具体内容
中毒	(6)系统高、中、低压瓦斯管线的沿途切水罐、切水排空点。 (7)瓦斯回收系统、天然气制氢装置的压缩机进出口分液罐、气柜及相应的人工采样点、切水排空点。 (8)瓦斯火炬或烟囱底分液罐、火炬头或烟囱排空口。 (9)粗汽油罐、轻污油罐、高硫原油罐等储罐的罐顶采样、测温、检尺及脱水。 (10)生产厂区含油污水、工业废水、含酸污水、含碱污水等下水道及其系统。 H_2S为无色气体,分子量为34.08,相对密度为1.19,易溶于水、醇类、石油溶剂和原油。接触H_2S的主要途径是吸入,H_2S经黏膜吸收快,经皮肤吸收甚少。误服含硫盐类与胃酸作用后产生H_2S可经肠道吸收而引起中毒。 H_2S是一种神经毒剂,亦为窒息性和刺激性气体。其毒作用的主要靶器是中枢神经系统和呼吸系统,亦可伴有心脏等多个器官损害,对毒作用最敏感的组织是脑和黏膜接触部位。 H_2S的急性毒作用器官和中毒机制可因其不同的浓度和接触时间而异。浓度越高则中枢神经抑制作用越明显,浓度相对较低时黏膜刺激作用明显。 短时间接触浓度超过750 mg/m^3 的H_2S会在没有任何危险征兆的情况下迅速失去知觉,在随后的几秒钟内会由于呼吸中断而死亡,接触浓度为300 mg/m^3 或300 mg/m^3 以上的H_2S超过30 min会引起肺水肿。浓度超过150 mg/m^3 的H_2S会刺激眼睛、鼻腔黏膜、喉咙或肺。在低浓度下,H_2S有臭鸡蛋味。必须强调的是H_2S的臭鸡蛋味在浓度为0.03 mg/m^3时也可以嗅到,但在浓度超过150 mg/m^3 时由于嗅觉迅速消失而无法闻到。 H_2S中毒的特点:意外接触H_2S能导致电击式快速死亡;不能根据臭味来判断危险场所H_2S的浓度

考点3　化工设计安全技术

项目	具体内容
化工厂选址的安全问题	(1)工厂选址是工厂相对于其环境的定位问题。可以依据主导风的风向,把工厂置于社区的下风区域。 (2)工厂高构筑物可能的坍塌是对社区的另一种潜在的危险。 (3)工厂会产生需要排除的废液。应该确保预期的排污方法不会污染社区的饮用水。 (4)工厂主要进出口的选择应考虑周边环境。 (5)毗邻的工厂可能会释放出毒性或易燃气体飘入工厂,会引起人员中毒或产生火花、加热而起火。在这种情况下,如果可能,最好是把工厂建于上风区,或是隔开一定的距离。 (6)充足的水源可增强灭火能力。 (7)地形也是一个要考虑的因素。厂区应是一片平地。 综上可以看出,工厂的选址应综合评定所有潜在的危险,择优选择较佳的地址

续表

<table>
<tr><th colspan="2">项目</th><th>具体内容</th></tr>
<tr><td rowspan="6">化工厂布局的安全问题</td><td>工艺装置区</td><td>加工单元可能是工厂中最危险的区域,应该离开工厂边界一定的距离,而且应该集中分布。考虑易燃或毒性物质扩散的可能性,加工单元应选择在主要火源或主要人口居住区的下风区。
不同过程单元之间应保持一定距离。在化学工业中,过程单元间的间距是安全评价的重要内容。对于过程单元本身的安全评价,比较重要的因素有:操作温度;操作压力;单元中物料的类型;单元中物料的量;单元中设备的类型;单元的相对投资额;救火或其他紧急操作需要的空间</td></tr>
<tr><td>罐区</td><td>储存容器,比如储罐,是需要特别重视的装置。储罐应该安置在工厂中的专用区域,并加强其作为危险区的标识,使通过该区域的无关车辆降至最低限度。罐区的布局有以下 3 个基本问题:
(1)罐与罐之间的间距。
(2)罐与其他装置的间距。
(3)设置拦液堤所需要的面积</td></tr>
<tr><td>公用设施区</td><td>公用设施区应该远离工艺装置区、罐区和其他危险区,以便遇到紧急情况时仍能保证水、电、汽等的正常供应。锅炉设备和配电设备可能会成为引火源,应该设置在易燃液体设备的上风区域。冷却塔释放出的烟雾会影响人的视线,冷却塔不宜靠近铁路、公路或其他公用设施。大型冷却塔会产生很大噪声,应该与居民区有较大的距离</td></tr>
<tr><td>运输装卸区</td><td>良好的工厂布局不允许铁路支线通过厂区。可以把铁路支线规划在工厂边远地区。装卸设施应该设置在工厂的下风区或边缘地区。
原料库、成品库和装卸站等机动车辆进出频繁的设施,不得设在必须通过工艺装置区和罐区的地带,与居民区、公路和铁路要保持一定的安全距离</td></tr>
<tr><td>辅助生产区</td><td>维修车间和研究室要远离工艺装置区和罐区。维修车间是重要的火源,同时人员密集,应该置于工厂的上风区域。废水处理装置是工厂各处流出的毒性或易燃物汇集的终点,应该置于工厂的下风远程区域。高温煅烧炉作为火源,可以把煅烧炉置于工厂的侧面风区域</td></tr>
<tr><td>管理区</td><td>每个工厂都需要一些管理机构。出于安全考虑,主要办事机构应该设置在工厂的边缘区域,并尽可能与工厂的危险区隔离</td></tr>
<tr><td>车间设备布置的安全分析</td><td>设备布置</td><td>车间设备布置是确定各个设备在车间中的位置;确定场地与建筑物的尺寸;确定管理、生产仪表管线、采暖通风管线的走向和位置。
最佳的设备布置应做到:经济合理,节约投资,操作维修方便、安全,设备排列紧凑,整齐美观</td></tr>
</table>

续表

项目	具体内容	
车间设备布置的安全分析	设备布置的安全技术要求	设备布置应尽量做到人工背光操作,高大设备避免靠近窗户布置,以免影响门窗的开启、通风与采光。 有爆炸危险的设备应露天或半露天布置,室内布置时要加强通风,防止爆炸性气体的聚集;危险等级相同的设备或厂房应集中在一个区域,这样可以减少防爆电器的数量和减少防火、防爆建筑的面积;将有爆炸危险的设备布置在单层厂房或多层厂房的顶层或厂房的边沿都有利于防爆泄压和消防。 加热炉、明火设备与产生易燃易爆气体的设备应保持一定的距离(一般不小于 18 m),易燃易爆车间要采取防止引起静电现象和着火的措施。 处理酸碱等腐蚀性介质的设备,如泵、池、罐等分别集中布置在底层有耐蚀铺砌的围堤中,不宜放在地下室或楼上。 产生有毒气体的设备应布置在下风向,存储有毒物料的设备不能放在厂房的死角处;有毒、有粉尘和有气体腐蚀的设备要集中布置并做通风、排毒或防腐处理,通风措施应根据生产过程中有害物质、易燃易爆气体的浓度和爆炸极限及厂房的温度而定
典型设备工艺安全分析	泵	泵是化学工业等流程工业运行中的主要流体机械。泵的安全运行涉及流体的平衡、压力的平衡和物系的正常流动。选用泵要依据流体的物理化学特性,一般溶液可选用任何类型泵输送;悬浮液可选用隔膜式往复泵或离心泵输送;黏度大的液体、胶体溶液、膏状物和糊状物时可选用齿轮泵、螺杆泵或高黏度泵;毒性或腐蚀性较强的可选用屏蔽泵;输送易燃易爆的有机液体可选用防爆型电机驱动的离心式油泵等
	换热器	换热器的运行涉及工艺过程中的热量交换、热量传递和热量变化,过程中如果热量积累,造成超温就会发生事故。化工生产中换热器是应用最广泛的设备之一。选择换热器形式时,要根据热负荷、流量的大小,流体的流动特性和污浊程度,操作压力和温度,允许的压力损失等因素,结合各种换热器的特征与使用场所的客观条件来合理选择。 目前,国内使用的管壳式换热器系列标准有:固定管板式换热器、立式热虹吸式再沸器、钢制固定式薄管板列管换热器、浮头式换热器、冷凝器、U 形管式换热器
	精蒸馏塔	精馏过程涉及热源加热、液体沸腾、气液分离、冷却冷凝等过程,热平衡安全问题和相态变化安全问题是精馏过程安全的关键。 精馏设备是应用最广泛的非定型设备。由于用途不同,操作原理不同,所以塔的结构形式、操作条件差异很大。精馏设备的安全运行主要决定于精馏过程的加热载体、热量平衡、气液平衡、压力平衡以及被分离物料的热稳定性以及填料选择的安全性。精馏设备的形式很多,按塔内部主要部件不同

续表

项目	具体内容	
典型设备工艺安全分析	精蒸馏塔	可以分为板式塔与填料塔两大类型。板式塔又有筛板塔、浮阀塔、泡罩塔、浮动喷射塔等多种形式，而填料塔也有多种填料方式。在精馏设备选型时应满足生产能力大，分离效率高，体积小，可靠性高，满足工艺要求，结构简单，塔板压力较小的要求
	反应器	反应器的安全问题最为复杂，涉及反应器物系配置、投料速度、投料量、升温冷却系统、检测、显示、控制系统以及反应器结构、搅拌、安全装置、泄压系统等。反应器是化工生产中的关键设备，合理选择设计好的反应器能够有效利用原料，提高效率，减少分离装置的负荷，节省分离所需的能量。 反应器应该满足反应动力学要求、热量传递的要求、质量传递过程与流体动力学过程的要求、工程控制的要求、机械工程的要求、安全运行要求。 反应器的种类很多，按基本结构可分为：管式反应器、釜式反应器、固定床反应器和流化床反应器
	搅拌器	搅拌器的安全可靠是许多放热反应、聚合过程等安全运行的必需条件。搅拌器的中断或突然失效可以造成物料反应停滞、分层、局部过热等。搅拌器的形式有桨式、涡轮式、推进式、框式（或锚式）、螺杆式及螺带式等。选择时，首先根据搅拌器形式与釜内物料容积及黏度的关系进行大致的选择，搅拌器的材质可根据物料的腐蚀性、黏度及转数等确定
	轴密封装置	防止反应釜的跑、冒、滴、漏，特别是防止有毒害、易燃介质的泄漏，选择合理的密封装置非常重要。密封填料选择错误，可能与反应物反应导致反应器爆炸；机械密封由于安装缺陷，可能导致大量溶剂泄漏发生爆炸。密封装置主要有如下两种： 1. 填料密封 优点是结构简单，填料拆装方便，造价低。但使用寿命短，密封可靠性差。 2. 机械密封 优点是密封可靠，使用寿命长，适用范围广、功率消耗少。但其造价高，安装精度要求高
	蒸发设备	蒸发设备的选型主要考虑被蒸发溶液的性质，如黏度、发泡性、腐蚀性、热敏性和是否容易结晶或析出结晶等因素。 蒸发热敏性物料时，应选用膜式蒸发器，以防止物料分解；蒸发黏度大的溶液，为保证物料流速应选用强制循环回转薄膜式或降膜式蒸发器；蒸发易结垢或析出结晶的物料，可采用标准式或悬筐式蒸发器或管外沸腾式和强制循环型蒸发器；蒸发发泡性溶液时，应选用强制循环型和长管薄膜式蒸发器；蒸发腐蚀性物料时应考虑设备用材；如蒸发废酸等物料应选用浸没燃烧

续表

<table>
<tr><th>项目</th><th colspan="2">具体内容</th></tr>
<tr><td rowspan="2">典型设备工艺安全分析</td><td>蒸发设备</td><td>蒸发器;处理量小的或采用间歇操作时,可选用夹套或锅炉蒸发器,以便制造、操作和节约投资</td></tr>
<tr><td>存储设备</td><td>化工生产中需要存储的有原料、中间产品、成品、副产品以及废液和废气等。常见的存储设备有罐、桶、池等。有敞口的也有密封的;有常压的也有高压的;可根据存储物的性质,数量和工艺要求选用。
一般固体物料,不受天气影响的,可以露天存放。大量液体的存储一般使用圆形或球形储槽;易挥发的液体,为防物料挥发损失,而选用浮顶储罐;蒸气压高于大气压的液体,要视其蒸气压大小专门设计储槽;可燃液体的存储,要在存储设备的开口处设置防火装置。容易液化的气体,一般经过加压液化后存储于压力储罐或承压钢瓶中,近些年,用低温法将液化后的物料储存于常压低温储罐中也得到了应用;难于液化的气体,大多数经过加压后存储于气柜、高压球形储槽或柱形容器中。易受空气和湿度影响的物料应存储于密闭的容器内</td></tr>
<tr><td rowspan="2">化工生产管路与管系安全技术</td><td>化工管路布置的原则</td><td>(1)在工艺条件允许的前提下,应使管路尽可能短,管件阀件应尽可能少,以减少投资,使流体阻力减到最低。
(2)应合理安排管路,使管路与墙壁、柱子、场面、其他管路等之间应有适当的距离,以便于安装、操作、巡查与检修。如管路最突出的部分距墙壁或柱边的净空不小于 100 mm,距管架支柱也不应小于 100 mm,两管路的最突出部分间距净空,中压约保持 40 ~ 60 mm,高压应保持约 70 ~ 90 mm,并排管路上安装手轮操作阀门时,手轮间距约 100 mm。
(3)管路排列时;通常使热的在上面,冷的在下;无腐蚀的在上,有腐蚀的在下,输气的在上,输液的在下;不经常检修的在上,经常检修的在下;高压的在上,低压的在下,保温的在上,不保温的在下,金属的在上,非金属的在下;在水平方向上,通常使常温管路、大管路、振动大的管路及不经常检修的管路靠近墙或柱子。
(4)管子、管件与阀门应尽量采用标准件,以便于安装与维修。
(5)对于温度变化较大的管路就采取热补偿措施,有凝液的管路要安排凝液排出装置,有气体积聚的管路要设置气体排放装置。
(6)管路通过人行道时高度不得低于 2 m,通过公路时不得小于 4.5 m,与铁轨的净距离不得小于 6 m,通过工厂主要交通干线一般为 5 m。
(7)一般地,化工管路采用明线安装,但上下水管及废水管采用埋地铺设,埋地安装深度应当在当地冰冻线以下。在布置化工管路时,应参阅有关资料,依据上述原则制订方案,确保管路的布置科学、经济、合理、安全</td></tr>
<tr><td>化工管路的连接</td><td>管子与管子、管子与管件、管子与阀件、管子与设备之间连接的方式主要有 4 种,即螺纹连接、法兰连接、承插式连接及焊接</td></tr>
</table>

续表

项目		具体内容
化工生产管路与管系安全技术	化工管路的热补偿	化工管路的两端是固定的，当温度发生较大的变化时，管路就会因管材的热胀冷缩而承受压力或拉力，严重时将造成管子弯曲、断裂或接头松脱。因此必须采取措施消除这种应力，这就是管路的热补偿。热补偿的主要方法有两种：依靠弯管的自然补偿，通常当管路转角不大于150°时，均能起到一定的补偿作用；利用补偿器进行补偿，主要有方形、波形及填料3种补偿器
	化工管路的试压与吹扫	化工管路在投入运行之前，必须保证其强度与严密性符合设计要求。因此，当管路安装完毕后，必须进行压力试验，称为试压，试压主要采用液压试验。少数特殊的也可以采用气压试验。另外，为了保证管路系统内部的清洁，必须对管路系统进行吹扫与清洗，以除去铁锈、焊渣、土及其他污物，称为吹洗。管路吹洗根据被输送介质不同，有水冲洗、空气吹扫、蒸汽吹洗、酸洗、油清洗和脱脂等
	化工管路的防静电措施	当粉尘、液体和气体电解质在管路中流动，或从容器中抽出或注入容器时，都会产生静电。这些静电如不及时消除，很容易产生电火花而引起火灾或爆炸。管路的抗静电措施主要是静电接地和控制流体的流速
	化工管路的保温与涂色	化工管路通常是在异于常温的条件下操作的，为了维持生产需要的高温或低温条件，节约能源，维护劳动条件，必须采取措施减少管路与环境的热量交换，这就叫管路的保温。保温的方法是在管道外包上一层或多层保温材料。化工厂中的管路是很多的，为了方便操作者区别各种类型的管路，常常在管外（保护层外或保温层外）涂上不同的颜色，称为管路的涂色。有两种方法，其一是整个管路均涂上一种颜色（涂单色），其二是在底色上每间隔2 m涂上一个50～100 mm的色圈。常见化工管路的颜色可参阅手册。如给水管为绿色，饱和蒸汽为红色

考点4　典型化工生产安全技术

项目	具体内容
非均相分离	1. 概述 混合物可分为均相（混合）物系和非均相（混合）物系。非均相物系中，有一相处于分散状态，称为分散相，如雾中的小水滴、烟尘中的尘粒、悬浮液中的固体颗粒、乳浊液中分散成小液滴的液相；另一相处于连续状态，称为连续相（或分散介质），如雾和烟尘中的气相、悬浮液中的液相、乳浊液中处于连续状态的液相。从有毒有害物质处理的角度，非均相分离过程就是这些物质的净化过程、吸收过程或浓缩分离过程。工业生产中多采用机械方法对两相进行分离，常见的有沉降分离、过滤分离、静电分离和湿洗分离

续表

项目	具体内容
非均相分离	等，此外，还有音波除尘和热除尘等方法。 2. 过滤过程安全措施 （1）若加压过滤时能散发易燃、易爆、有害气体，则应采用密闭过滤机，并应用压缩空气或惰性气体保持压力。取滤渣时，应先释放压力。 （2）在存在火灾、爆炸危险的工艺中，不宜采用离心过滤机，宜采用转鼓式或带式等真空过滤机。如必须采用离心过滤机时，应严格控制电机安装质量，安装限速装置。注意不要选择临界速度操作。 （3）离心过滤机应注意选材和焊接质量，转鼓、外壳、盖子及底座等应选用韧性金属制造
加热及传热	传热在化工生产过程中的应用主要有创造并维持化学反应需要的温度条件、创造并维持单元操作过程需要的温度条件、热能综合和回收、隔热与限热等。 加热过程危险性较大。装置加热方法一般为蒸汽或热水加热、载热体加热以及电加热等
蒸馏及精馏	化工生产中常常要将混合物进行分离，以实现产品的提纯和回收或原料的精制。对于均相液体混合物，最常用的分离方法是蒸馏。要实现混合液的高纯度分离，需采用精馏操作。 真空蒸馏（减压蒸馏）是一种比较安全的蒸馏方法。对于沸点较高、在高温下蒸馏时能引起分解、爆炸和聚合的物质，采用真空蒸馏较为合适
气体吸收与解吸	1. 气体吸收 按溶质与溶剂是否发生显著的化学反应可分为物理吸收和化学吸收；按被吸收组分的不同，可分为单组分吸收和多组分吸收；按吸收体系（主要是液相）的温度是否显著变化，可分为等温吸收和非等温吸收。在选择吸收剂时，应注意溶解度、选择性、挥发度、黏度等。工业生产中使用的吸收塔的主要类型有板式塔、填料塔、湍球塔、喷洒塔和喷射式吸收器等。 2. 解吸 又称脱吸，是脱除吸收剂中已被吸收的溶质，而使溶质从液相逸出到气相的过程。在生产中解吸过程用来获得所需较纯的气体溶质，使溶剂得以再生，返回吸收塔循环使用。工业上常采用的解吸方法有加热解吸、减压解吸、在惰性气体中解吸
干燥	1. 干燥的概念 干燥是指在化学工业中，常指借热能使物料中水分（或溶剂）气化，并由惰性气体带走所生成的蒸气的过程。例如干燥固体时，水分（或溶剂）从固体内部扩散到表面再从固体表面气化。 2. 干燥的分类 干燥按其热量供给湿物料的方式，可分为传导干燥、对流干燥、辐射干燥和介电加热

续表

项目	具体内容
干燥	干燥。干燥按操作压强可分为常压干燥和减压干燥;按操作方式可分为间歇式干燥与连续式干燥。 3. 常用的干燥设备 常用的干燥设备有厢式干燥器、转筒干燥器、气流干燥器、沸腾床干燥器、喷雾干燥器
蒸发	1. 蒸发的概述 蒸发是在液体表面发生的汽化过程,溶液的蒸发通常是指通过加热使溶液中一部分溶剂汽化,以提高溶液中非挥发性组分的浓度(浓缩)或使溶质从溶液中析出结晶的过程。通常,温度越高、液面暴露面积越大,蒸发速率越快;溶液表面的压强越低,蒸发速率越快。 2. 蒸发的分类 蒸发按其采用的压力可分为常压蒸发、加压蒸发和减压蒸发(真空蒸发)。按其蒸发所需热量的利用次数可分为单效蒸发和多效蒸发
结晶	1. 结晶的概述 结晶是固体物质以晶体状态从蒸气、溶液或熔融物中析出的过程。结晶是一个重要的化工单元操作,主要用于制备产品与中间产品、获得高纯度的纯净固体物料。 2. 结晶的过程 结晶过程常采用搅拌装置。搅动液体使之发生某种方式的循环流动,从而使物料混合均匀或促使物理、化学过程加速操作
萃取	1. 萃取剂的选择与萃取流程 萃取时溶剂的选择是萃取操作的关键,萃取剂的性质决定了萃取过程的危险性大小和特点。萃取剂的选择性、物理性质(密度、界面张力、黏度)、化学性质(稳定性、热稳定性和抗氧化稳定性)、萃取剂回收的难易和萃取的安全问题(毒性、易燃性、易爆性)是选择萃取剂时需要特别考虑的问题。工业生产中所采用的萃取流程有多种,主要有单级和多级之分。 2. 萃取设备 萃取设备的主要性能是能为两液相提供充分混合与充分分离的条件,使两液相之间具有很大的接触面积,这种界面通常是将一种液相分散在另一种液相中所形成,两相流体在萃取设备内以逆流流动方式进行操作。萃取的设备有填料萃取塔、筛板萃取塔、转盘萃取塔、往复振动筛板塔和脉冲萃取塔
制冷	在工业生产过程中,蒸气、气体的液化,某些组分的低温分离,以及某些物品的输送、储藏等,常需将物料降到比水或周围空气更低的温度,这种操作称为冷冻或制冷。 冷冻操作的实质是利用冷冻剂自身通过压缩—冷却—蒸发(或节流、膨胀)的循环过程,不断地由被冷冻物体取出热量(一般通过冷载体盐水溶液传递热量),并传给高温物

续表

项目	具体内容
制冷	质（水或空气），以使被冷冻物体温度降低。一般说来，冷冻程度与冷冻操作技术有关，凡冷冻范围在 -100 ℃以内的称冷冻；而在 -100 ~ -200 ℃或更低的，则称为深度冷冻或简称深冷
筛分	在工业生产中，为满足生产工艺的要求，常常需将固体原料、产品进行筛选，以选取符合工艺要求的粒度，这一操作过程称为筛分。筛分分为人工筛分和机械筛分。筛分所用的设备称为筛子，通过筛网孔眼控制物料的粒度。按筛网的形状可分为转动式和平板式两类
过滤	过滤是使悬浮液在重力、真空、加压及离心的作用下，通过细孔物体，将固体悬浮微粒截留进行分离的操作。按操作方法，过滤分为间歇过滤和连续过滤两种；按推动力分为重力过滤、加压过滤、真空过滤和离心过滤。过滤采用的设备为过滤机
液态物料输送	液态物料可借其位能沿管道向低处输送。而将其由低处输往高处或由一地输往另一地（水平输送），或由低压处输往高压处，以及为保证一定流量克服阻力所需要的压头，则需要依靠泵来完成。泵的种类较多，通常有往复泵、离心泵、旋转泵、流体作用泵等四类
气态物料输送	气体物料的输送采用压缩机。按气体的运动方式，压缩机可分为往复压缩机和旋转压缩机两类

考点 5　检修安全

项目	具体内容
检修前的准备	准备工作主要包括：设置检修指挥部；制定检修方案；检修前的安全教育；检修前检查
停车操作及注意事项	停车方案一经确定，应严格按停车方案确定的停车时间、停车程序以及各项安全措施有秩序地进行。停车操作应注意的问题：卸压、降温、排净。停车操作期间，装置周围应杜绝一切点火源。 停车过程中，对发生的异常情况和处理方法，要随时作好记录；对关键装置和要害部位的关键性操作，要采取监护制度
停车后的安全处理	主要步骤有：隔绝、置换、吹扫与清洗，以及检修前生产部门与检修部门应严格办理安全检修交接手续等
检修阶段的安全要求	检修阶段，常常涉及电工作业、拆除作业、动火作业、动土作业、高处作业、焊接作业、吊装作业、进入设备内作业等及各种作业票证。应严格执行各有关规定，以保证检修工作顺利进行

续表

项目	具体内容
检修完工后处理	检修完工后应认真进行检查，确认无误后对设备等进行试压、试漏，调校安全阀、仪表和联锁装置等，对检修的设备进行单体和联动试车，验收交接

考点6 安全检测技术

项目		具体内容
可燃气体的检测		对环境空气中可燃气的监测，常常直接给出可燃气环境危险度，即该可燃气在空气中的含量与其爆炸下限的百分比[%LEL]。所以，这种监测有时也被称作“测爆”，所用的监测仪器也称“测爆仪”。 空气中可燃气体浓度达到其爆炸下限值时，我们称这个场所可燃气环境爆炸危险度为100%，即100%LEL。如果可燃气体含量只达到其爆炸下限的10%，我们称这个场所此时的可燃气环境爆炸危险度为10%
有毒气体的检测	苯	(1)无色透明液体，有强烈芳香味；溶解性：不溶于水，溶于醇、醚、丙酮等多数有机溶剂；相对密度：0.88(水=1)，2.77(空气=1)；闪点(℃)：-11；爆炸极限(%)：1.2~8.0。 (2)检测方法：用大注射器采集空气中的苯直接进样，经聚乙二醇6 000柱分离后，用氢焰离子化检测器检测，以保留时间定性，峰高定量
	硫化氢	(1)无色有恶臭的气体；溶解性：溶于水、乙醇；相对密度(空气=1)：1.19；闪点(℃)：无意义；爆炸极限(%)：4.0~46.0。 (2)检测方法：硝酸银比色法：硫化氢与硝酸银作用形成黄褐色硫化银胶体溶液，比色定量
	一氧化碳	(1)无色无臭气体；溶解性：微溶于水，溶于乙醇、苯等多数有机溶剂；闪点(℃)：-50。 (2)检测方法：一氧化碳于氢气流中经分子筛与碳多孔小球串联柱分离后，通过镍催化剂转化成甲烷，用氢焰离子化检测器检测，以保留时间定性，峰高定量
氧气含量的检测		(1)空气中缺氧监测。在一些可能产生缺氧的场所，特别是人员进入设备作业时，必须进行氧含量的监测，氧含量低于18%时，严禁入内，以免造成缺氧窒息事故。 (2)可燃气中氧含量的监测。由于密闭失效或控制失误，会使可燃气或易燃液体的蒸气中空气(氧气)含量过高，当达到一定浓度时，就可能发生爆炸，所以对可燃气中的氧含量进行监测报警，是重要的安全措施

跟踪训练

一、单项选择题

1. 露天矿在开采过程中，由于使用各种大型移动式机械设备和大爆破，导致作业现场尘毒污染。为控制尘毒危险，新建露天矿应优先采取的措施是(　　)。

A. 采用先进的生产工艺和设备　　B. 采用有效的个人防护措施

C. 采用局部排风除尘措施　　D. 采用文式除尘器

2. 在存在粉尘和毒物的企业，职业危害控制的基本原则是优先采用先进工艺技术和无毒、低毒原材料，对于工艺技术或原材料达不到要求的，应当优先采用的措施是(　　)。

A. 采用先进的个人防护措施

B. 采用防尘、防毒排风设备或湿式作业

C. 定期轮换接触尘毒危害的员工

D. 设置事故通风装置及泄漏报警装置

3. 根据生产性粉尘的性质可将其分为 3 类：即无机性粉尘、有机性粉尘和混合性粉尘。下列四种粉尘中，属于有机性粉尘的是(　　)。

A. 水泥粉尘　　B. 石英砂粉尘

C. 木材粉尘　　D. 金属粉尘

4. 生产性危险有害物质以多种形态存在于生产环境中，对人体危害各异。下列生产性危险有害物质的说法中，正确的是(　　)。

A. 生产性毒物只能通过呼吸道进入体内

B. 粉尘是悬浮于空气中的固体颗粒，直径大多数为 10 ~ 20 μm

C. 烟是直径大于 0.1 μm 的悬浮于空气中的固体颗粒

D. 生产性毒物可以固体、液体、气体的形态存在于生产性环境中

5. 粉尘的理化特性直接影响着粉尘的危害性和控制方法的选择。下列关于粉尘理化特性的说法中，正确的是(　　)。

A. 粉尘分散度越高，被吸入人体的机会越多

B. 直径大于 10 μm 的粉尘对人体危害性最大

C. 带电的粉尘易进入肺泡

D. 有机粉尘一般不具有爆炸性

6. 采用工程技术措施消除或降低粉尘危害，是防止尘肺发生的根本措施。某石材厂拟采取措施控制粉尘危害，应优先采用的措施顺序是(　　)。

A. 改革工艺流程—湿式作业—密闭、抽风、除尘—个体防护

B. 改革工艺流程—密闭、抽风、除尘—个体防护—湿式作业

C. 改革工艺流程—密闭、抽风、除尘—湿式作业—个体防护

D. 改革工艺流程—湿式作业—个体防护—密闭、抽风、除尘

7. 局部排气罩是对有毒气体实施控制，防止毒物扩散的技术装置。按其构造分为 3 种

类型。这3种类型是(　　)。

A. 开口罩、密闭罩、通风橱　　B. 开口罩、通风橱、侧吸罩

C. 开口罩、密闭罩,风扇　　D. 侧吸罩、通风罩、上吸罩

8. 某炼油厂尾气中含有大量的挥发性有机化合物、烃类、有机硫化物,为了防止危及人身安全,需要对炼油厂尾气进行净化,常用的净化方法是(　　)。

A. 直接燃烧法　　B. 高空排放法　　C. 袋滤法　　D. 静电法

9. 作业场所存在噪声危害的企业,应采取有效的措施控制噪声。针对生产过程产生的噪声,最根本的控制措施是(　　)。

A. 合理安排劳动作息时间,减少接触噪声时间

B. 为接触噪声人员配备护耳器

C. 采用工程技术手段控制噪声

D. 远距离操作产生噪声的设备

10. 某生产车间在生产过程中产生大量的粉尘和有毒有害气体,为了控制车间内的粉尘和有毒有害气体,设计了一套高效的通风除尘系统,其中装有离心风机。该风机产生的噪声主要是(　　)。

A. 空气动力性噪声　　B. 机械性噪声

C. 电磁性噪声　　D. 振动性噪声

11. 在生产中,由于机械转动、气体排放、工业撞击与摩擦所产生的噪声,称为生产性噪声或工业噪声。下列措施中,不属于以技术手段控制噪声危害的是(　　)。

A. 消除或降低噪声、振动源

B. 消除或降低噪声、振动的传播

C. 加强个人防护和健康监护

D. 明确噪声作业场所负责人,劳动者和监督人员的职责

12. 在生产中,生产设备、工具产生的振动称为生产性振动。其中,手臂振动所造成的危害较为明显和严重。下列作业中,不会导致手臂振动病的是(　　)。

A. 操作风钻　　B. 操作凿岩机

C. 操作冲压机床　　D. 操作空气锤

13. 在生产中,由于振动对手臂的伤害会导致手臂振动病,减轻或防范对手臂振动伤害的措施较多。下列措施中,预防手臂振动病效果不佳的是(　　)。

A. 减少作业人员手臂振动暴露时间

B. 使用砂轮机人员戴线手套

C. 空调安装工打墙孔使用手握部为橡胶材料层的电钻

D. 采用焊接工艺替代铆接工艺

14. 电磁辐射包括射频辐射、红外线、可见光、紫外线等。由于其频率、波长不同,对人体的危害作用也不同。下列工种中,易受红外线辐射的是(　　)。

A. 乙炔焊、氩弧焊和等离子焊接

B. 炼钢工、轧钢工、玻璃熔吹工

C. 钳工、车工、挡车工

D. 木工、瓦工、油漆工、水暖工

15. 电离辐射的防护分为外照射防护和内照射防护。外照射的防护方法有三种，下列防护方法中，不属于外照射防护方法的是(　　)。

A. 时间防护　　B. 距离防护

C. 屏蔽防护　　D. 通风防护

16. 为解决加热炉高温作业环境对人体健康的影响，应优先采取的措施是(　　)。

A. 调整作息时间，由白班作业改为夜班作业

B. 改进加热炉隔热材料，降低作业环境温度

C. 加装降温风扇，加强现场通风

D. 配备防护用品，发放高温补贴

17. 高温强热辐射作业是指工作地点气温高于夏季室外气温 2 ℃以上或工作地点气温在(　　)以上并有较强辐射热的作业。

A. 25 ℃　　B. 30 ℃　　C. 35 ℃　　D. 40 ℃

18. 高温作业是指在高气温或高温高湿或强热辐射条件下进行的作业。不论是高温还是强热辐射，都会对机体产生热作用，影响机体的热平衡。下列关于高温作业防护措施的说法中，错误的是(　　)。

A. 采用自动化操作，使工人远离热源

B. 高温热源应尽可能布置在夏季主导风向上风侧

C. 采用自然通风进行降温

D. 提供含盐清凉饮料

19. 以下有关粉尘爆炸特点说法有误的是(　　)。

A. 粉尘爆炸一般会产生一氧化碳

B. 堆积的可燃性粉尘比粉尘雾更容易爆炸且爆炸危害更大

C. 粉尘爆炸的燃烧速度、爆炸压力均比混合气体爆炸小

D. 可产生爆炸的粉尘颗粒非常小，可作为气溶胶状态分散悬浮在空气中

20. 关于化学品火灾扑救的表述中，正确的是(　　)。

A. 扑救爆炸物品火灾时，应立即采用沙土盖压，以减小爆炸物品的爆炸威力

B. 扑救遇湿易燃物品火灾时，应采用泡沫、酸碱灭火剂扑救

C. 扑救易燃液体火灾时，往往采用比水轻又不溶于水的液体用直流水、雾状水灭火

D. 易燃固体、自燃物品火灾一般可用水和泡沫扑救，只要控制住燃烧范围，逐步扑灭即可

21. 危险化学品具有燃烧性、爆炸性、毒害性和腐蚀性、(　　)等危险特性。

A. 环境污染　　B. 自燃性

C. 泄漏危险性　　D. 放射性

22. 化学品安全技术说明书的内容不包括(　　)。

A. 化学品名称及企业标识

B. 化学品制造工艺

C. 急救措施及消防措施

D. 危险性概述

23.《常用化学危险品贮存通则》(GB 15603—1995)规定，危险化学品露天堆放，应符合防火、防爆的安全要求，爆炸物品、一级易燃物品和(　　)物品不得露天堆放。

A. 强氧化性　　B. 遇湿易溶

C. 遇湿燃烧　　D. 强腐蚀性

24. 信息系统根据其在国家安全、经济建设、社会生活中的重要程度，遭到破坏后对国家安全、社会秩序、公共利益以及公民、法人和其他组织的合法权益的危害程度等，由低到高划分为(　　)级。

A. 二　　B. 三　　C. 五　　D. 七

25. 第(　　)级，信息系统受到破坏后，会对公民、法人和其他组织的合法权益产生严重损害，或者对社会秩序和公共利益造成损害，但不损害国家安全。

A. 二　　B. 三　　C. 五　　D. 七

二、多项选择题

1. 根据输送介质特性和生产工艺的不同，有害气体可采用不同的方法净化，有害气体净化的主要方法有(　　)。

A. 洗涤法　　B. 吸附法

C. 离心法　　D. 燃烧法

E. 掩埋法

2. 危险化学品的燃烧按其要素构成的条件和瞬间发生的特点可分为(　　)。

A. 闪燃　　B. 着火　　C. 爆燃　　D. 自燃

E. 阴燃

3.《危险化学品安全管理条例》中规定办理经营许可证的程序包括(　　)。

A. 申请　　B. 审查

C. 核实　　D. 发证

E. 登记注册

4. 可燃气体遇火源被点燃后，如发生局部紊流、火焰之间相互作用会加速燃烧速率，结果火焰传播速度加快形成蒸气云爆炸。一般发生蒸气云爆炸的条件有(　　)。

A. 适当的温度和压力

B. 风速大于 3 级

C. 云团内的物质达到爆炸极限范围

D. 扩散并形成达到爆炸浓度的、足够大的云团

E. 泄漏物具有可燃性

5. 工业控制系统安全包括(　　)。

A. 功能安全　　B. 物理安全

C. 信息安全　　D. 资产安全

E. 人身安全

6. (　　)应命令准入者立即撤离密闭空间,必要时,立即呼叫应急救援服务,并在密闭空间外实施应急救援工作。

A. 发现禁止作业的条件

B. 发现准入者出现异常行为

C. 密闭空间外出现威胁准入者安全和健康的险情

D. 监护者不能安全有效地履行职责时,也应通知准入者撤离

E. 制定和实施进入终止程序

参考答案及解析

一、单项选择题

1. A 【解析】对于作业场所存在粉尘、毒物的企业防尘、防毒的基本原则是:优先采用先进的生产工艺、技术和无毒(害)或低毒(害)的原材料,消除或减少尘、毒职业性有害因素。

2. B 【解析】对于工艺、技术和原材料达不到要求的,应根据生产工艺和粉尘、毒物特性,设计相应的防尘、防毒通风控制措施,使劳动者活动的工作场所有害物质浓度符合相关标准的要求。

3. C 【解析】有机性粉尘包括植物性粉尘,如棉、麻、面粉、木材;动物性粉尘,如皮毛、丝、骨质粉尘;人工合成有机粉尘,如有机染料、农药、合成树脂、炸药和人造纤维等。

4. D 【解析】选项A,生产性毒物进入人体的途径主要是经呼吸道,也可经皮肤和消化道进入。选项B,粉尘是悬浮于空气中的固体微粒,直径大多数为0.1 ~ 10 μm。选项C,烟是直径小于0.1 μm的悬浮于空气中的固体微粒。

5. A 【解析】选项B,直径小于5 μm的粉尘对机体的危害性较大。选项C,荷电的尘粒在呼吸道可被阻留。选项D,高分散度的煤炭、糖、面粉、硫黄、铝、锌等粉尘具有爆炸性。

6. A 【解析】改革工艺流程—湿式作业—密闭、抽风、除尘—个体防护。

7. A 【解析】局部排气罩按其构造分为3种类型:密闭罩;开口罩;通风橱。

8. A 【解析】燃烧法适用于有害气体中含有可燃成分的条件,其中直接燃烧法是在一般方法难以处理,且危害性极大,必须采取燃烧处理时采用,如净化沥青烟、炼油厂尾气等。

9. C 【解析】应首先从声源上进行控制,使噪声作业劳动者接触噪声声级符合相关标准的要求——采用工程控制技术措施。

10. A 【解析】由于气体压力变化引起气体扰动,气体与其他物体相互作用所致。如风机、空气压缩机、风动工具、喷气发动机和汽轮机等发出的噪声。

11. D 【解析】控制生产性噪声的3项技术措施:(1)消除或降低噪声、振动源,如铆接改为焊接、锤击成型改为液压成型等。为防止振动,使用隔绝物质,如用橡皮、软木和砂石等隔绝噪声。(2)消除或减少噪声、振动的传播,如吸声、隔声、隔振、阻尼。(3)加强个人防护和健康监护。

12. C 【解析】产生振动的机械有锻造机、冲压机、压缩机、振动机、送风机和打夯机等。存在手臂振动的生产作业主要有以下几类:(1)操作锤打工具。(2)手持转动工具。(3)使用固定轮转工具等。(4)驾驶交通运输车辆与使用农业机械。

13. B 【解析】选项A属于限制作业时间和振动强度。选项CD均属于改革工艺,采用减振和隔振等措施。

14. B 【解析】加热金属、熔融玻璃及强发光体等可成为红外线辐射源。红外线辐射对机体的影响主要是皮肤和眼睛(白内障)。

15. D 【解析】时间防护、距离防护和屏蔽防护,通称"外防护三原则"。

16. B 【解析】优先采用先进的生产工艺、技术和原材料,工艺流程的设计宜使操作人员远离热源。

17. B 【解析】高温强热辐射作业指工作地点气温在30 ℃以上或工作地点气温高于夏季室外气温2 ℃以上,并有较强的辐射热作业。

18. B 【解析】高温作业防护采用开放或半开放式作业,利用自然通风,尽量在夏季主导风向下风侧对热源隔离等。

19. B 【解析】粉尘爆炸的特点:(1)粉尘爆炸的燃烧速度、爆炸压力均比混合气体爆炸小。(2)粉尘爆炸多数为不完全燃烧,所以产生的一氧化碳等有毒物质也相当多。(3)可产生爆炸的粉尘颗粒非常小,可作为气溶胶状态分散悬浮在空气中,不产生下沉。(4)堆积的可燃性粉尘通常不会爆炸。但由于局部的爆炸、爆炸波的传播使堆积的粉尘受到扰动而飞扬,形成粉尘雾,从而产生二次、三次爆炸。

20. D 【解析】特殊化学品火灾扑救的注意事项:(1)扑救气体类火灾时,切忌盲目扑灭火焰,在没有采取堵漏措施的情况下,必须保持稳定燃烧。(2)扑救爆炸物品火灾时,切忌用沙土盖压,以免增强爆炸物品的爆炸威力。(3)扑救遇湿易燃物品火灾时,绝对禁止用水、泡沫、酸碱等湿性灭火剂扑救。(4)扑救易燃液体火灾时,比水轻又不溶于水的液体用直流水、雾状水灭火往往无效,可用普通蛋白泡沫或轻泡沫扑救;水溶性液体最好用抗溶性泡沫扑救。(5)扑救毒害和腐蚀品的火灾时,应尽量使用低压水流或雾状水,避免腐蚀品、毒害品溅出;遇酸类或碱类腐蚀品最好调制相应的中和剂稀释中和。(6)易燃固体、自燃物品火灾一般可用水和泡沫扑救,只要控制住燃烧范围,逐步扑灭即可。

21. D 【解析】危险化学品的主要危险特性包括:燃烧性、爆炸性、毒害性、腐蚀性、放射性。

22. B 【解析】化学品安全技术说明书具体项目如下:化学品及企业标识;危险性概述;成分/组成信息;急救措施;消防措施;泄漏应急处理;操作处置与储存;接触控制/个体防护;理化特性;稳定性和反应活性;毒理学资料;生态学信息;废弃处置;运输信息;法规信息;其

他信息。

23. C 【解析】危险化学品露天堆放，应符合防火、防爆的安全要求，爆炸物品、一级易燃物品、遇湿燃烧物品和剧毒物品不得露天堆放。

24. C 【解析】信息系统根据其在国家安全、经济建设、社会生活中的重要程度，遭到破坏后对国家安全、社会秩序、公共利益以及公民、法人和其他组织的合法权益的危害程度等，由低到高划分为五级。

25. A 【解析】第二级，信息系统受到破坏后，会对公民、法人和其他组织的合法权益产生严重损害，或者对社会秩序和公共利益造成损害，但不损害国家安全。

二、多项选择题

1. ABD 【解析】有害气体净化方法大致分为洗涤法、吸附法、袋滤法、静电法、燃烧法和高空排放法。

2. ABD 【解析】危险化学品的燃烧按其要素构成的条件和瞬间发生的特点，可分为闪燃、着火和自燃3种类型。

3. ABDE 【解析】《危险化学品安全管理条例》明确规定了办理经营许可证的程序：申请、审查、发证、登记注册。

4. ACDE 【解析】一般要发生带破坏性超压的蒸气云爆炸应具备以下几个条件：(1)泄漏物必须可燃且具备适当的温度和压力条件。(2)必须在点燃之前即扩散阶段形成一个足够大的云团，如果在一个工艺区域内发生泄漏，经过一段延迟时间形成云团后再点燃，则往往会产生剧烈的爆炸。(3)产生的足够数量的云团处于该物质的爆炸极限范围内才能产生显著的爆炸超压。

5. ABC 【解析】工业控制系统安全包括三个方面：功能安全、物理安全、信息安全。

6. ABCD 【解析】发生以下情况时，应命令准入者立即撤离密闭空间，必要时，立即呼叫应急救援服务，并在密闭空间外实施应急救援工作。(1)发现禁止作业的条件。(2)发现准入者出现异常行为。(3)密闭空间外出现威胁准入者安全和健康的险情。(4)监护者不能安全有效地履行职责时，也应通知准入者撤离。

参考文献

[1]中国安全生产协会注册安全工程师工作委员会,中国安全生产科学研究院组织编写.生产安全技术[M].北京:中国大百科全书出版社,2011.

[2]林建军,电力安全技术[M].北京:中国电力出版社,2014.

[3]国家电网公司电力安全工作规程线路部分[S].北京:中国电力出版社,2014.

[4]陈界平,黄文峰编著,烟花爆竹经营安全知识读本[M].北京:气象出版社,2011.

[5]中华人民共和国公安部.爆破作业单位民用爆炸物品储存库安全评价导则[S].北京:中国标准出版社,2009.

[6]褚卫中,机械安全技术及应用[M].北京:机械工业出版社,2014.

[7]崔政斌,王明明编著,机械安全技术[M].北京:化学工业出版社,2009.

[8]张斌,特种设备安全技术[M].北京:化学工业出版社,2013.

[9]郭秀云、翟良云,危险化学品安全技术全书[M].北京:化学工业出版社,2018.

[10]蒋军成,危险化学品安全技术与管理[M].北京:化学工业出版社,2009.

[11]杨泗霖,防火防爆安全技术[M].北京:中国劳动出版社,2008.